职业教育计算机网络技术专业创新型系列教材

网络综合布线

（第二版）

主　编　罗　忠　谢世森　吴誉邦

副主编　刘　斌　阮维卓　黄国平　陈怀珍

科学出版社

北　京

内 容 简 介

本书以职业标准为依据，以培养学生动手能力为目标，以规划设计、布线施工、测试验收、维护与故障诊断的工作顺序为主线，以项目为载体，将职业岗位所需知识和技能要求有机结合到具体的工作任务中，适合用于开展理论实践一体化教学。

本书从具体的校园网络综合布线系统工程案例入手，讲述了综合布线系统的规划与设计、工作区的布线施工、楼层水平区域的布线施工、楼层配线间的布线施工、楼层干线的布线施工、建筑群主干光缆的布线施工、设备间的布线施工，以及测试与验收综合布线工程、综合布线系统的维护和故障诊断等内容。前九个项目中每个项目包括多个工作任务，工作任务按照任务目标、任务说明、相关知识、实现步骤、拓展提高的思路进行编写；项目10为综合实训，用以巩固本书所学知识。

本书适合作为职业学校或技工院校计算机相关专业网络综合布线课程的教材，既可供网络综合布线的初学者使用，也可供参加各级职业院校技能大赛的选手参考使用。

图书在版编目(CIP)数据

网络综合布线/罗忠，谢世森，吴誉邦主编. —2版. —北京：科学出版社，2021.11

ISBN 978-7-03-067642-9

Ⅰ. ①网… Ⅱ. ①罗… ②谢… ③吴… Ⅲ. ①计算机网络-布线 Ⅳ. ①TP393.03

中国版本图书馆CIP数据核字（2020）第270244号

责任编辑：陈砺川 / 责任校对：马英菊
责任印制：吕春珉 / 封面设计：东方人华平面设计部

科学出版社 出版
北京东黄城根北街16号
邮政编码：100717
http://www.sciencep.com

三河市骏杰印刷有限公司印刷

科学出版社发行　各地新华书店经销

*

2011年11月第 一 版　开本：787×1092 1/16
2021年11月第 二 版　印张：12 1/2　插页：1
2021年11月第十六次印刷　字数：280 000

定价：38.00元

（如有印装质量问题，我社负责调换〈骏杰〉）
销售部电话 010-62136230　编辑部电话 010-62135120-8018

彩插一　系统图使用的各种图标

图　标	表示作用	图　标	表示作用
BD	建筑群子系统		配线子系统线缆 5e非屏蔽双绞线
FD	配线间子系统		干线子系统线缆 六芯室内光缆
	工作区子系统 ■ 5e类信息模块，数据接口 ● 5e类信息模块，语音接口		干线子系统线缆 100对3类大对数线缆
			大楼外接线缆

彩插二　某职校信息大楼网络综合布线系统图

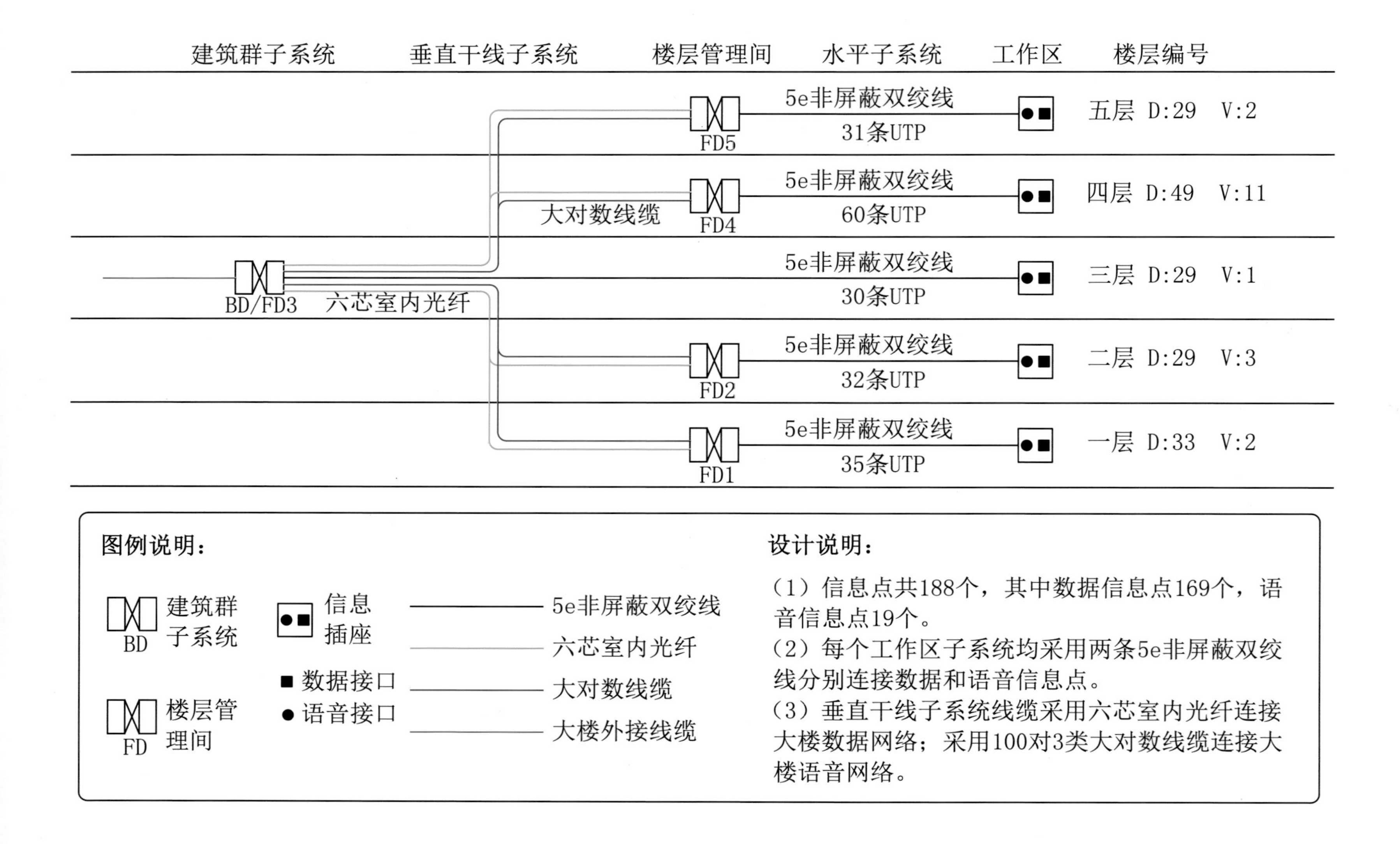

设计说明：

（1）信息点共188个，其中数据信息点169个，语音信息点19个。

（2）每个工作区子系统均采用两条5e非屏蔽双绞线分别连接数据和语音信息点。

（3）垂直干线子系统线缆采用六芯室内光纤连接大楼数据网络；采用100对3类大对数线缆连接大楼语音网络。

序

当今世界，以信息技术为代表的科技创新日新月异，深刻改变着人类社会的生产生活形态。信息技术的飞速发展，特别是互联网、大数据、物联网和人工智能等新一代信息技术与人类生产、生活深度交汇融合，催生出现实空间与虚拟空间并存的信息社会，构建出智慧社会的发展前景。信息技术的应用已融入社会的各个领域，智能制造、智慧农业、电子商务、网络教学、数字娱乐、在线办公等，新技术、新应用、新业态不断涌现，并引发新一轮的人才供需热潮。信息技术已成为支持经济社会转型发展的主要驱动力，是建设创新型国家、制造强国、网络强国、数字中国、智慧社会的基础支撑。

职业教育作为一种类型教育，为我国经济社会发展提供着重要的人才和智力支撑。随着我国进入新的发展阶段，产业升级和经济结构调整不断加快，各行各业对技术技能人才的需求越来越紧迫，职业教育的重要地位和作用越来越凸显。随着产业的转型升级和技术的更新迭代，技术技能人才培养定位也在不断调整，引领着职业教育专业及课程的教学内容与教学方法变革，推动其不断推陈出新、与时俱进。

最近几年人力资源和社会保障部新发布、公示和调整的职业工种，大部分与信息技术相关联，六成以上的新求职者希望从事与信息技术相关的工作，大多数企业在新招录员工时要求入职者应具有信息技术专业能力。这些与信息技术相关联的新工程、新岗位，对职业院校信息技术相关专业及普及型应用人才的培养提出了新的要求。信息技术相关专业与课程的教学需要顺应时代要求，把握好技术发展的新态势和人才培养的新方向，推动教育教学改革与产业转型升级相衔接，突出“做中学、做中教”的职业教育特色，强化教育教学实践性和职业性，实现学以致用、用以促学、学用相长。

2021年，教育部颁布了《职业教育专业目录（2021年）》，构建起覆盖中等、专科、本科层次的职业教育的专业人才培养的顶层框架。“网络信息安全、移动应用技术与服务、大数据技术应用、物联网技术应用、服务机器人装调与维护”等一批新的中职专业列入专业目录中。全国工业和信息化职业教育教学指导委员会随之启动了相关专业的教学标准研发编制工作。与此同时，一大批“1+X”职业技能等级标准陆续颁布，为职业院校信息技术应用人才的培养提供了标准和依据。

为落实国家职业教育改革的要求，使国内优秀职业院校积累的宝贵经验得以推广，科学出版社组织编写了本套信息技术类专业创新型系列教材，并陆续出版发行。

本套教材建设团队以落实“立德树人”为根本任务，依据教育部提出的深化“教师、教材、教法”改革，以真实生产项目、典型工作任务及案例等为载体组织教学单元，开发体现产业发展的新技术、新工艺、新规范、新标准的高质量教材；在教材中广泛运用启发式、探究式、讨论式、参与式等教学方法，推广翻转课堂、混合式教学、理实一体教学等新型教学模式，推动课堂教学改革；兼顾职业教育“就业和发展”人才培养定位，在教学体系的建立、课程标准的落实、典型工作任务或教学案例的筛选，以及教材内容、结构设计与素材配套等方面，均进行了精心设计。本套教材的编写，倾注了数十所国家示范学校一线教师的心血，他们将基层学校教学改革成果、经验、收获转化到教材的编写内容和呈现形式之中，为教材提供了丰富的内容素材和鲜活的教学活动案例。

本套创新教材集中体现了以下特点。

1. 体现立德树人，培育职业精神。教材编写以习近平新时代中国特色社会主义思想为指导，贯彻全国职教大会精神，将培育和践行社会主义核心价值观融入教材知识内容和设计的活动之中，充分发挥课程的德育功能，推动课程与思政形成协同效应，有机融入职业道德、劳动精神、劳模精神、工匠精神教育，培育学生职业精神。

2. 体现校企合作，强调就业导向。注重校企合作成果的收集和使用，将企业的生产模式、活动形态和岗位要求整合到教材内容与编写体例之中，对接最新技术要求、工艺流程、岗位规范，有机融入“1+X”证书等内容，以此推动校企合作育人，创新人才培养模式，构建复合型技术技能人才培养模式，提升学生职业技能水平，拓展学生就业创业本领。

3. 体现项目引领，实施任务驱动。将职业岗位典型工作任务进行拆分，整合课程专业基础知识与技能要求，转化为教材中的活动项目与教学任务。以项目活动引领知识、技能学习，通过典型的教学任务学习与实施，学生可获得职业岗位所要求的综合职业能力，并在活动中体验成就感。

4．体现内容实用，突出能力养成。本套教材根据信息技术的最新发展应用，以任务描述、知识呈现、实施过程、任务评价以及总结与思考等内容作为教材的编写结构，并安排有拓展任务与关联知识点的学习。整个教学过程与任务评价等均突出职业能力的培养，以“做中学，做中教”“理论与实践一体化教学”作为体现教材辅学、辅教特征的基本形态。

5．体现资源多元，呈现形态多样。信息化教学深刻地改变着教学观念与教学方法。基于教材和配套教学资源对改变教学方式的重要意义，科学出版社开发了网站，为此次出版的教材提供了丰富的数字资源，包括教学视频、音频、电子教案、教学课件、素材图片、动画效果、习题或实训操作过程等多媒体内容。读者可通过登录出版社提供的网站 www.abook.cn 下载并使用资源，或通过扫描书中提供的二维码，打开资源观看。依据课程及资源的性质不同，这两种资源的使用形式均可能出现。提供的丰富的资源，不仅方便了教师教学，也能帮助学生学习，可以辅助学校完成翻转课堂的教学活动。

6．体现以学生为本，符合职业教育特点。本套教材以培养学生的职业能力和可持续性发展为宗旨，体例设计与内容的表现形式充分考虑到中等职业学校学生的身心发展规律，案例难易程度适中，重点突出，体例新颖，版式活泼，便于阅读。

本套教材的开发受限于时间、作者能力等因素，还有很多不足之处，敬请各位专家、老师和广大读者不吝赐教。希望本系列教材的出版能进一步助推优秀教学改革成果的呈现，为我国职业教育信息技术应用人才的培养和教学改革的探索创新做出贡献。

全国工业和信息化职业教育教学指导委员会
计算机职业教育教学指导分委员会　委员

第二版前言

《网络综合布线》（第一版）自2011年11月出版以来，在全国范围内被广大职业院校所选用，得到了广大师生的高度好评，同时也有部分读者对本书提出一些建设性意见。鉴于此，作者认真审读了第一版后，认为有必要进行修订，以满足教学发展的需要及读者的实际需求。

本版教材修订工作，充分施行校企双元合作开发，请企业人员审阅教材、提出修改意见，并参与部分内容的编写。

修订后的《网络综合布线》（第二版）在保留第一版的基本框架内容的基础上，对一些内容进行了修改、补充和提高。主要改动如下。

（1）修正第一版教材中的一些错误。

（2）依据新国标及与时俱进的教学需求，更换了部分陈旧内容、设备以及数据。

（3）增加了“拓展提高　铜缆端接速度竞赛方案”；增加了“任务4.4　智能布线管理配置”；整体替换了“项目6　建筑群主干光缆的布线施工”；增加了“项目10　综合实训”。

（4）按照教学的实际需求以及网络综合布线的技术规范，拍摄并剪辑制作了主要实训的操作视频，并以二维码的形式加载到教材中，方便师生随时观看学习，另外也提供了重点知识的微课。

（5）制作并完善了教学资源包。

本版教材在第一版的基础上，提高了教材的实用性和教学方法的多元化，有需要的教师还可以到科学出版社职教技术出版中心网站（www.abook.cn）免费下载配套素材、案例、课件、试题库及公开课视频等教学资源，以实现教学效果的最佳化。

教材的作者或是多年从事网络综合布线工程设计、施工的工程师，或是多年从事网络综合布线教学、全国职业院校技能大赛辅导的一线教师，他们拥有丰富的工程经验和教学实践经验，对教材把握准确，对学生的学习情况分析透彻。

本版教材的主编罗忠、谢世森、吴誉邦负责统稿并审阅全书，其余编者协助审读，都为完善本教材提供了宝贵的意见。

教材编写分工如下：罗忠（课程准备、项目1）、陈怀珍（项目2）、黄国平（项目3）、林海（项目4）、谢世森（项目5）、阮维卓（项目6）、费红旭（项目7）、樊果（项目8）、刘斌（项目9）、吴誉邦（项目10）。

由于作者水平有限，书中难免存在疏漏之处，敬请广大读者指正。

编　者

第一版前言

随着网络综合布线技术的发展，中职学校的网络综合布线教学存在的主要问题是传统的教学内容知识陈旧，与发展迅速的网络综合布线技术的差异加大，同时，传统教学中实际操作的内容比较少，不能很形象地教授网络综合布线的设计、施工、测试验收等操作方法。本书在编写时，将网络综合布线所涉及的内容，分为九大项目，每个项目由若干个任务组成。

■ 本书主要内容

本书各部分的主要内容如下。课程准备：网络综合布线系统概述，阐述网络综合布线系统组成及建设步骤。项目 1：综合布线系统的规划与设计，综合布线系统介绍综合布线系统图、施工平面图、信息点点数统计表、材料预算表、机柜安装大样图、端口对照表、施工进度表。项目 2：工作区的布线施工，介绍工作区布线施工的操作方法。项目 3：楼层水平区域的布线施工，介绍楼层水平区域布线施工的方法。项目 4：楼层配线间的布线施工，介绍楼层配线间布线施工的方法。项目 5：楼层干线的布线施工，介绍楼层干线布线施工的方法。项目 6：建筑群主干光缆的布线施工，介绍建筑群主干光缆布线施工的方法。项目 7：设备间的布线施工，介绍设备间布线设计与施工的方法。项目 8：测试与验收综合布线工程，介绍工程测试与验收的主要内容。项目 9：综合布线系统的维护和故障诊断，介绍几种常见故障的现象及解决办法。

■ 对本书各项目结构设计说明

（1）项目背景：指出本项目的必要性，为什么要做该项目。

（2）能力目标：列出本项目的技能应用目标，通过阅读能力目标，使学生对本项目学习目标更加明确。

（3）项目说明：介绍本项目要求完成的内容。通过阅读项目说明，使学生对项目内容有个初步了解。

（4）任务：每个任务开始之前，又列出任务目标和任务说明，之后根据任务需要，给出任务相关知识、实现步骤和拓展提高的内容。

（5）小结：当每个项目完成后，都对项目进行总结，帮助学生提炼并总结所学技能。

（6）实训：为了巩固学生所学技能，列出与该项目相关的实训，让学生进行技能训练，达到提高技能的目的。

■ 本书的课时分配

本书学习的总课时为 108 课时。其中：教材基本内容讲解 32 课时，技能应用实操训练 76 课时。建议在网络综合布线实训室完成全部教学任务。

■ 本书的定位

本书适合作为中等职业学校计算机相关专业网络综合布线课程的教材，既可供网络综合布线的初学者使用，也适合参加各级职业院校技能大赛选手参考使用。

■ 本书的作者

本书的作者都是多年从事网络综合布线工程设计、施工的工程师，从事网络综合布线教学、全国职业院校技能大赛辅导的一线教师，拥有丰富的工程经验和教学实践经验，对教材把握准确，对学生的学习情况分析透彻。

由于作者水平有限，书中难免存在疏漏之处，敬请广大读者指正。

目　　录

课程准备　网络综合布线系统概述

背景

我们周围的超市、办公楼、教学楼等场所都有许多信息需要传送，包括语音、视频监控报警信号、广播信号、门禁考勤数据、有线电视图像等，如果各个信息系统各自为政，分别进行设计安装，各类通信线缆将很可能无序地遍布这些场所，既相互干扰、影响美观，又增加投资。如果各信息系统如图 0-1 所示设计和安装，情况会变得很糟糕。这样的布线状况如何保障通信质量？学校网络管理员又如何管理数据通信系统？

能否以一套单一的配线系统，将通信网络、信息网络及控制网络综合起来，使各系统间可以相互良好通信？这便催生了综合布线系统。图 0-2 所示为设计规划过的新校区信息大楼的综合布线系统。

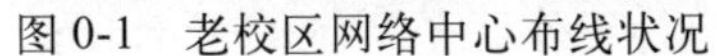

图 0-1　老校区网络中心布线状况

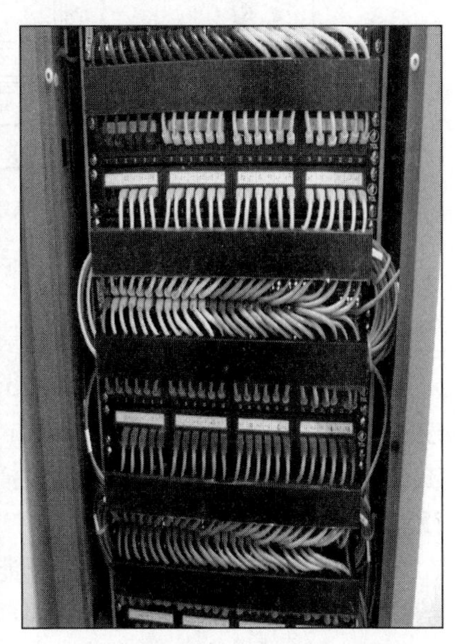

图 0-2　新校区信息大楼综合布线系统

0.1　综合布线系统及其子系统

综合布线系统是一种模块化的、灵活性极高的建筑物内或建筑群之间的信息传输通道，包括语音系统、网络系统、监控系统、广播系统、楼宇对讲系统、智能消防系统等。

根据中华人民共和国建设部 2016 年颁布的国家标准《综合布线系统工程设计规范》（GB 50311—2016），将综合布线系统分为 3 个子系统，即配线子系统、干线子系统和建筑群子系统。

根据近年来中国综合布线工程应用实际，在本标准中新加了进线间的规定，能够满足不同运营商接入的需要，同时针对日常应用和管理需要，特别提出了综合布线系统工程的管理问题。

为了教学和实训需要，同时兼顾以往教材中综合布线按照 6 个子系统划分的习惯，本书将综合布线系统按照以下 7 个子系统介绍，包括工作区子系统、配线子系统、干线子系统、建筑群子系统、设备间子系统、进线间子系统和管理子系统，如图 0-3 所示。

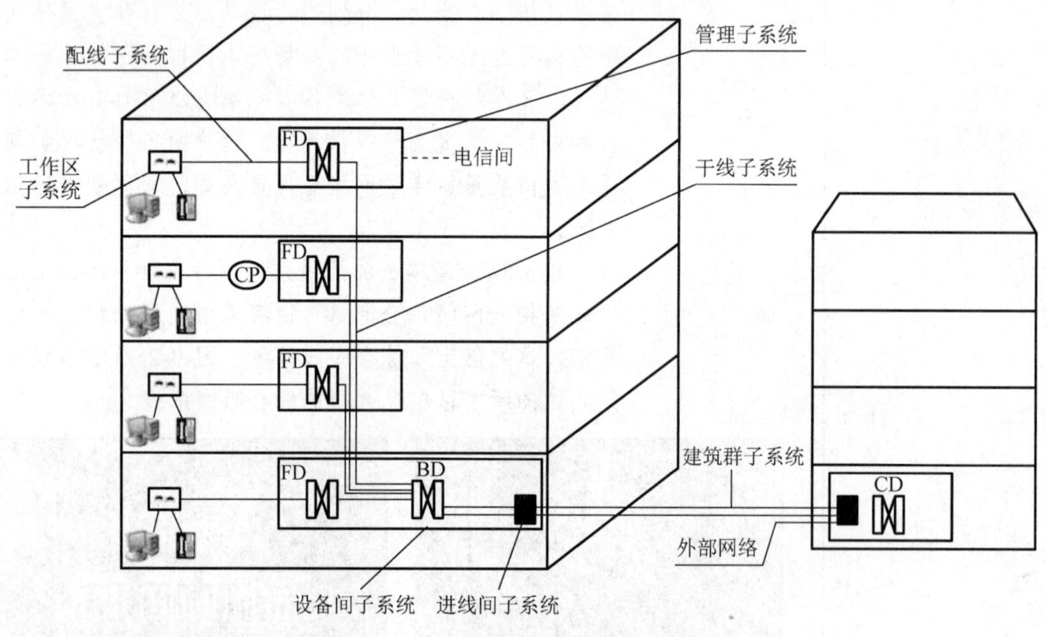

图 0-3　综合布线各子系统示意图

1. 工作区子系统

工作区子系统（work area subsystem）又称为服务区子系统，由 RJ-45 跳线、信息插座模块和所连接终端设备（terminal equipment，TE）构成的区域宜划分为一个工作区。工作区应经由配线子系统的信息插座模块（telecommunications outlet，TO）延伸到终端设备处的连接线缆及适配器。

在进行终端设备的连接时可能需要某种传输电子装置，但这种装置并不是工作区子系统的一部分。例如，调制解调器为终端与其他设备之间传输距离的延长提供了所需要的转换信号，但不能将调制解调器作为工作区子系统的一部分。

在工作区子系统设计阶段，应注意以下要点。

1）一个工作区的服务面积一般按照 5～10m^2 计算，每个工作区设备可以根据用户需求单独设置。

2）从 RJ-45 插座到计算机等终端设备间跳线一般采用双绞线线缆，且双绞线线缆长度不建议超过 5m。

3）RJ-45 插座在设计时应安装在不易被损坏和触碰到的地方，距离地面一般为 30cm。

4）安装 RJ-45 插座与强电电源插座（工作电压 220V 以上）应该保持 20cm 的间距，靠得太近容易产生干扰信号，网络也易出现掉线的情况。

2. 配线子系统

配线子系统（horizontal subsystem）也称为水平子系统，在《综合布线系统工程设计规范》（GB 50311—2016）中将水平子系统划分为配线子系统的一部分，其他教材中也经常见到将配线子系统称为水平子系统。配线子系统一般由工作区的信息插座模块、信息插座模块至楼层配线设备（floor distributor，FD）的配线线缆和光缆、电信间的配线设备及设备线缆和跳线等组成。配线子系统主要是将干线子系统的线路延伸至每个工作区中，网络拓扑结构一般采用星形拓扑结构。

配线子系统是整个综合布线系统的一个必要部分，其与干线子系统（也称垂直子系统）的主要区别是：一个配线子系统总是在一个楼层上，并且只和该楼层的信息插座、楼层配线设备连接。

在综合布线施工中，配线子系统的线缆一般由配线线缆和光缆组成，避免了因采用多种线缆而造成系统灵活性降低及系统管理难度增加，其中配线线缆通常采用的是 4 对非屏蔽双绞线（unshielded twisted pair，UTP）。

在配线子系统设计阶段，应注意以下要点。

1）根据工程环境条件，确定线缆布线的方法和线缆的走向。

2）确定与楼层配线设备距离最近的 I/O 位置。

3）确定与楼层配线设备距离最远的 I/O 位置。

4）传输介质一般采用双绞线线缆。

5）如果具有磁场干扰，应采用屏蔽双绞线（shielded twisted pair，STP）。

6）根据用户对带宽的需要，有 3 类（10Mb/s）、5 类（100Mb/s）、5E 类（1Gb/s）、6 类（1Gb/s）、7 类（10Gb/s）双绞线或光纤可供选用。

7）双绞线的有效传输距离为 100m，在布线中最大长度为 90m，如果超出 90m 应采用中继器或选择光缆。

8）传输介质应采用线槽或在天花板吊顶内布线的方式，不建议采用地面线槽方式。

3. 干线子系统

在《综合布线系统工程设计规范》（GB 50311—2016）中干线子系统（backbone subsystem）又称为垂直干线子系统和骨干子系统。干线子系统由设备间至电信间的干线线缆和光缆、安装在设备间的建筑物配线设备（building distributor，BD）以及设备线缆和跳线组成。干线子系统主要负责连接各楼层管理子系统到设备间子系统，提供建筑物内部的垂直干线链路的路由。

干线子系统是综合布线系统中最持久的子系统，所以在设计干线子系统时，不仅要满足当前客户业务的实际需求，还要为客户未来发展提供冗余，使系统具有高性能、高弹性、高可用性的特点，支持数据的高速传输。

在确定干线子系统所需要的线缆总对数之前，必须制定线缆中语音和数据信号的共享原则。对于基本型的每个工作区，可选定 2 根双绞线；对于增强型每个工作区，可选定 3 根双绞线；对于综合型的每个工作区，可在基本型或增强型的基础上增设光缆系统。

综合布线系统中的干线子系统并非一定是垂直布置的，从概念上讲它是楼群内的主干通信系统。但在某些特定环境中，如在低矮而又宽阔的单层平面的大型厂房中，干线子系统就是平面布置的，它同样起着连接各配线间的作用；而在大型建筑物中，干线子系统可以由两级甚至更多级组成。

在干线子系统设计阶段，应注意以下要点。

1）应在不易被损坏和触碰到的地方布线，且具有防雷电措施。

2）布线走向应选择干线线缆最短、确保人员安全和最经济的路由。

3）干线子系统应为星形拓扑结构。

4）弱电线缆一定要与电源线缆分开敷设，可以与电话线及电视天线放在同一个线管中。

5）确定干线缆线的类别和数量，干线子系统传输介质一般采用光纤，以提高数据的传输速率。

6）光缆可采用多模光纤，也可采用单模光纤。

7）在拐角处不能将线缆折成直角，应具有一定的弧度，以免影响光纤的正常使用。

8）在系统设计施工时，应预留一定的线缆作为冗余。

4. 建筑群子系统

建筑群子系统（campus subsystem）又称为楼宇子系统，它应由连接多个建筑物之间的主干线缆和光缆、建筑群配线设备及设备线缆和跳线组成。建筑群子系统主要将一个建筑物中的线缆延伸到建筑物群的另一些建筑物中的通信设备和装置上，实现楼与楼之间的通信链路连接。

建筑群子系统的室外线缆敷设方式一般有管道、直埋、架空和隧道 4 种，选择哪种则要根据客户需求、资金、现场环境所决定，如表 0-1 所示。

表 0-1　建筑群子系统线缆各种敷设方式的优、缺点

方式	优点	缺点
管道	1）提供最佳的机械保护 2）可随时敷设线缆 3）线缆的敷设、扩充和加固都很容易 4）保持建筑物的外貌	挖沟、开管道和入孔的成本很高
直埋	1）提供某种程度的机械保护 2）保持建筑物的外貌	1）挖沟成本高 2）难以安排线缆的敷设位置 3）难以更换和加固

续表

方式	优点	缺点
架空	1）初期投入较低 2）施工速度快	1）没有提供任何机械保护 2）灵活性差 3）安全性差 4）影响建筑物的美观
隧道	1）保持建筑原有的外貌 2）可以有效降低成本，提高安全性	1）热量或泄漏的热气容易损坏线缆 2）可能被水淹

在建筑群子系统设计阶段，应注意以下要点。

1）传输介质一般采用光纤，以提高数据的传输速率和延长传输距离。

2）在拐角处不能将线缆折成直角，应具有一定的弧度，以免影响光纤的正常使用。

3）确定建筑物线缆入口。

4）确定主线缆路由和备用线缆路由。

5）确定明显的障碍物位置。

6）建筑群子系统如采用管道敷设方式，管道内敷设的双绞线或光缆应遵循电话管道和入孔的各项设计规定。此外，安装时至少应预留1～2个备用管孔，以供扩充之用。

7）建筑群子系统在采用直埋沟内敷设时，如果在同一个沟内埋入了其他的图像和监控线缆，则应设立明显的公用标志。

5. 设备间子系统

设备间子系统（equipment subsystem）又称为网络中心或者机房，设备间是在每幢建筑物的适当地点进行网络管理和信息交换的场地，主要用来安装建筑物配线设备，其中的电话交换机、服务器、路由器、计算机主机设备及入口设施也可与配线设备安装在一起。

设备间是综合布线系统的主要节点，一般设在每栋楼的中心位置，所以需要在每栋大楼的适当地点设置进线设备间，将所有楼层的数据都由线缆或光纤线缆传送至此，便于把公共系统设备中的各种不同设备进行互连。

在综合布线中，比较理想的设置是把程控交换机房、计算机房等设备间设计在同一楼层中，这样既便于管理，又节省投资。在大型综合布线项目中，也可以把与综合布线密切相关的硬件设备集中放在设备间，其他计算机设备、交换机、楼宇自控设备主机、服务器等可以独立设立机房，独立机房与设备间距离不宜过远。

设备间是整个网络的数据交换中心，它的正常与否直接影响着用户的办公，所以设备间须进行严格的设计，应注意以下要点。

1）设备间需要保持干燥、无尘土、通风良好。

2）符合相关消防规定，安装所需的消防系统。

3）设备间地板铺上防静电地板，并且设备间需要具有防静电、防雷电、防电磁干扰的措施。

4）设备间的位置及大小应根据设备的数量、规模、最佳网络中心、客户未来发展冗余设计等内容综合考虑后确定，设备间不宜过小。

5）设备间内的所有进线终端设备应采用不同颜色标签以区别各类用途的配线。

6）光纤盒、配线架、网络设备、计算机设备等均应放于机柜中，配线架、跳线管理面板和交换机交替放置，方便跳线和增加美观。

7）设备间的温度应该保持在 0～27℃，相对湿度应该保持在 60%～80%，并且应具有稳定的供电、足够亮度的照明。

6. 进线间子系统

进线间是建筑物外部通信和信息管线的入口部位，并可作为入口设施和建筑群配线设备的安装场地。《综合布线系统工程设计规范》（GB 50311—2016）国家标准中，在系统设计内容中专门增加了关于进线间的标准，可满足多家电信运营商和业务提供商的需求。在进线间缆线入口处的管孔数量应留有充足的余量，以满足建筑物之间、建筑物弱电系统、外部接入业务及多家电信业务经营者和其他业务服务商线缆接入的需求，建议留有 2～4 孔的余量。

建筑群主干线缆和光缆、公用网和专用网线缆、光缆及天线馈线等室外线缆进入建筑物时，应在进线间的成端转换成室内线缆、光缆，并在线缆的终端处可由多家电信业务经营者设置入口设施，入口设施中的配线设备应按引入的线缆、光缆容量配置。

进线间因为需要考虑的因素较多，所以较难统一提出进线间的具体所需面积，应该根据建筑物实际情况和业务需求，并参照通信行业和国家的现行标准要求进行设计。

在进线间子系统设计阶段，应注意以下要点。

1）一般一幢建筑物应设置 1 个进线间，可提供给多家电信运营商和业务提供商使用，通常设于地下一层。

2）进线间需要做好防水措施，在进线间设置抽/排水系统。

3）符合相关消防规定，安装所需的消防设施，采用相应防火级别的防火门。

4）进线间应设置防有害气体措施和通风装置。

5）进线间应该和布线系统形成垂直竖井沟通，与进线间无关的管道不应该通过进线间。

6）电信运营商和业务提供商在进线间设置安装的入口配线设备应与 BD 或 CD 之间敷设相应的连接线缆、光缆，实现路由互通。线缆类型和容量应该和配线设备保持一致。

7. 管理子系统

管理子系统（administration subsystem）又称为电信间或配线间，电信间为连接其他子系统提供手段，它是连接垂直干线子系统和水平干线子系统的子系统，一般设置在每个楼层的中心位置。管理子系统应能够对工作区、电信间、设备间、进线间的配线设备、线缆、信息插座模块等设施按一定的模式进行标识和记录，其主要设备是配线架、交换机、机柜和电源。

每个楼层一般至少设置 1 个电信间。在特殊情况下，如每层信息点数量较少，且配线子系统长度不大于 90m 情况下，可以几个楼层合设一个电信间，并在交接区配备良好的标记系统，如建筑物名称、建筑物位置、区号、起始点和功能等标志。

在管理子系统设计阶段，应注意以下要点。

1）电信间的数量应该由信息点的数量决定，当楼层信息点很多时，可以设置多个管理间；反之，可以几个楼层合设一个电信间。

2）配线架的配线对数由所管理的信息点数决定。

3）配线架一般由光纤配线盒和铜缆、线缆配线盒组成。

4）电信间的进出线缆和跳线应采用色标或者标签等进行明确标识。

5）有交换机、路由器的地方要配有专用的 UPS（uninterruptible power supply，不间断电源）。

6）电信间应保持一定的温度、湿度和光照。

7）电信间需要做好防尘、防雷电的措施。

综合布线系统基本构成应符合图 0-4 所示关系。

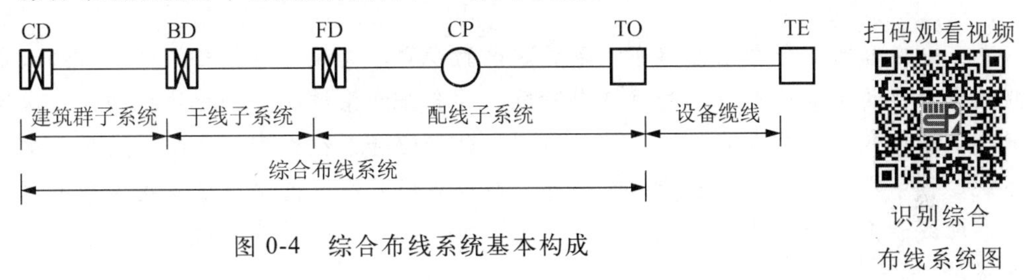

图 0-4　综合布线系统基本构成

扫码观看视频

识别综合布线系统图

0.2　综合布线系统建设的过程

根据综合布线系统建设的步骤，可以大致把整个工程分为规划设计、施工建设和竣工验收 3 个阶段。它们的关系如图 0-5 所示。

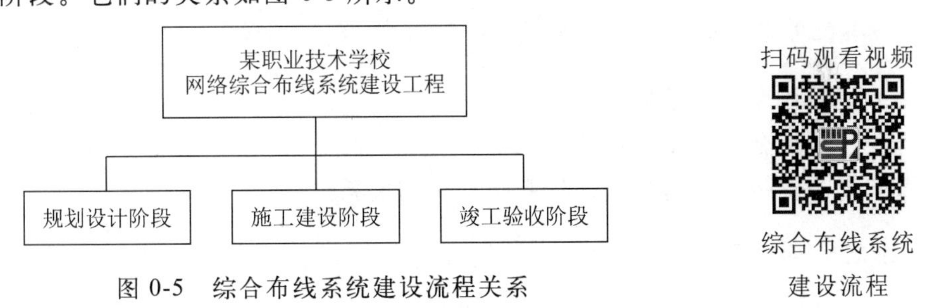

图 0-5　综合布线系统建设流程关系

扫码观看视频

综合布线系统建设流程

1. 规划设计阶段

在综合布线系统的规划设计阶段，主要通过对工程相关信息的获取和分析，整理出客户的需求，并根据需求进行具体的规划与设计，编制出综合布线系统图、综合布线系统管线路由及信息点分布图、材料预算表、信息点统计表、端口对应表、施工进度表等资料。

2. 施工建设阶段

在综合布线系统的施工建设阶段，主要是根据前期完成的规划设计资料，按照国家标准与规范，对各子系统进行综合布线施工，包括施工材料的进场测试、配线间和设备间的端接、机柜设备的安装、跳线的制作、信息模块的端接、管槽的安装、线缆的敷设、底盒面板的安装等。

3. 竣工验收阶段

在综合布线系统的竣工验收阶段，主要根据国家相关标准与规范，按照前期项目设计里规定使用的各种协议，使用专业测试仪器对综合布线系统整体进行竣工验收。验收的内容包括通道链路测试、永久链路测试、光缆链路测试、网络设备性能测试等，要得出合格的综合测试报告，并提交最终用户保存。

小　结

本部分内容粗略介绍了网络布线系统建设的步骤，大致可以把整个网络布线工程分为规划设计、施工建设和竣工验收3个阶段。综合布线系统是一种模块化的、灵活性极高的建筑物内或建筑群之间的信息传输通道，包括语音系统、网络系统、监控系统、广播系统、楼宇对讲系统、智能消防系统等。综合布线系统分为7个子系统，即工作区子系统、配线子系统、干线子系统、建筑群子系统、设备间子系统、进线间子系统和管理子系统。

实　训

1. 参观考察校园网络综合布线系统

1）了解校园网络结构。
2）了解综合布线系统结构。
3）熟悉网络结构与综合布线系统结构的关系。

2. 思考与练习

1）简述综合布线系统组成，以及各子系统组成。
2）思考如何学习本课程。

项目 1 综合布线系统的规划与设计

项目背景

某网络公司项目经理接到某职校校园网络综合布线项目后，就分派张工来对该项目进行规划与设计。张工为了更好地完成该项任务，首先请该校筹建办的负责人联系设计院，拿到最新设计的建筑平面图，然后请校方组织各部门召开弱电规划研讨会。在会上，各部门的负责人提出需求，张工仔细地做好了记录。回到公司，张工和项目成员作了详尽的需求分析，对该项目进行了规划与设计。

项目说明

该职校信息大楼共五层（各层建筑面积相同），该大楼各层均设有一个弱电间供综合布线线缆敷设及端接使用。大楼建筑物配线间设置在第三层。水平布线子系统和工作区子系统均使用 5e 类非屏蔽双绞线进行布线施工。信息处理机房通过六芯室内多模光缆和大对数线缆连接到大楼的综合布线主干网络，分别接入大楼的数据网络和语音网络，经由大楼网络接入 Internet。

能力目标

1）了解规划与设计综合布线系统的内容及步骤。

2）熟悉综合布线系统图、施工平面图、机柜安装大样图。

3）熟悉信息点点数统计表、材料预算表、端口对照表、施工进度表。

根据学校的规划和各办公场所的不同功能，该大楼各工作区的功能及信息点需求情况如表 1-1 所示。各楼层平面图如图 1-1～图 1-5 所示。

表 1-1 新校区信息大楼各工作区功能和信息点分布表

名称		数量	楼层	数据点	语音点	闭路电视	红外对射	广播
1	多媒体公共课室	1	一层	5		1		6
2	远程教育技术中心	1		5	1	1	1	2
3	职教远程教育辅导教室	3		9		3		6
4	计算机机房（选修课用）	4		12		4	4	8
5	网络管理室	1		2	1		1	
小计		10		33	2	9	6	22
1	计算机机房	5	二层	15		5	5	10
2	硬件实训室	2		6			2	4
3	信息创业指导中心	1		3	1	1		
4	远程教育管理办公室	1		3	1	1	1	
5	网络管理室	1		2	1			
小计		10		29	3	7	8	14
1	计算机机房	5	三层	15		5	5	10
2	软件实训室	2		6		2	2	4
3	通信实训室	2		6		2	2	4
4	网络管理室	1		2	1		1	
小计		10		29	1	9	10	18

续表

名称		数量	楼层	数据点	语音点	闭路电视	红外对射	广播
1	教师办公室	3	四层	9	3		1	
2	专业主任办公室	1		3	1			
3	部长办公室	1		2	1			
4	德育办公室	1		2	1			
5	教学办公室	1		2	1			
6	就业培训办公室	1		2	1			
7	学生团委办公室	1		3	1			
8	文秘室	1		3	1			
9	接待室	1		2	1	1		
10	会议室	1		3		1		
11	学生教室	6		18		6		12
小计		18		49	11	8	1	12
1	计算机机房	5	五层	15		5	5	10
2	通信实训室	1		3		1	1	2
3	网络实训室	2		6		2	2	4
4	网络管理室	1		2	1			
5	教师办公室	1		3	1	1		
小计		10		29	2	9	8	16
总计		58		169	19	42	33	82

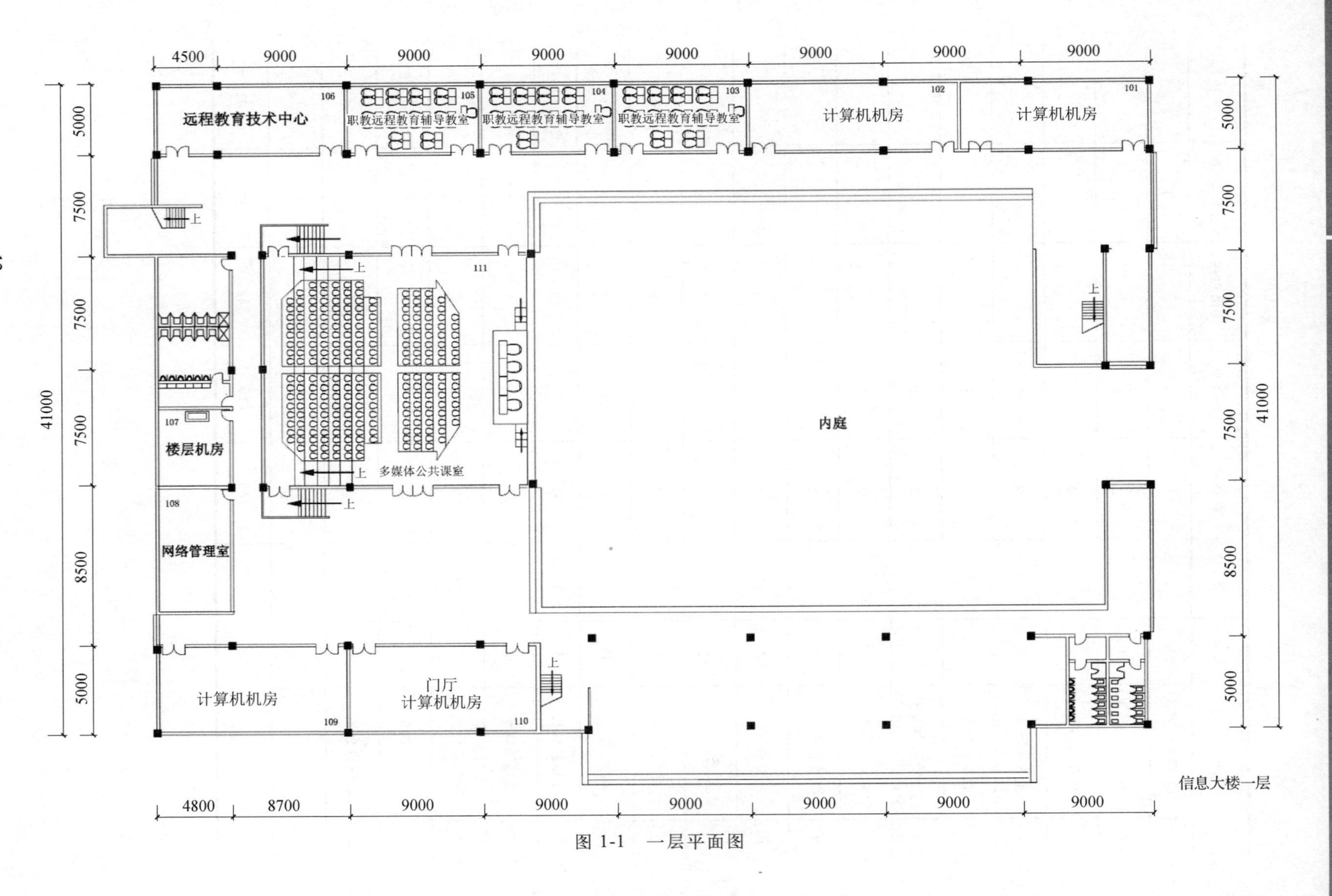
4500
9000
9000
9000
9000
9000
9000
9000
106
远程教育技术中心
105
职教远程教育辅导教室
104
职教远程教育辅导教室
103
职教远程教育辅导教室
102
计算机机房
101
计算机机房
5000
7500
7500
7500
8500
5000
41000
上
111
多媒体公共课室
107
楼层机房
108
网络管理室
内庭
计算机机房
109
门厅
计算机机房
110
信息大楼一层
4800
8700
9000
9000
9000
9000
9000
9000

图 1-1 一层平面图

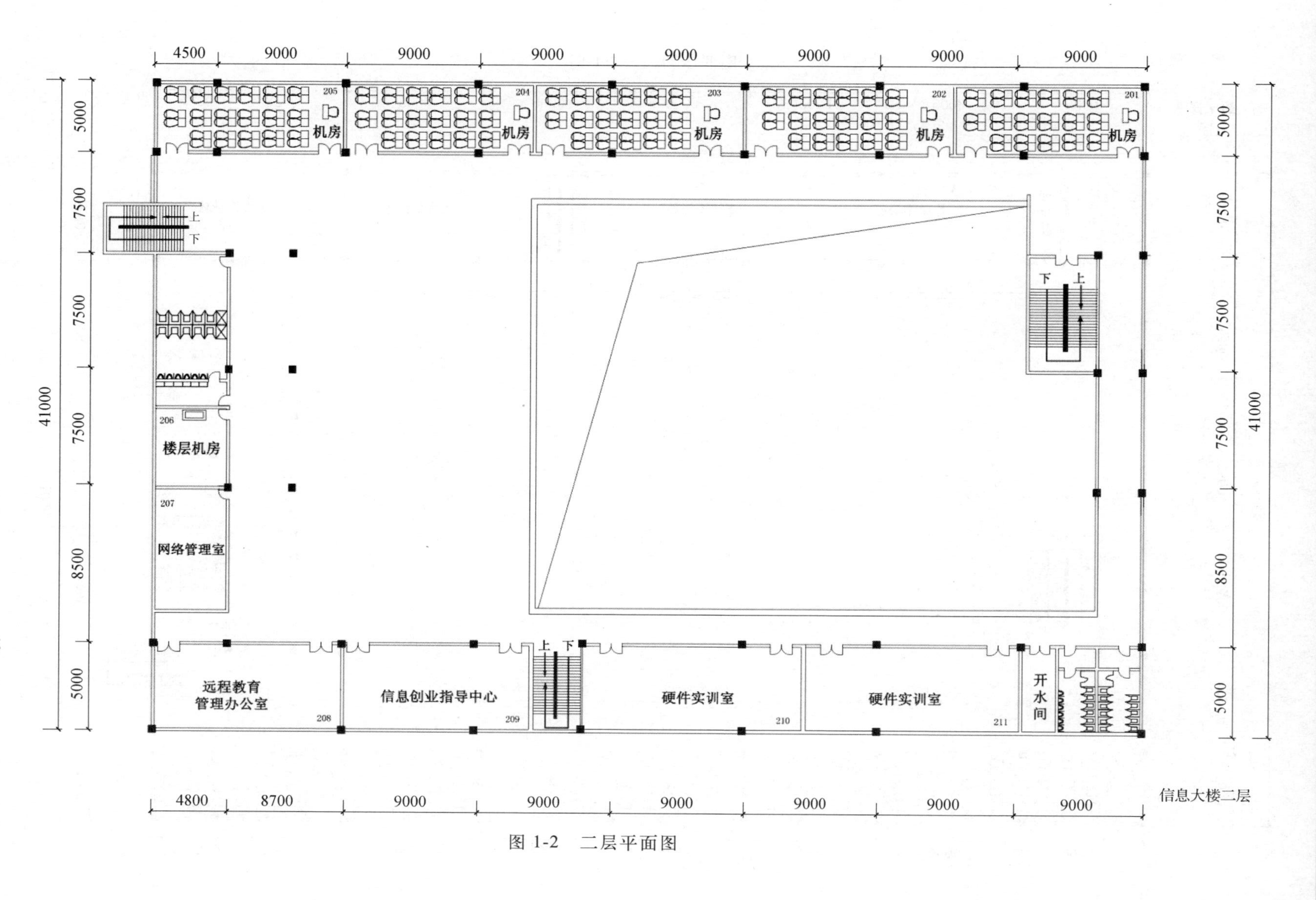

4500
9000
9000
9000
9000
9000
9000
9000
205
机房
204
机房
203
机房
202
机房
201
机房
5000
7500
7500
7500
8500
5000
41000
上
下
206
楼层机房
207
网络管理室
远程教育
管理办公室
208
信息创业指导中心
209
硬件实训室
210
硬件实训室
211
开水间
4800
8700
9000
9000
9000
9000
9000
9000
信息大楼二层

图 1-2 二层平面图

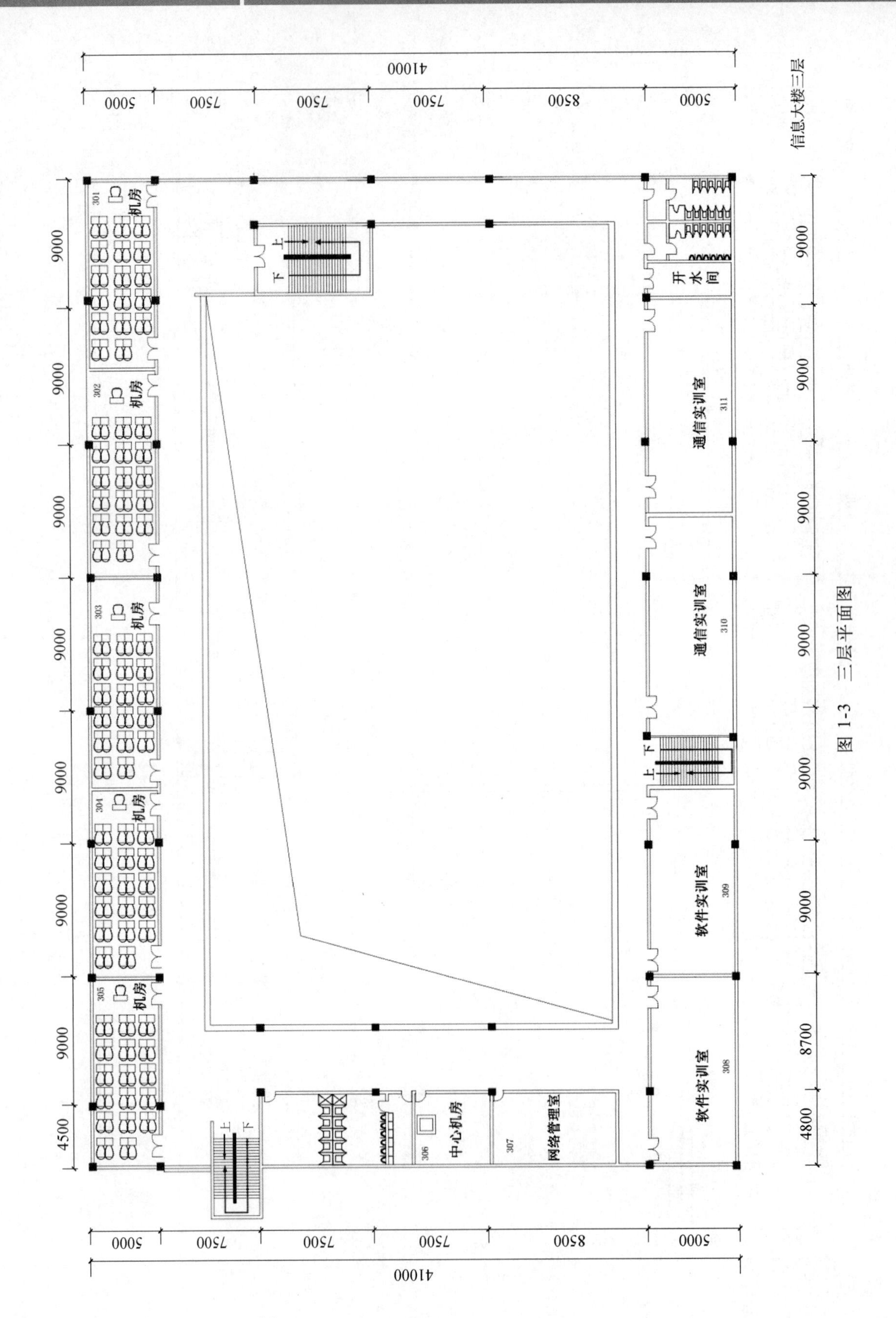
41000
5000
7500
7500
7500
8500
5000
信息大楼三层
9000
9000
9000
9000
9000
9000
8700
4800
4500
301
机房
302
机房
303
机房
304
机房
305
机房
306
中心机房
307
网络管理室
软件实训室
308
软件实训室
309
通信实训室
310
通信实训室
311
开水间
上
下

图 1-3 三层平面图

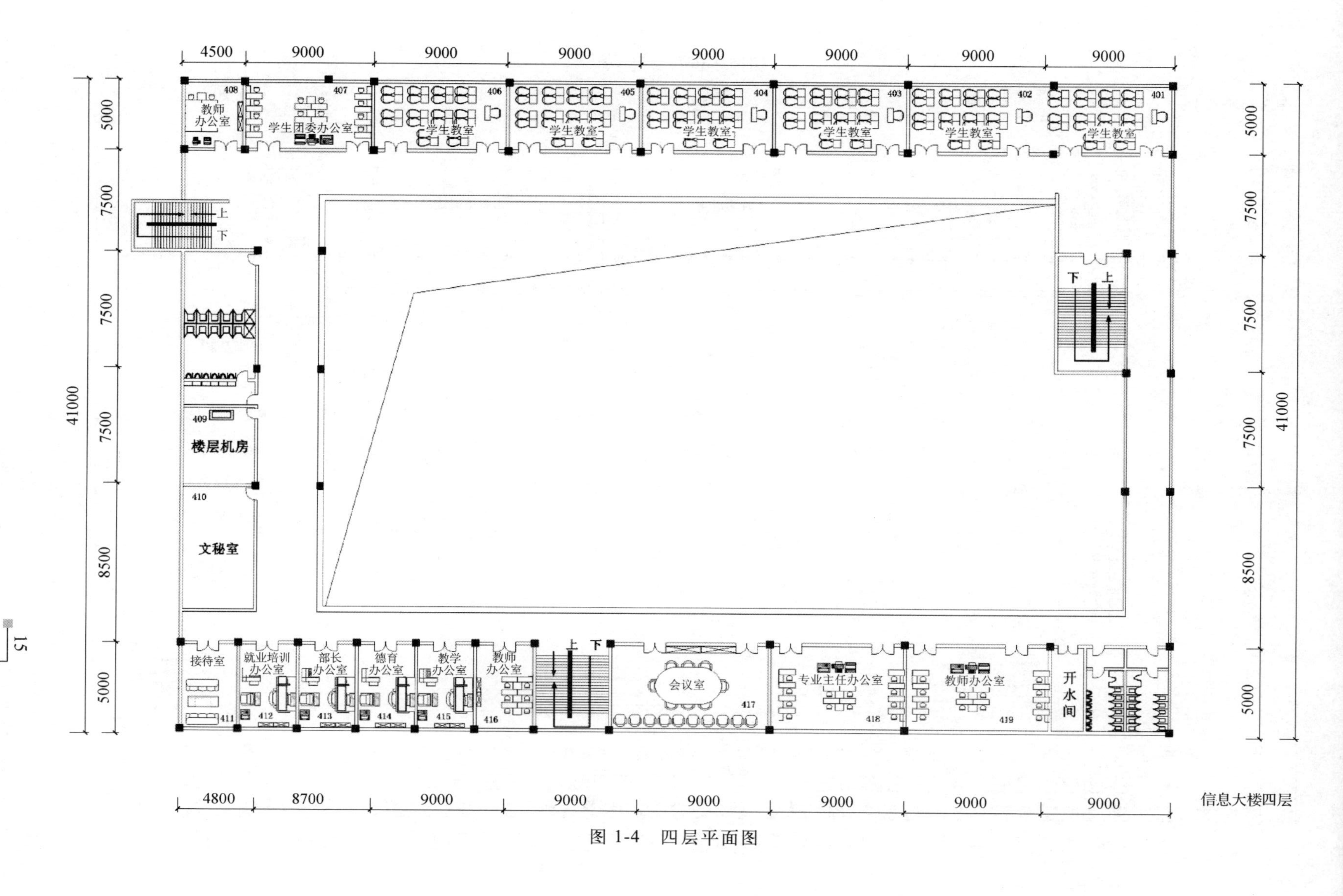

4500
9000
41000
5000
7500
8500
4800
8700
408
教师办公室
407
学生团委办公室
406
405
404
403
402
401
学生教室
上
下
409
楼层机房
410
文秘室
接待室
411
就业培训办公室
412
部长办公室
413
德育办公室
414
教学办公室
415
教师办公室
416
会议室
417
专业主任办公室
418
教师办公室
419
开水间
信息大楼四层

图 1-4 四层平面图

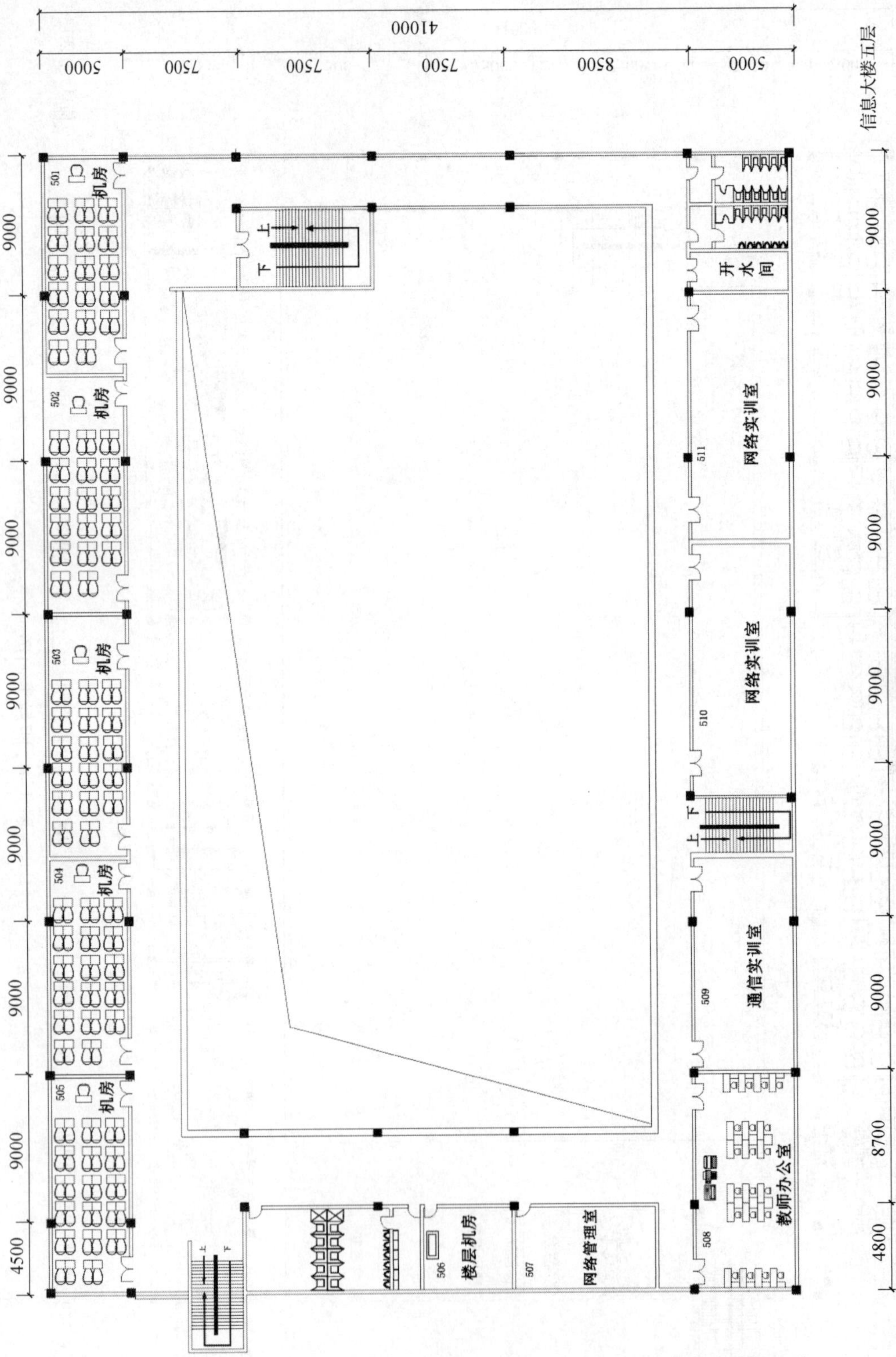

图 1-5 五层平面图

任务 1.1 综合布线系统需求分析

任务目标

通过本任务的学习，掌握综合布线系统的设计规划过程。

任务说明

根据信息大楼第四层需求，对其进行综合布线系统规划和设计。

以信息大楼的第四层为例，对楼层的综合布线系统进行分析，统计信息点数，确定信号种类和施工材料。

信息大楼第四层作为教师办公场所和教室，楼层内设有一个楼层机房（弱电间）供综合布线走线使用，信息部中心机房设在 306 房间，位于弱电间下方。现要根据信息部需求，对其进行综合布线系统规划和设计。

实现步骤

完成该网络综合布线系统的设计建设应包括以下 3 个方面的内容。

01 列出信号种类及设计要求。

1）传输信号种类。在综合布线系统上可以传输的信号种类有数据信号、语音信号、广播信号、图像视频信号等。

2）设计要求。根据学校信息系统整体规划，新建设的教师办公室、教室、网络管理室等房间的功能各有不同。根据要求设置每个房间的工作区信息点数量，会议室提供 4 个数据信息点；每个教室提供 3 个数据信息点（其中 1 个为无线接入点）；每个教师办公室（包括文秘室、学生团委办公室、专业主任办公室）设计开放办公区，提供 3 个数据信息点（其中 1 个为无线接入点）和 1 个语音信息点（内线和外线共用）；每个网络管理室从三楼中心机房提供光缆接入。学校经由大楼提供的千兆光缆接入网络中心的信息化系统。

02 列出信息大楼第四层各功能室及其对应说明。

401～406：学生教室，每个教室配备 3 个数据信息点。

407：学生团委办公室，1 名教师和 11 名学生，配备 3 个数据信息点，1 个语音信息点。

408：教师办公室，6 名教师，配备 3 个数据信息点，1 个语音信息点。

410：文秘室，6 名文员，配备 3 个数据信息点，1 个语音信息点。

411：接待室，配备2个数据信息点和1个语音信息点。

412：就业培训办公室，1名教师，配备2个数据信息点，1个语音信息点。

413：部长办公室，1位信息部部长，配备2个数据信息点，1个语音信息点。

414：德育办公室，1位信息部副部长，配备2个数据信息点，1个语音信息点。

415：教学办公室，1位信息部副部长，配备2个数据信息点，1个语音信息点。

416：教师办公室，现共有6名教师，配备3个数据信息点，1个语音信息点。

417：会议室，配备3个数据信息点。

418：专业主任办公室，12名教师，配备3个数据信息点，1个语音信息点。

419：教师办公室，12名教师，配备3个数据信息点，1个语音信息点。

03 选择器材。

根据以上需求，选用产品全面、技术成熟、性能优越的综合布线系统。数据系统从端到端采用全5e类线缆连接硬件产品，以保证信息传输速率达到100Mb/s，支持数据传输和多媒体等宽带传输技术；语音系统选用全5e类线缆连接硬件产品，保证语音信号通信顺畅。

1）信息插座。

① 选用5e类信息模块，支持100Mb/s高速数据传输。

② 选用5e类信息模块，支持语音传输。

2）水平线缆。

① 选用优质的4对5e类非屏蔽双绞线缆支持高速数据传输和监控图像信号。

② 选用优质的4对5e类非屏蔽双绞线缆支持语音传输。

3）干线线缆。

① 选用六芯室内光缆作为数据干线，连接大楼数据系统，支持高速数据传输。

② 选用100对3类大对数线缆作为语音系统的干线，连接大楼语音系统，支持语音传输。

4）配线架。在各楼层配线间和主配线间分别选用100对、300对、900对墙上型配线架，连接和管理数据系统、语音系统、监控系统的信息传输。

任务 1.2 制作综合布线系统图

任务目标

通过本任务的学习，掌握综合布线系统图的相关知识和制作方法。

任务说明

分析信息大楼总体需求，完成该综合布线系统图的绘制。

实现步骤

01 对照项目需求，明确综合布线系统中出现的子系统。

从项目需求分析中可知，本项目直接涉及的综合布线系统子系统分别有工作区子系统、配线子系统、干线子系统、配线间子系统、设备间子系统。

02 从客户需求中确定线缆及接口模块类型。

1）从客户需求中，可以总结出使用的线缆情况。

① 4 对 5e 类非屏蔽双绞线缆，同时支持数据和语音传输。

② 六芯室内光缆，连接大楼数据系统，支持高速数据传输。

③ 100 对 3 类大对数线缆，语音系统的干线，连接大楼语音系统。

2）从客户需求中可以总结出使用的接口模块情况。5e 类信息模块，支持工作区数据接入和语音接入。

03 确定系统图中使用的各个图标的含义。

在系统图中，主要由各个图标和必要的简短文字来说明整个系统线路连接的具体含义。在设计系统图的过程中，做到简明扼要同时又要细致，尽量做到充分反映整体构建状况。图中的每一个图标均代表不同的含义，所以明确每一个图标及其作用尤为重要。在设计系统图的过程中，可以做如书中彩插一所示的设定。

04 制作综合布线系统图。

按前 3 个步骤完成前期准备工作后，就可以将相关资料汇总，利用 Microsoft Office Visio 或 AutoCAD 软件制作一个完整的综合布线系统图，制作结果参考彩插二。

05 在系统图上注明说明信息。

除了使用图标表示外，简短的文字说明也是必不可少的，如系统构建结构、线缆使用的根数、数据接口的数量、语音接口的数量、总接口数量等。

主要应从以下几个方面添加简短必要的文字说明。

1）数据信息点和语音信息点的数量。

2）每个工作区子系统使用的连接形式。

3）干线子系统的连接方式。

4）其他一些要说明的问题。

至此，综合布线系统图就基本制作完成了。

任务 1.3 制作综合布线系统施工平面图

任务目标

通过本任务的学习，掌握综合布线系统施工平面图的相关知识和制作方法。

任务说明

本任务主要结合建筑物平面图纸和总体需求，完成施工平面图的绘制。

实现步骤

施工图是表示工程项目总体布局、建筑物的外部形状、内部布置、结构构造、内外装修、材料做法及设备、施工等要求的图样。施工图具有图纸齐全、表达准确、要求具体的特点，是进行工程施工、编制施工图预算和施工组织设计的依据，也是进行技术管理的重要技术文件。图纸是设计意图的表现，平面图主要是平面的布局。综合布线系统施工平面图是整个布线路由的一个直观反映。

01 确定在综合布线系统施工平面图中表示数据接口和语音接口的图标。

1）在 AutoCAD 中，利用“绘图工具”和“椭圆形工具”，结合 Shift 键和鼠标拖拉操作画出一个圆形图标◯，若圆形图标的线条不够明显，可将其“线条粗细”值设为 9 或 13。

2）双击◯图标，在其文本内容中输入该图标表示的内容“D”，表示其代表数据接口，制作效果为Ⓓ。按上面的方法制作内容“V”，表示语音接口的图标，制作效果为Ⓥ。

02 制作信息大楼四层的综合布线系统施工平面图。

1）对照项目描述要求，确定要安装的信息点数量，包括数据点和语音点。

2）确定线槽线管的路由。

制作效果示意如图 1-6 所示。

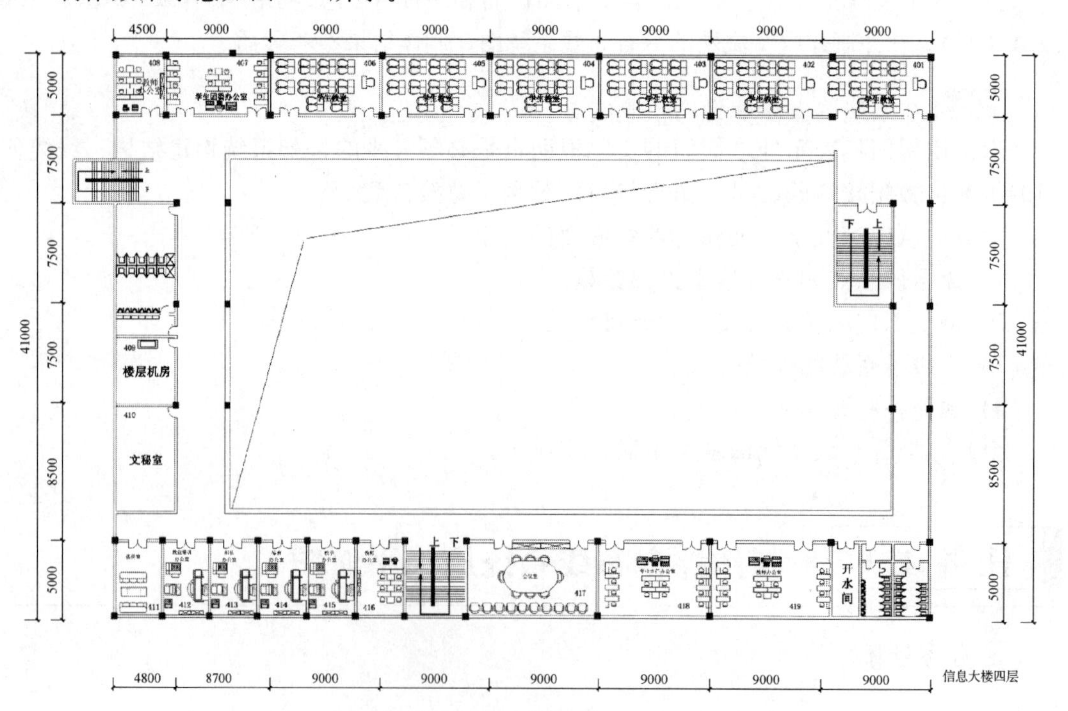

图 1-6　信息大楼四层综合布线系统施工平面图

03 为各信息点的数据接口和语音接口标识编号。

所有的信息点（包括数据接口和语音接口）都必须有编号，编号的作用是方便日后进行各种查询、检修、维护等操作。

信息点的编号方法也是有所要求的，必须做到直观、明了又方便记忆。一般可以用以下字符组来表示：XYN。

X：代表楼层编号，可以是一位数也可以是两位数。考虑到日后的扩展，本书采用两位数编号，即楼层的编号可命名为“04”。

Y：代表该信息点为数据接口或是语音接口。可在此对其做以下定义：若为数据接口，命名为 D（data）；若为语音接口，命名为 V（voice）。

N：代表该信息点的顺序号，一般用 2～3 位数表示，同一范围内的信息点数量越多，要求使用的表示位数就越多，同时也要考虑以后维护更新时的可扩充性。

通过以上说明可以获知，如存在这样的一个信息点：四层接入机柜的第八个数据信息点端口，按上述内容可将其编号定义为 04D08。

在做好上述定义后必须对定义的规范方式做一个文档性的说明，并保存于交付给最终用户的使用说明上，这样才能使最终用户真正了解每个信息点编号的具体含义，方便日后的各种维护操作。

至此，综合布线系统施工平面图就制作完成了。

任务 1.4 制作综合布线系统信息点点数统计表

任务目标

通过本任务的学习，掌握综合布线系统信息点点数统计表的相关知识和制作方法。

任务说明

根据总体需求，完成信息点点数统计表。

实现步骤

工作区信息点点数统计表简称点数表，是设计和统计信息点数量的基本工具和手段。点数统计表能够准确、清楚地表示和统计出建筑物的信息点数量。

利用 WPS 表格软件进行制作，常用的表格格式一般采用房间按照行表示、楼层按照列表示、制作信息在右下角表示的形式。

信息点点数统计表样例如图 1-7 所示。

信息点点数统计表

项目名称：某职校信息大楼　　　　　　　　建筑物编号：××-××-××

楼层序号	信息点类别	房间序号				楼层信息点合计		信息点合计
		1	2	…	n	数据	语音	
1层	数据	…	…	…	…	…	…	××
	语音	…	…	…	…	…	…	
⋮	数据	…	…	…	…	…	…	××
	语音	…	…	…	…	…	…	
N层	数据	…	…	…	…	…	…	××
	语音	…	…	…	…	…	…	
信息点合计						××	××	××

编制人签字：×××　　审核人签字：×××　　日期：20××年××月××日

图 1-7　信息点点数统计表

任务 1.5　制作综合布线系统材料预算表

任务目标

通过本任务的学习，掌握综合布线系统材料预算表的相关知识和制作方法。

任务说明

阅读项目文字说明及施工平面图，完成材料预算表的制作。

实现步骤

综合布线系统工程的材料预算表是对工程造价进行控制的主要依据，是设计文件的重要组成部分，应严格按照批准的可行性报告和其他相关文件进行编制。

01 确定预算表表头内容。

预算表中给出的是完成整个项目所需用到的材料预算值。在设立该表时首先要考虑表内内容能充分说明完成工程需要的材料及其数量；其次要充分反映每样材料的大致用途，并且明确地给出各种材料的预算值和最终总预算值，以方便用户衡量及评定该预算是否合适。

在设定预算表表头内容时，一般会包含序号（方便用户定位和查找具体材料内容）、材料名称（说明需要用到的材料名称，一目了然）、材料规格/型号（同种名称的材料有不同的规格，工程中需用到哪个规格/型号材料在此列举说明）、单价（说明该材料的单一采购价格，方便在后面预算各种材料小计）、数量（说明该种材料需要购进的数量）、单位（说明每种材料的单一采购单位，有的材料是以“套”“件”“kg”等衡量的，不同的单位含义不同，所以应该给予明确说明）、小计（说明在预算中采购该材料共需花费的数额）、用途简述（说明该材料在整个工程中的具体用途，由于预算表中往往有很多的材料项目，单靠人脑很难完全记住各种材料的具体用途，所以应该对部分或全部材料加以说明，这样做也方便后面的施工及各个步骤的操作）。

从以上的说明中可以得出一张最常用的材料预算表表头，如图 1-8 所示。

材料预算表

项目名称：××× 建筑物编号：××-××-××

序号	材料名称	材料规格（型号）	单价（元）	数量	单位	小计（元）	用途简述

编制人签字：××× 审核人签字：××× 日期：20××年××月××日

图 1-8 材料预算表表头

02 阅读项目文字说明及平面施工图，统计各材料原始数量。

从项目说明文字和施工平面图中，能粗略统计出完成该项目需要用到的材料如下：双口信息插座（含模块）、插座底盒、5e 类非屏蔽双绞线、PVC 线槽、配线架、理线环、水晶头、鸭嘴跳线、终端、标签、机柜螺钉、线槽三通等。其中，把终端、标签、机柜螺钉、线槽三通等零星琐碎的材料归纳为“标签等零星配件”。最终设计出的材料预算表如图 1-9 所示。

材料预算表

项目名称：某职校信息大楼 建筑物编号：××-××-××

序号	材料名称	材料规格（型号）	单价（元）	数量	单位	小计（元）	用途简述
1	双口信息插座	超5类RJ-45接口86系列塑料	7	100	个	700	
2	信息模块	超5类RJ-45系列	15	188	个	2820	
3	插座底盒	明装，86系列塑料	3	93	个	279	
4	5e类非屏蔽双绞线	5e，305m	550	48	箱	26400	
5	配线架	1U，24口超5类	470	16	个	7520	
6	100对机柜式配线架	1U，110语音配线架	220	1	个	220	
7	理线环	1U	70	17	个	1190	
8	水晶头	RJ-45	80	8	盒	640	
9	鸭嘴跳线	1对	18	20	条	360	
10	标签等零星配件					1500	
合计						41629	

编制人签字：××× 审核人签字：××× 日期：20××年××月××日

图 1-9 材料预算表

任务 1.6 制作综合布线系统机柜安装大样图

任务目标

通过本任务的学习，掌握综合布线系统机柜安装大样图的相关知识和制作方法。

任务说明

根据实际工程，完成配线间机柜中设备的安装大样图。

实现步骤

综合布线系统机柜安装大样图是安装在机柜内各个设备的立体安装表示形式，它能在设计阶段反映出购置的各种设备在机柜中的安装情况。机柜安装大样图是设备在机柜内安装时的参考和依据。

扫码观看视频

制作综合布线系统机柜安装大样图

01 绘制机柜。

1）利用AutoCAD或Visio软件进行36U机柜绘制，如图1-10所示。

2）利用“矩形”工具和“直线”工具绘制机柜外形。

02 绘制理线环。

1）利用AutoCAD或Visio软件进行理线环绘制，如图1-11所示。

2）利用“矩形”工具和“正多边形”工具绘制理线环。

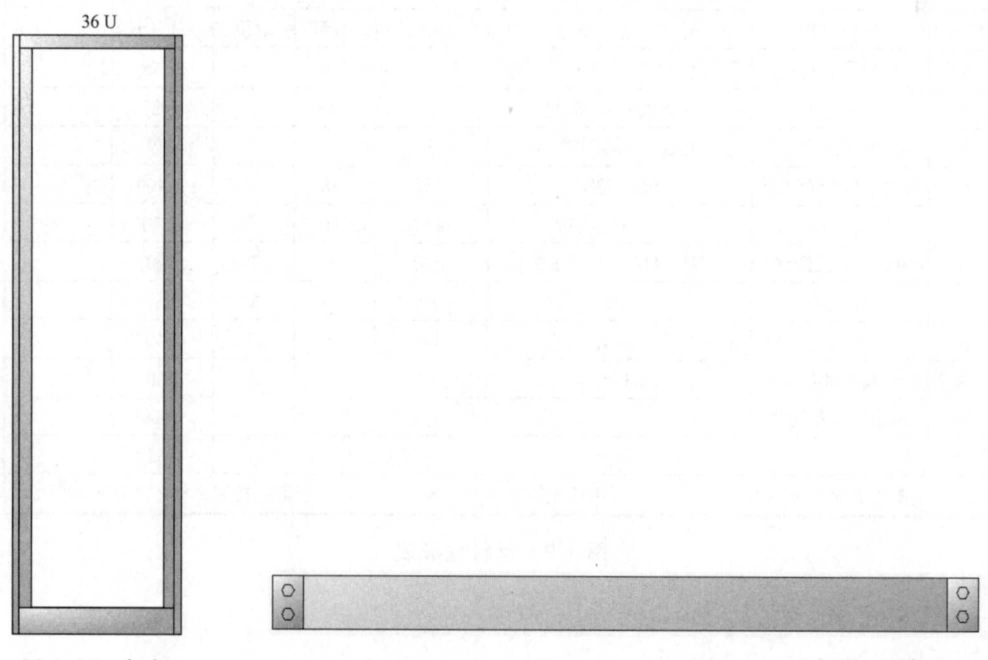

图1-10　机柜　　　　图1-11　理线环

03 绘制24接口配线架。

1）利用“矩形”工具绘制图1-12所示图形，将单独的图形组合成图1-13所示的RJ-45接口图标。

2）绘制 6 接口模块组。将图 1-13 所示的图标利用“阵列”工具产生与原图标相同的 RJ-45 接口图标，组成一个 6 接口模块，如图 1-14 所示。

图 1-12　绘制图形　　　图 1-13　组合成 RJ-45 接口图标　　　图 1-14　6 接口模块

3）将图 1-14 所示的图标利用“阵列”工具产生与原图标相同的图标，组成一个 24 接口模块，再利用图 1-11 所示理线环图标组合成一个 24 接口配线架，如图 1-15 所示。

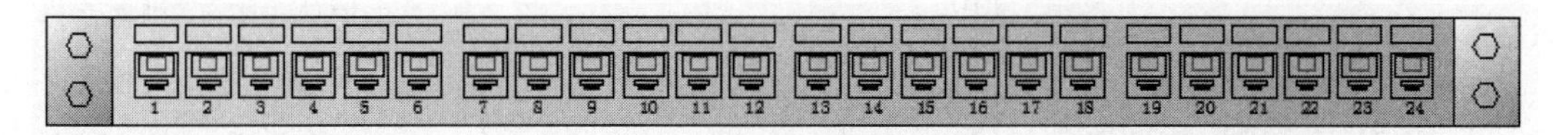

图 1-15　24 接口配线架图标

04 绘制 100 对 110 语音配线架。

绘制图 1-16 所示的图标，利用“直线”工具和“阵列”工具组成一个 25 对 110 语音接口。

使用“镜像”工具制作成 4 个模拟 100 对大对数线缆接口，再利用图 1-11 所示理线环图标组合成一个 100 对 110 语音配线架，如图 1-17 所示。

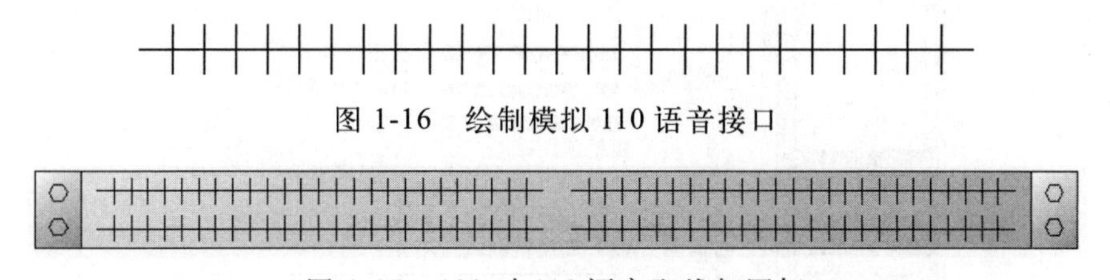

图 1-16　绘制模拟 110 语音接口

图 1-17　100 对 110 语音配线架图标

05 添加图例说明。

图例如图 1-18 所示。

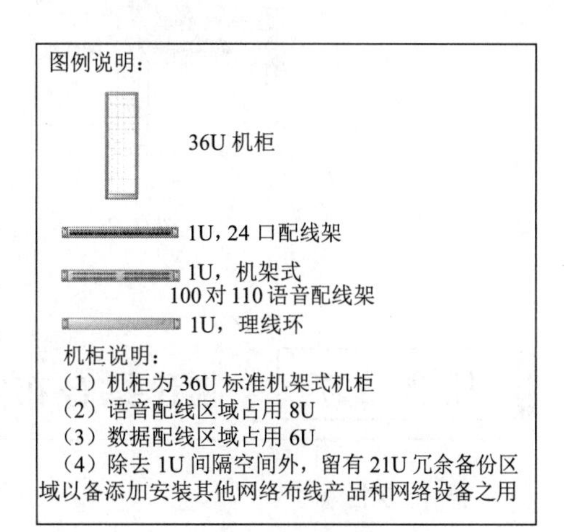

图 1-18　图例

06 添加区域高度及冗余备份空间高度说明。

对于各个区域需添加必要的文字说明，说明该区域总体需要的高度为多少 U，机柜剩余的高度有多少 U，可作为冗余备份空间的高度有多少 U。这些都为日后的维护、扩充起到说明作用，如图 1-19 所示。

07 在上述步骤的基础上，在图样的右下角添加项目名称、制作人等信息后，整个系统机柜安装大样图就制作完成了，如图 1-20 所示。

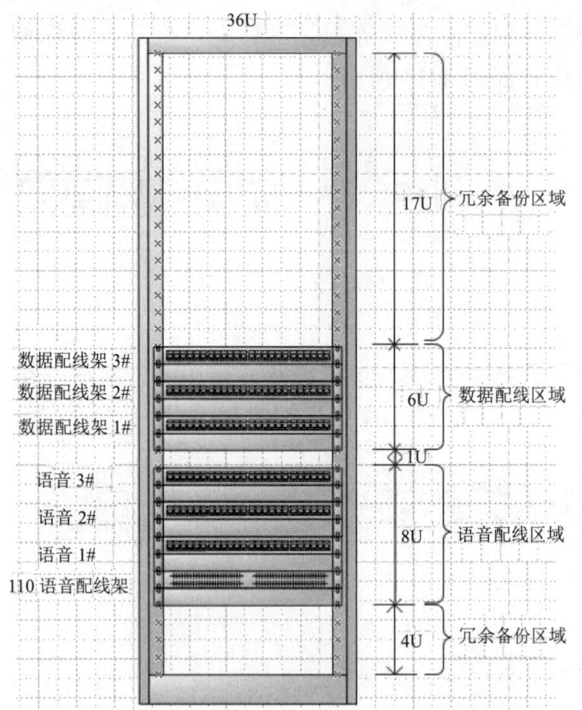

图 1-19 各区域高度说明及文字说明

小贴士

冗余备份区域的作用主要是作为日后扩充设备时的安装空间。另外，在数据配线区域与语音配线区域之间留有1U的空余空间，主要是为了形象直观地区分两个区域的空间范围。一般在交换机、路由器等设备之间也会留有（1/3～1）U的空余空间，主要目的是保留适当的空间使设备散热。

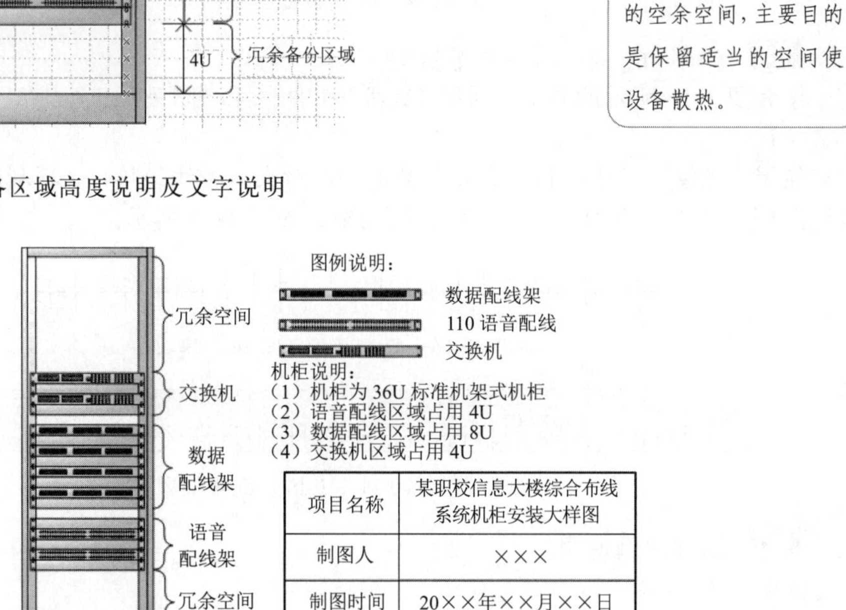

图 1-20 综合布线系统机柜安装大样图

任务 1.7 制作综合布线系统端口对照表

任务目标

通过本任务的学习，掌握综合布线系统端口对照表的相关知识和制作方法。

任务说明

阅读项目文字说明及施工平面图，完成信息大楼的端口对照表。

实现步骤

综合布线系统端口对照表是一张记录端口编号信息与其所在位置对应关系的二维表。它是网络管理人员在日常维护和检查综合布线系统端口过程中快速查找和定位端口的依据。综合布线系统端口对照表可分为机柜配线架端口标签编号对照表和端口标签编号位置对照表，前者表示机柜配线架各个端口和信息点编号的对应关系，后者表示信息点编号和其物理位置的关系。

01 制作机柜配线架端口标签编号对照表。

该表的主要元素有配线架及端口编号、标签编号、制表人及其他相关信息等。完整的机柜配线架端口标签编号对照表制作效果如图 1-21 所示。

	A	B	C	D	E	F	G	H	I	J	K	L	M	N	O	P	Q	R	S	T	U	V	W	X	Y	Z
1		某职校信息大楼四楼端口对照表																								
2	数据配线架#1																									
3	端口编号	1	2	3	4	5	6	7	8	9	10	11	12	13	14	15	16	17	18	19	20	21	22	23	24	
4	标签号	04D01	04D02	04D03	04D04	04D05	04D06	04D07	04D08	04D09	04D10	04D11	04D12	04D13	04D14	04D15	04D16	04D17	04D18	04D19	04D20	04D21	04D22	04D23	04D24	
5																										
6	数据配线架#2																									
7	端口编号	1	2	3	4	5	6	7	8	9	10	11	12	13	14	15	16	17	18	19	20	21	22	23	24	
8	标签号	04D25	04D26	04D27	04D28	04D29	04D30	04D31	04D32	04D33	04D34	04D35	04D36	04D37	04D38	04D39	04D40	04D41	04D42	04D43	04D44	04D45	04D46	04D47	04D48	
9																										
10	数据配线架#3																									
11	端口编号	1	2	3	4	5	6	7	8	9	10	11	12	13	14	15	16	17	18	19	20	21	22	23	24	
12	标签号	04D49													04V20	04V22	04V26	04V28	04V31	04V33	04V35	04V37	04V38	04V45	04V48	
13																										
14																										
15																			项目名称			制表人		×××		
16																			某职校信息大楼四楼端口对应表			制表时间		20××-××-××		
17																						图表编号		01-01-03		
18																										

图 1-21 机柜配线架端口标签编号对照表

02 制作端口标签编号位置对照表。

该表的主要元素有标签编号、端口编号、制表人及其他相关信息等。制作效果如图 1-22 所示。

	A	B	C	D	E	F	G	H	I	J	K	L	M	N	O	P	Q	R	S	T	U	V	W	X	Y	Z
1		某职校信息大楼四楼端口对照表																								
2	数据配线架#1																									
3	端口编号	1	2	3	4	5	6	7	8	9	10	11	12	13	14	15	16	17	18	19	20	21	22	23	24	
4	标签编号	04D01	04D02	04D03	04D04	04D05	04D06	04D07	04D08	04D09	04D10	04D11	04D12	04D13	04D14	04D15	04D16	04D17	04D18	04D19	04D20	04D21	04D22	04D23	04D24	
5																										
6	数据配线架#2																									
7	端口编号	1	2	3	4	5	6	7	8	9	10	11	12	13	14	15	16	17	18	19	20	21	22	23	24	
8	标签编号	04D25	04D26	04D27	04D28	04D29	04D30	04D31	04D32	04D33	04D34	04D35	04D36	04D37	04D38	04D39	04D40	04D41	04D42	04D43	04D44	04D45	04D46	04D47	04D48	
9																										
10	数据配线架#3																									
11	端口编号	1	2	3	4	5	6	7	8	9	10	11	12	13	14	15	16	17	18	19	20	21	22	23	24	
12	标签编号	04D49													04V20	04V22	04V26	04V28	04V31	04V33	04V35	04V37	04V38	04V45	04V48	
13																										
14																										
15																			项目名称			制表人		×××		
16																			某职校信息大楼四楼端口对应表			制表时间		20××-××-××		
17																						图表编号		01-01-03		
18																										
19																										
20																										
21																										

图 1-22 端口标签编号位置对照表

任务 1.8 制作综合布线系统施工进度表

任务目标

通过本任务的学习，掌握综合布线系统施工进度表的相关知识和制作方法。

任务说明

根据工程实际施工情况，合理地分配好工程时间，并制订出施工进度表。

实现步骤

施工进度控制的关键就是编制施工进度计划，合理安排好前后工作的次序，能对整个工程按时按质按量完成起到促进作用。

01 了解综合布线系统工程的项目内容。

一般来说，综合布线系统工程的项目内容和次序如下：①洽谈、签订合同；②设计图纸、审核图表；③设备订购与验收；④主干线槽、管槽架设与主干线缆、大对数线缆敷设；⑤水平线槽、管槽架设与水平线缆敷设；⑥信息插座安装、端接；⑦机柜安装、设备安装；⑧线缆端接及配线间端接；⑨测试与调整；⑩验收、制作验收文档交付用户等。

02 绘制信息大楼综合布线系统工程施工进度表。

完整的施工进度表制作效果如图 1-23 所示。

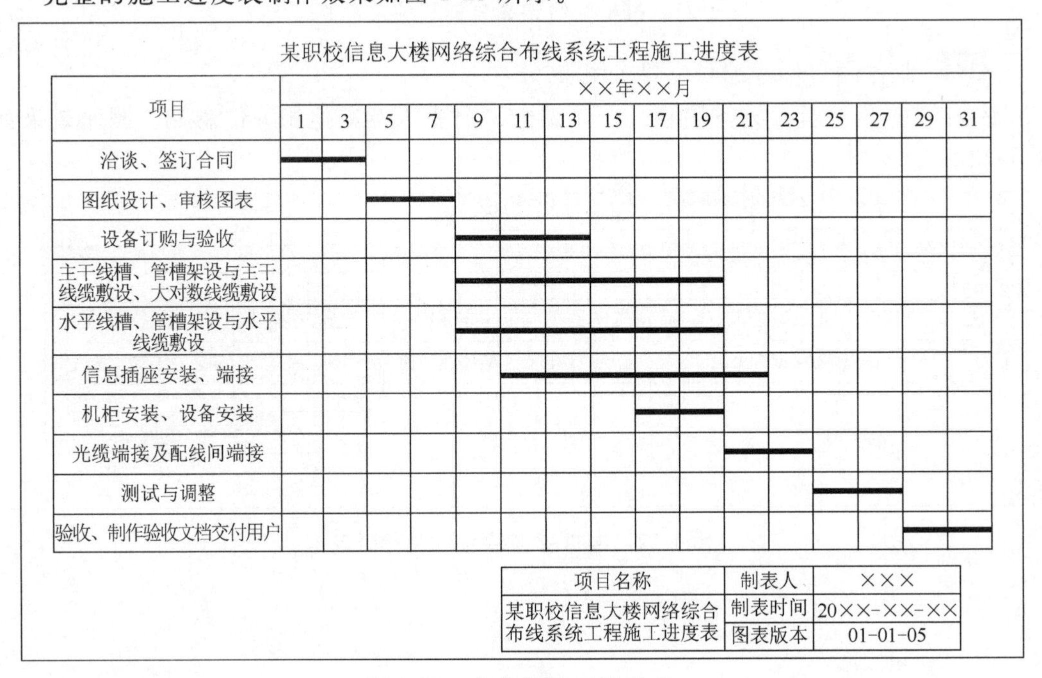

某职校信息大楼网络综合布线系统工程施工进度表

项目	××年××月															
	1	3	5	7	9	11	13	15	17	19	21	23	25	27	29	31
洽谈、签订合同																
图纸设计、审核图表																
设备订购与验收																
主干线槽、管槽架设与主干线缆敷设、大对数线缆敷设																
水平线槽、管槽架设与水平线缆敷设																
信息插座安装、端接																
机柜安装、设备安装																
光缆端接及配线间端接																
测试与调整																
验收、制作验收文档交付用户																

项目名称	制表人	×××
某职校信息大楼网络综合布线系统工程施工进度表	制表时间	20××-××-××
	图表版本	01-01-05

图 1-23 完整的施工进度表

小　结

在本项目的学习和操作过程中，主要完成了综合布线系统的规划与设计阶段相关图表的制作，其中包括系统图、施工平面图、信息点点数统计表、材料预算表、机柜安装大样图、端口对照表和施工进度表 7 个部分的内容。将这 7 部分的内容完成并形成文档后，加上封面和目录，装订成册并交付用户存档。

本项目所述的内容大体包括综合布线系统规划与设计阶段的全部内容，在工程建设中，可参照实际情况进行适当修改即可。

实　训

图 1-5 是某职校信息大楼五层的平面图，请你结合本项目中表 1-1（新校区信息大楼各工作区功能和信息点分布表）的项目需求描述，完成该楼层的各个设计规划内容，具体内容如下。

1）综合布线系统图。

2）综合布线系统施工平面图。

3）综合布线系统信息点点数统计表。

4）综合布线系统机柜安装大样图。

5）综合布线系统端口对照表。

项 目　工作区的布线施工

项目背景

在综合布线中，工作区就是一个独立的需要设置终端设备的区域，是指办公室、写字间、工作间、机房等需要使用电话、计算机等终端设施的区域。

工作区子系统（work location subsystem）是放置应用系统的地方，主要由 RJ-45 插头、双绞线、信息插座及计算机终端等组成。

对于一座建筑物的综合布线，工作区的布线施工意义重大。它是与终端用户直接接触的区域，它的施工质量直接影响着客户对工程的评价。完美的施工，对今后的日常维护也有一定的促进作用。

项目说明

根据项目中综合布线施工图，以信息楼四楼为例，完成工作区的布线施工，如选择双绞线、制作水晶头、完成信息模块端接，以及正确安装底盒和信息面板等。

能力目标

1）认识双绞线的结构和分类。

2）熟练掌握不同情况下水晶头的制作方法。

3）认识 EIA/TIA 568A 和 EIA/TIA 568B 的线序。

4）认识信息模块，掌握打线信息模块和免打线信息模块的制作方法。

扫码观看视频

综合布线及常用工具、设备基本认知

任务 2.1 双绞线和水晶头的制作

任务目标

掌握双绞线和水晶头的制作。

任务说明

完成双绞线、水晶头的制作。

相关知识

1. 双绞线

工作区中常用的线缆是双绞线，一根双绞线是由 4 对不同颜色的具有绝缘保护层的铜导线按一定密度互相绞扭在一起组成的。其外部包裹金属层或塑料外皮，每对铜导线也是按照一定的密度互相绞扭的。铜导线的直径一般为 0.4～1mm，双绞线的绞距为 3.81～14mm，相邻双绞线的绞扭长度为 1.27cm。

常见的双绞线有两种：一种是非屏蔽双绞线（UTP），另一种是屏蔽双绞线（STP）。

非屏蔽双绞线的铜导线外面即为塑料保护层，也是最常用的双绞线，每对线的绞距与抗电磁辐射及抗干扰能力成正比。UTP 具有以下优点：①安装简易，轻、薄、易弯曲，水晶头制作方便；②价格便宜，适用性广，能满足大众用户的需求；③能通过 EMC 测试。

屏蔽双绞线是在非屏蔽双绞线的基础上在铜线和塑料保护层之间增加了一个金属层，起屏蔽外界信号干扰的作用。它具有以下特点：①质量高，硬度强，价格贵，安装复杂；②适用于一些外界电磁干扰比较大的地方。

工作区子系统中，双绞线的长度不应超过 5m，长出的部分应缠绕起来。

2. RJ-45 插头

（1）RJ-45 插头的结构

RJ-45 插头简称“水晶头”，由金属触片和塑料外壳构成，其前端有 8 个凹槽，简称“8P”（position，位置），凹槽内有 8 个金属触点，简称“8C”（contact，触点），因此，RJ-45 水晶头又称为“8P8C”接头。

连接水晶头虽然简单，但它是影响通信质量非常重要的因素：开绞过长会影响近端串扰指标；压接不稳会引起通信的时断时续；剥皮时损伤线对的线芯会引起短路、断路等故障。

（2）网络跳线规则

根据不同的应用环境，IEEE 标准委员会制定了几种特定用途的跳线方法。

1）1—3、2—6 交叉接法。虽然双绞线有 4 对 8 条芯线，但实际上在网络中只用到了其中的 4 条，即水晶头的第 1 脚～第 3 脚和第 6 脚，它们分别起着发送和接收信号的作用。对于网卡而言，第 1 脚和第 3 脚发送，第 2 脚和第 6 脚接收，而交换机则相反，第 1 脚和第 3 脚接收，第 2 脚和第 6 脚发送，这种交叉网线的芯线排列规则如下：网线一端的第 1 脚连另一端的第 3 脚，网线一端的第 2 脚连另一端的第 6 脚，其他脚一一对应即可。按这种排列做出来的网线通常称为“交叉线”。

例如，当线的一端从左到右的芯线顺序依次为白橙、橙、白绿、蓝、白蓝、绿、白棕、棕时，另一端从左到右的芯线顺序则应当依次为白绿、绿、白橙、蓝、白蓝、橙、白棕、棕。这种网线一般用在集线器间的连接及交换机间的连接，如图 2-1 所示。

2）直连线接法。这是一种最常用的网线制作规则。所谓 100M 接法，是指它能满足 100Mb/s 带宽的通信速率。它的接法虽然也是一一对应的，但每一脚的颜色是固定的，具体如下：第 1 脚—白橙，第 2 脚—橙色，第 3 脚—白绿，第 4 脚—蓝色，第 5 脚—白蓝，第 6 脚—绿色，第 7 脚—白棕，第 8 脚—棕色。从中可以看出，这与前面所介绍的“1—3、2—6 交叉接法”相似，所不同的是直连线接法要求两端线序是一样的。那就是：第 1 脚—白橙，第 2 脚—橙色，第 3 脚—白绿，第 4 脚—蓝色，第 5 脚—白蓝，第 6 脚—绿色，第 7 脚—白棕，第 8 脚—棕色。这种接线方法是现在最通用的方式，如图 2-2 所示。

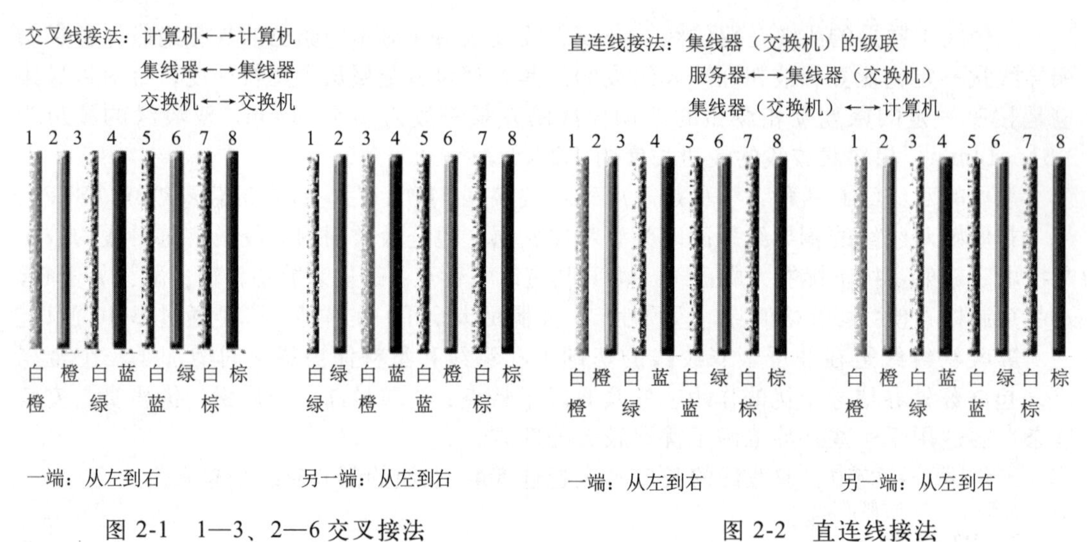

图 2-1 1—3、2—6 交叉接法

图 2-2 直连线接法

实现步骤

工具及材料的准备：网络压线钳 2 把、水晶头 18 个，1m 左右双绞线 4 根、EMC 测试仪 1 个。

01 熟练掌握 EIA/TIA 568A、EIA/TIA 568B 标准。

EIA/TIA568A：白绿、绿、白橙、蓝、白蓝、橙、白棕、棕。

EIA/TIA568B：白橙、橙、白绿、蓝、白蓝、绿、白棕、棕。

02 认识网络压线钳的功能和使用方法。

通常所使用的压线钳具有制作网络水晶头和电话线水晶头的双重作用，并具有剪线、剥线、压线 3 种功能。

03 制作双绞线和水晶头。

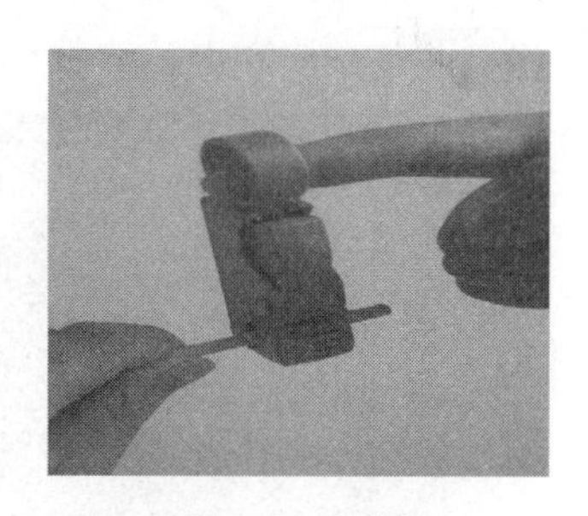

图 2-3　剥线

1）剥线。用双绞线压线钳（也可以用其他剪线工具）把 5 类双绞线的一端剪齐（最好先剪一段符合布线长度要求的网线），然后把剪齐的一端直插到压线钳用于剥线的缺口中。注意此时网线不能弯折，直到顶住压线钳后面的挡位后稍微握紧压线钳慢慢旋转一圈（无须担心会损坏网线里面芯线的塑料皮，因为剥线的两刀片之间留有一定距离，这个距离通常就是里面 4 对芯线的直径），让刀口划开双绞线的保护胶皮，剥下胶皮，如图 2-3 所示。也可使用专门的剥线工具来剥线。

2）排线。排线时，先剪断双绞线的保护线，再将绿色线对与蓝色线对放在中间位置，而橙色线对与棕色线对放在靠外的位置，形成左起为橙、蓝、绿、棕的线对次序，如图 2-4 所示。

> **小贴士**
>
> 压线钳挡位离剥线刀口长度通常恰好为水晶头长度，这样可以有效避免剥线过长或过短。剥线过长不但不美观，而且会因网线不能被水晶头卡住而容易松动；剥线过短，因有塑料皮存在，不能完全插到水晶头底部，造成水晶头插针不能与网线芯线完好接触。

3）理线。理线时，用左手大拇指用力压住线头的同时，用右手把每条芯线拉直并按一定的顺序排列。如果是制作 EIA/TIA 568A 标准的双绞线，就排列成：白绿、绿、白橙、蓝、白蓝、橙、白棕、棕；如果是制作 EIA/TIA 568B 标准的双绞线，就排列成：白橙、橙、白绿、蓝、白蓝、绿、白棕、棕，如图 2-5 所示。

4）剪线和插入。用压线钳垂直于芯线排列方向将其剪齐（留的长度要适中，不要太长或太短），如图 2-6 所示，再用右手拿起水晶头，弹片朝下，左手把剪好的双绞线插入水晶头中。

图 2-4　排线

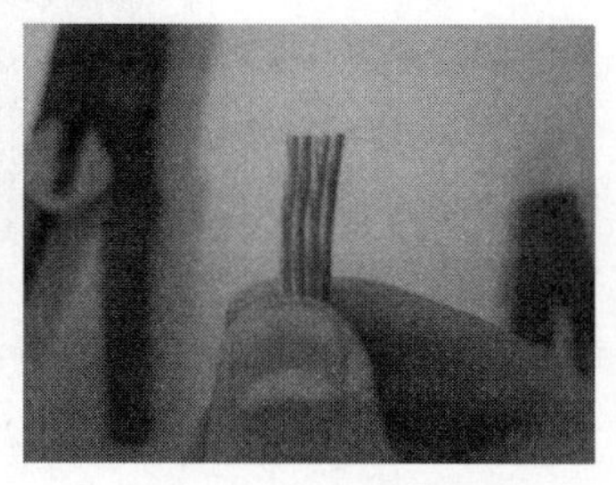

图 2-5　理线

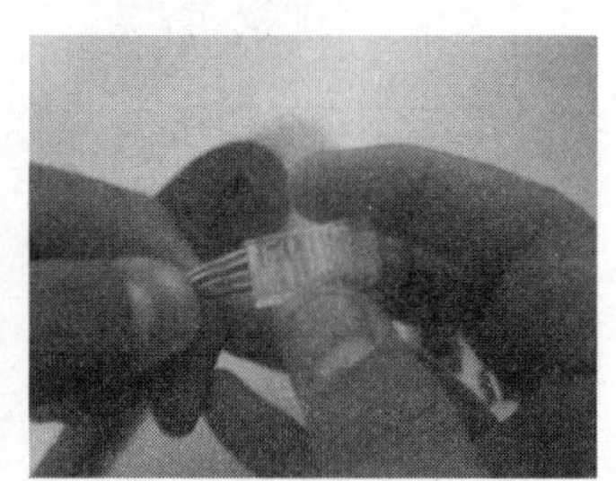

图 2-6　剪线和插入

5）检查。目测一下，双绞线的线序是否正确，是否到达了水晶头的底端，皮套是否已推入水晶头的下压位置，如图 2-7 和图 2-8 所示。

6）压接。压线检查正确后，将水晶头推入压线钳的压线缺口中，用力下压，将突出在外面的针脚全部压入 RJ-45 水晶头内，如图 2-9 所示。

至此，一个水晶头就制作完成了，另一端的制作方法与此相同。

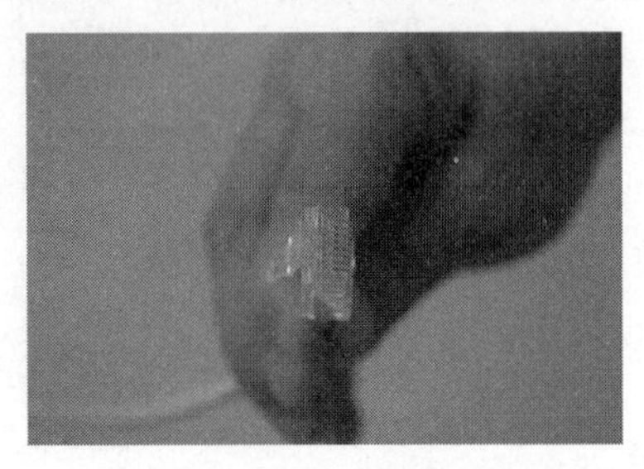

图 2-7　检查线序

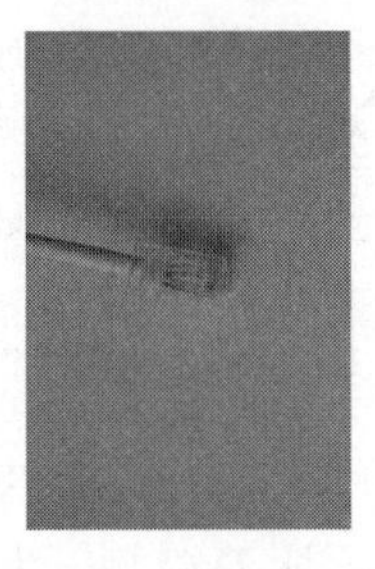
图 2-8　检查底端

图 2-9　压接

7）测试。两端都做好水晶头后即可用网线测试仪进行测试，如果测试仪上 8 个指示灯都依次为绿色闪烁，证明网线制作成功，如图 2-10 所示。如果出现任何一个灯为红灯、黄灯或无显示，都证明网线存在断路或者接触不良现象，此时最好先用压线钳再分别压一次两端水晶头。如果故障依旧，再检查一下两端芯线的排列顺序是否一样，如果不一样，则剪掉一端重新按另一端芯线排列顺序制作水晶头；如果芯线顺序一样，但测试仪在重测后仍为红灯、黄灯或无显示，则可能是铜线没有到达水晶头底部，水晶头上的铜片没有刺入铜线中，此时可以通过目测进行检查，先剪掉有问题的一端，并按要求重做一个水晶头。如果故障消失，则不必重做另一端水晶头；否则还得把原来的另一端水晶头也剪掉重做，直到测试仪上全为绿色指示灯闪烁为止。

扫码观看视频

双绞线和水晶头的制作

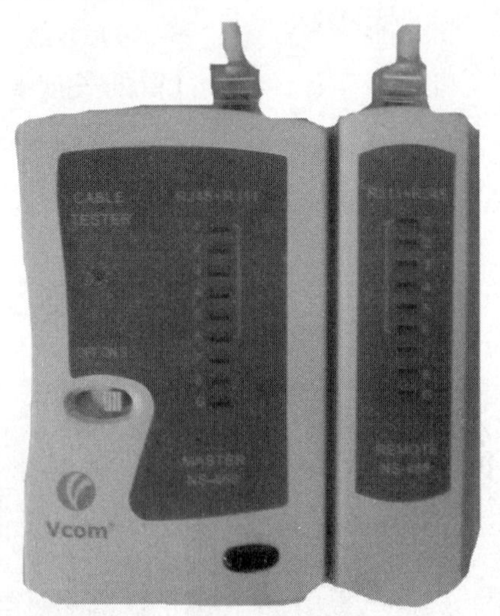

图 2-10　网线测试仪

拓展提高

水晶头制作比赛方案

举办网线制作比赛。比赛分初赛和决赛两个阶段，初赛由任课教师在班上进行选拔，决赛进行现场比试。比赛将评出一等奖 2 名、二等奖 4 名、三等奖 6 名，同时还将评出最快速度奖、最佳工艺奖各 1 名。具体评比办法如下。

1）配件摆放规范。左边摆线，中间放水晶头，右边放压线钳（10 分）。

2）动作规范。左手拿网线，右手握压线钳。动作顺序是：拔线、剪掉屏蔽膜、排序（直连线的顺序是白橙、橙、白绿、蓝、白蓝、绿、白棕、棕）、剪线、用右手放入水晶头（水晶头放入时弹片向下）、压线、测试（10 分）。

3）网线制作准确，测试能通（50 分）。

4）工艺美观，网线塑料皮放入水晶头约 1/2 的位置，线头都是平行放置，不出现交叉现象（10 分）。

5）制作速度要求（以每根线为单位）：1min30s 以内（20 分），1min30s～2min（15 分），2min～2min30s（10 分），2min30s～3min（5 分），3min 以上（0 分）。

6）比赛时必须站立操作。

说明：当选手的分数相同时，速度快者获胜；比赛时选手根据要求做直连线或交叉线。

将比赛结果记入表 2-1 中。

表 2-1　水晶头制作比赛评分表

日期：

姓名	配件摆放规范得分（满分 10 分）	动作规范得分（满分 10 分）	网线制作准确得分（满分 50 分）	工艺美观得分（满分 10 分）	制作速度得分（满分 20 分）	计时	总分	排名

任务 2.2　端接信息模块

任务目标

掌握模块的端接方法。

任务说明

根据综合布线系统施工平面图的要求，完成模块端接。

相关知识

信息模块根据是否需要打线可以分为打线信息模块（又称冲压型模块）和免打线信息模块（又称扣锁端接帽模块），如图 2-11 和图 2-12 所示。两者的制作方法和制作工具也不同，打线信息模块各引脚的对应顺序在各线槽中都有相应的颜色标注。制作时只需要选择相应的端接方式（EIA/TIA 568B 或 EIA/TIA 568A 标准），按模块上的颜色标注把相应的芯线卡入线槽中，不必去记颜色顺序。免打线信息模块的线序是标在盖板上（EIA/TIA 568A 或 EIA/TIA 568B 标准）的，制作时只需用剪刀按 45°斜角剪切并按相应的顺序插入模块中，再用压线钳的钳柄将卡套压入即可。

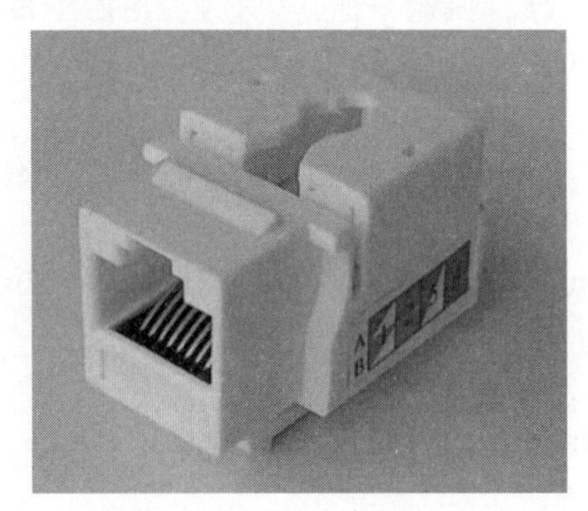

图 2-11　打线信息模块

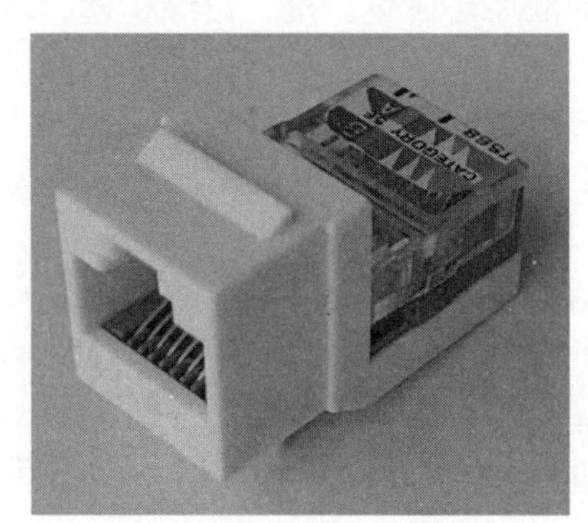

图 2-12　免打线信息模块

实现步骤

工具及材料：免打线模块、非免打线模块、5e 类非屏蔽网线、剥线钳、平口螺钉旋具、压线钳、剪刀、打线刀。

01 制作免打线信息模块（免打压模块）。

1）剥开外绝缘护套，如图 2-13 所示。

2）去掉护套，剪掉防拉线，如图 2-14 所示。

图 2-13　剥线

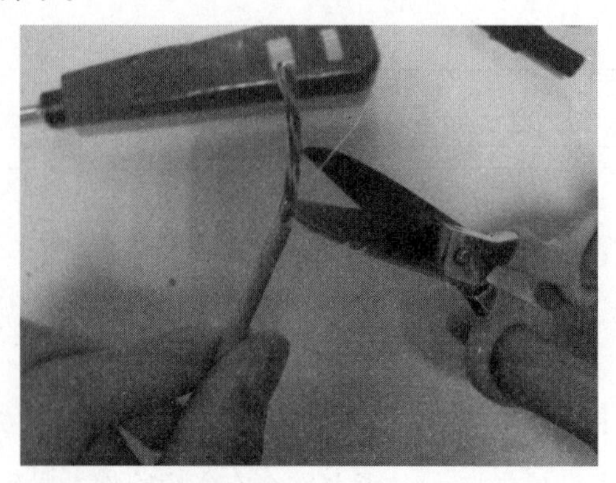

图 2-14　剪掉防拉线

3）拆开 4 对双绞线，如图 2-15 所示。

4）按照 EIA/TIA 568B 标准整理线序，如图 2-16 所示。

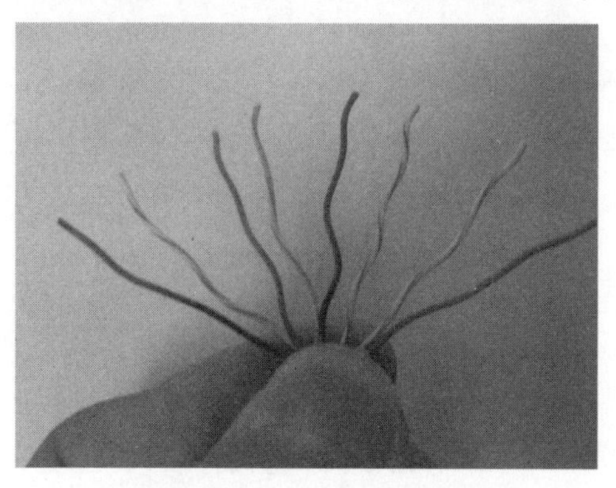

图 2-15　拆开 4 对双绞线

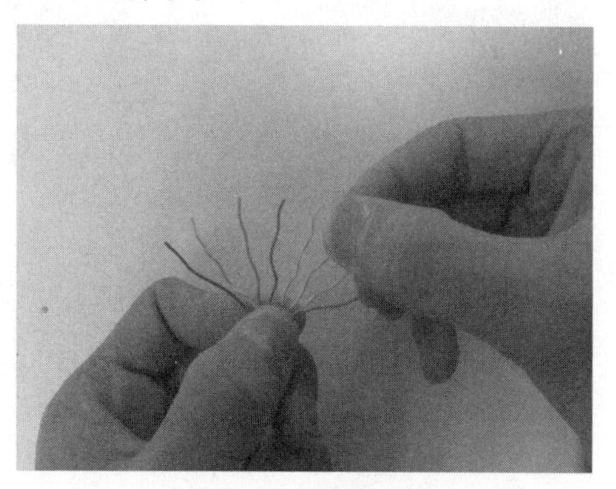

图 2-16　整理线序

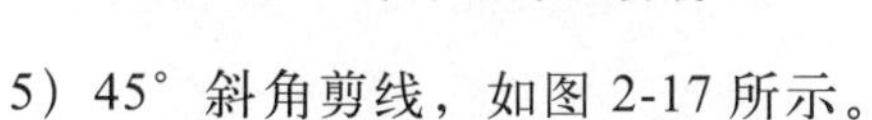

5）45°斜角剪线，如图 2-17 所示。

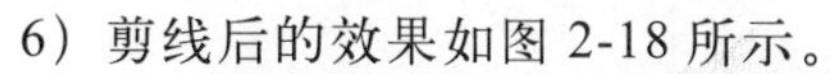

6）剪线后的效果如图 2-18 所示。

图 2-17　剪线

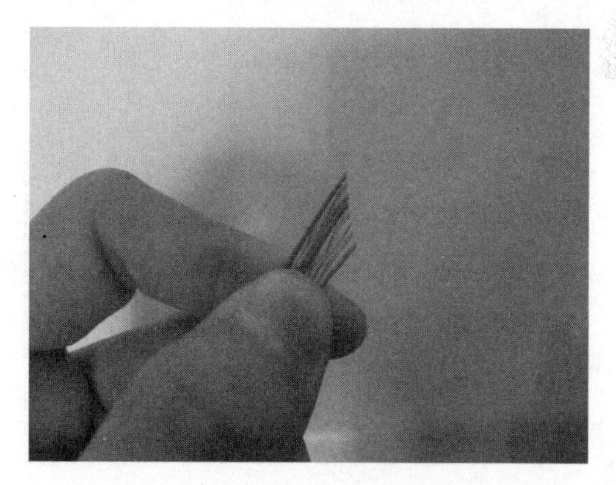

图 2-18　剪线后效果

7）按照线序放入端接口，如图 2-19 所示。

8）放入端接口后的效果如图 2-20 所示。

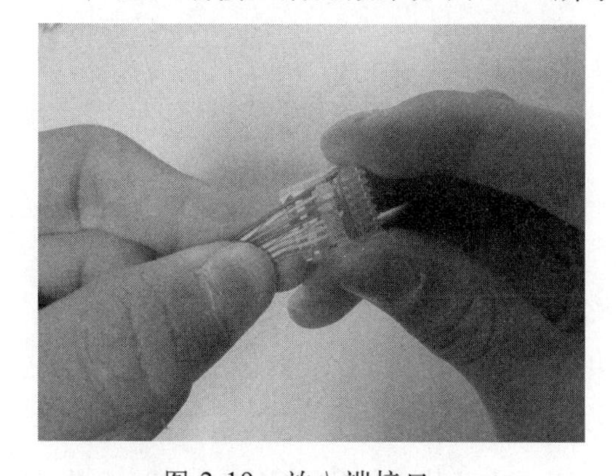

图 2-19　放入端接口

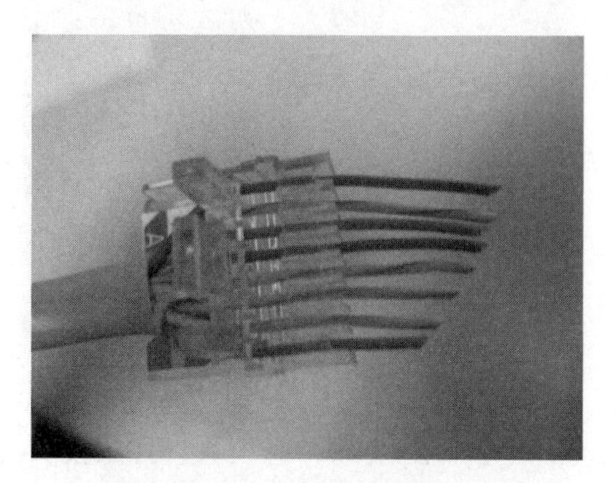

图 2-20　放入端接口后的效果

9）弯线，如图 2-21 所示。

10）剪线，如图 2-22 所示。

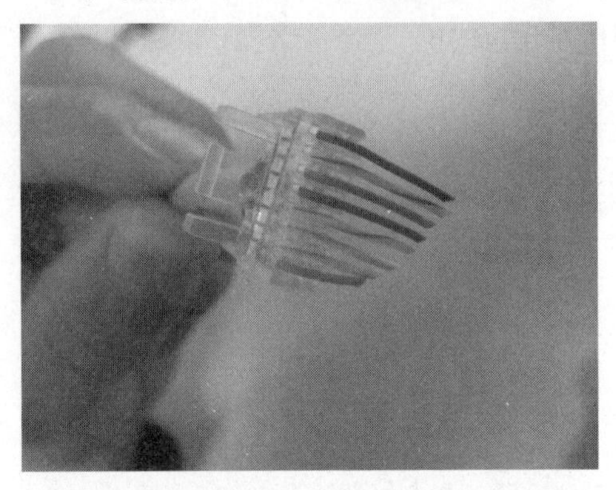

图 2-21 弯线

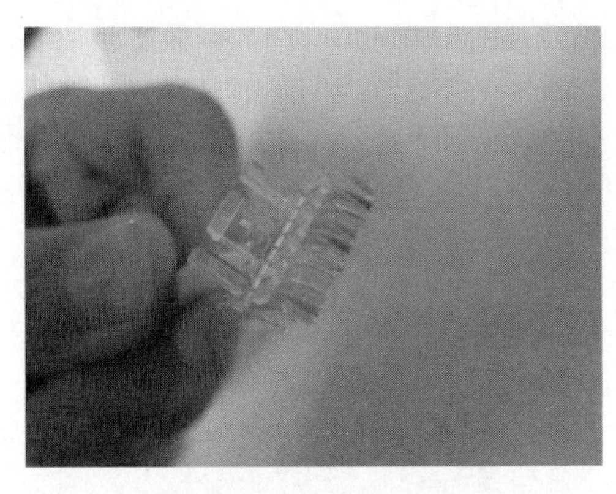

图 2-22 剪线

11）压入模块，如图 2-23 所示。

12）压接，如图 2-24 所示。

13）压好后的效果如图 2-25 所示。

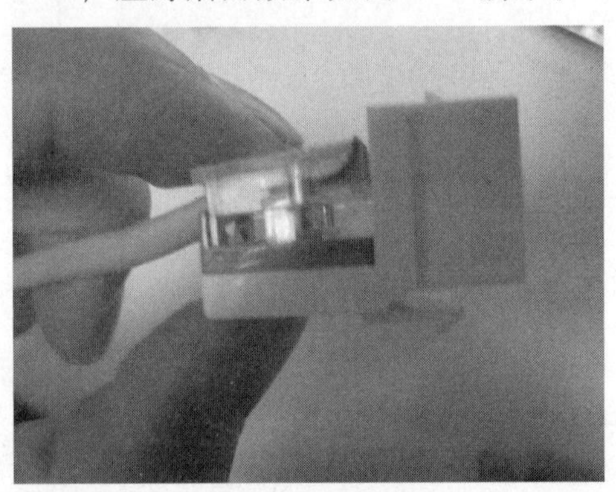

图 2-23 压入模块

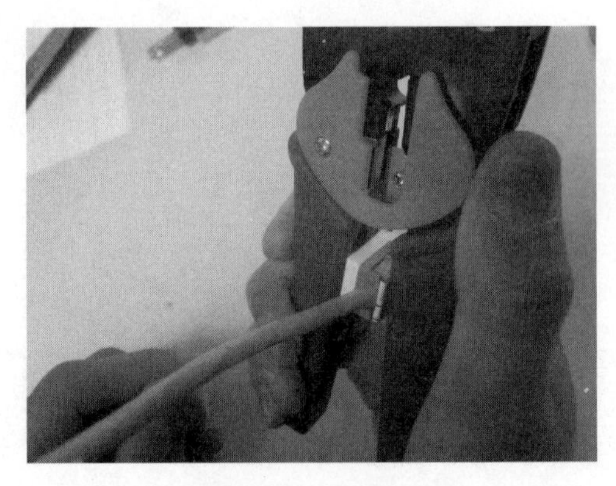

图 2-24 压接

图 2-25 压接好的效果

扫码观看视频

免打压模块

02 制作打线信息模块（打压模块）。

1）使用压线钳进行剥线，要求力度均匀，不要伤及线芯，剥线长度为 30mm 左右，如图 2-26 所示。

2）使用剪刀剪掉白色防拉线，如图 2-27 所示。

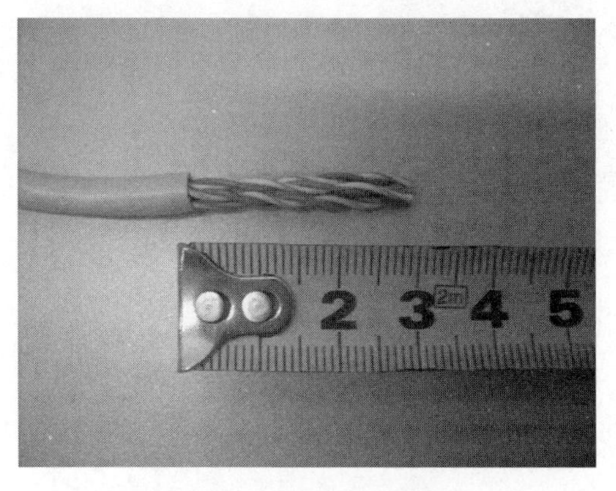

图 2-26　测量剥线长度

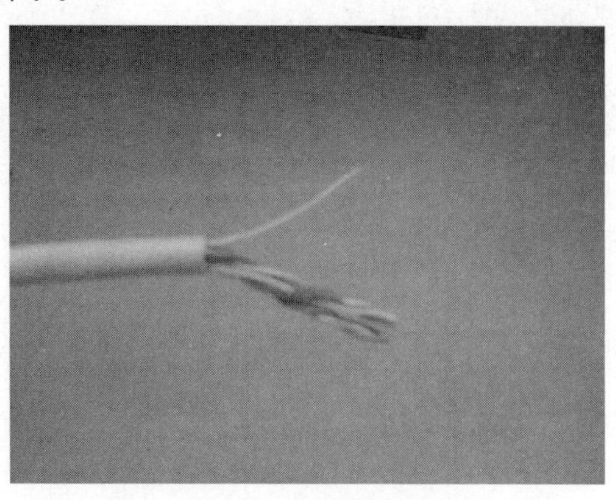

图 2-27　剪掉防拉线

3）根据模块上标记的线序把线理顺，并按对应的颜色标记将线塞入模块中（注意：此处各线对不要拆开，要尽量保证线对的缠绕，以保证相关参数正常。绝缘外皮要塞入模块的中间位置），如图 2-28～图 2-30 所示。

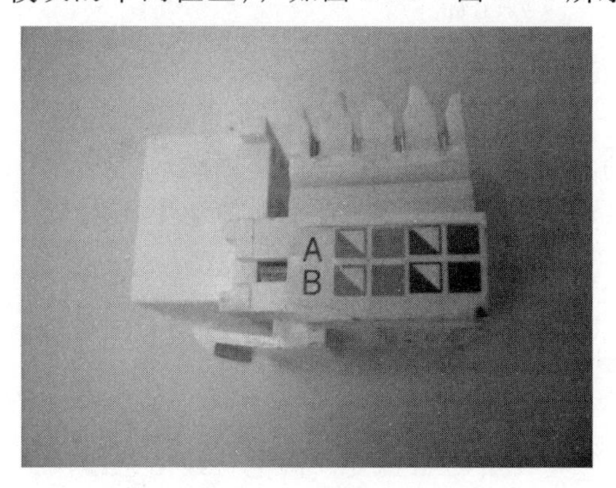

图 2-28　模块（左）

图 2-29　模块（右）

4）使用打线刀对每条线进行打线，带切线的一端朝外，以便直接切断线缆，如图 2-31～图 2-33 所示。

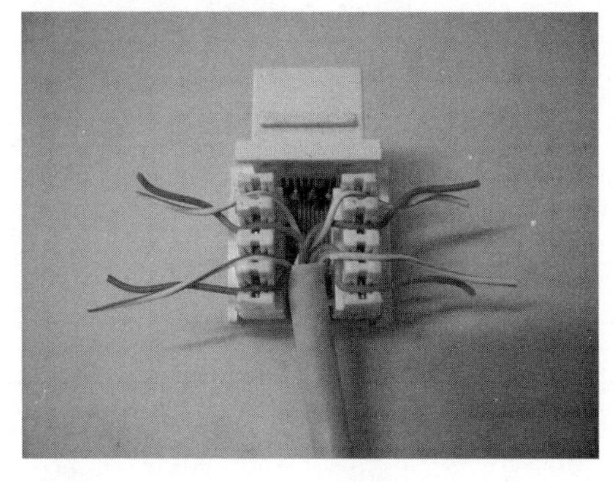

图 2-30　分线效果

图 2-31　打线（左）

图 2-32　打线（右）

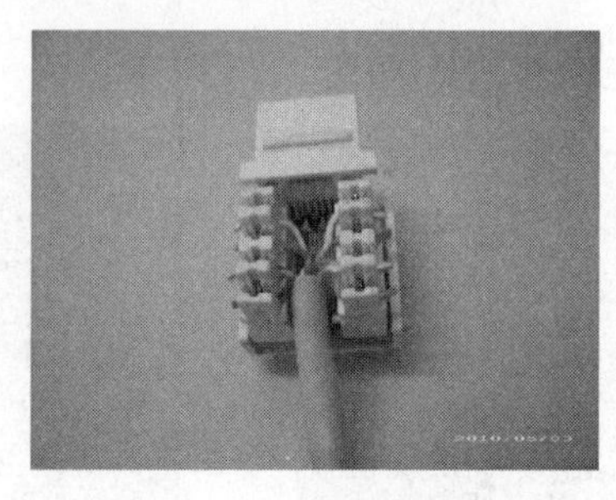

图 2-33　打线完成效果

扫码观看视频

打压模块

拓展提高

端接信息模块比赛方案

举办免打模块制作比赛。比赛分初赛和决赛两个阶段，初赛由任课教师在班上进行选拔，决赛进行现场比试，比赛将评出一等奖 2 名、二等奖 4 名、三等奖 6 名，同时还将评出最快速度奖、最佳工艺奖各 1 名。具体评比办法如下。

1）配件摆放规范，左边摆线，中间放模块，右边放压线钳（10 分）。

2）动作规范（10 分）。

3）模块制作准确，使用两条跳线连接后插入测试仪中进行测试，测试能通（50 分）。

4）工艺美观，网线塑料皮放入模块约 1/2 的位置，线序都是平行放置，不出现交叉现象（10 分）。

5）制作速度要求（每个模块）：1min 以内（20 分），1min～1min15s（15 分），1min15s～1min30s（10 分），1min30s～2min（5 分），2min 以上（0 分）。

6）比赛时必须站立操作。

说明：当选手的分数相同时，速度快者获胜；比赛时根据要求做免打线信息模块或打线信息模块，并采用 EIA/TIA 568A 或 EIA/TIA 568B 标准。

将比赛结果记入表 2-2 中。

表 2-2　端接模块比赛评分表

日期：

姓名	配件摆放规范得分（满分 10 分）	动作规范得分（满分 10 分）	模块制作准确得分（满分 50 分）	工艺美观得分（满分 10 分）	制作速度得分（满分 20 分）	计时	总分	排名

铜缆端接速度比赛方案

举办铜缆端接速度比赛。比赛分初赛和决赛两个阶段，初赛由任课教师在班上进行选拔，决赛进行现场比试。比赛将评出一等奖 2 名、二等奖 4 名、三等奖 6 名，同时还将评出最快速度奖、最佳工艺奖各 1 名。具体评比办法如下。

1）检查工具，准备和检查所使用的工具、测线器等，并且在台面摆放到顺手位置（10 分）。

2）动作规范（10 分）。

3）如图 2-34 所示，铜缆端接准确，制作 380 正负 10mm 长 RJ-45 水晶头-RJ-45 水晶头跳线和 300 正负 10mm 长 RJ-45 模块-RJ-45 模块跳线两类，并且将它们串联在一起。最终评价链接的数量和质量，要保证所有链接的节点都能够导通，按照符合链接标准、质量合格的节点计算完成的数量（50 分）。

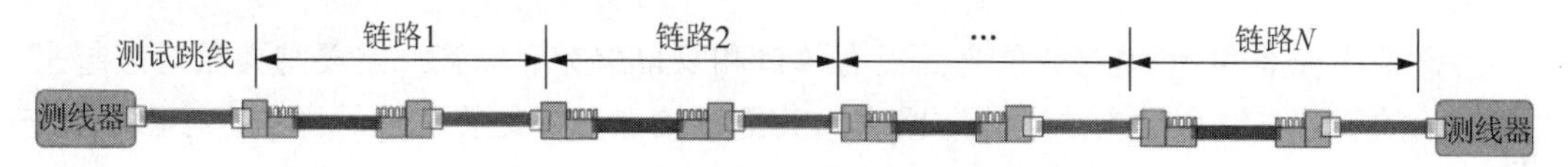

图 2-34 铜缆端接速度竞赛串联图

4）工艺美观：全部跳线剥除护套长度合适，剪掉撕拉线，水晶头护套压接到位，模块剪掉线头、压接到位、盖好压盖（10 分）。

5）制作速度要求，在 40min 内完成 13 条水晶头跳线和 12 条打线信息模块跳线（20 分），每少一根跳线扣 0.8 分。

6）比赛时必须站立操作。

说明：铜缆端接速度比赛时间结束后，必须立即停止操作。

注意：分别将主测线器和远端测试端连接到整条链路两端，测线器保持开通且指示灯一侧向上，连同铜缆端接速度比赛作品一起存放在收纳箱摆放在桌子上，测线器的指示状态作为整条链路连通性的评分依据，并采用 EIA/TIA 568A 或 EIA/TIA 568B 标准。

将比赛结果记入表 2-3 中。

表 2-3 铜缆端接速度比赛评分表

日期：

姓名	检查工具得分（满分 10 分）	动作规范得分（满分 10 分）	铜线制作准确得分（满分 50 分）	工艺美观得分（满分 10 分）	制作速度得分（满分 20 分）	计时	总分	排名

任务 2.3 安装底盒和信息面板

任务目标

根据综合布线系统施工平面图的要求，能在模拟墙上正确安装底盒和信息面板。

任务说明

根据工作区的布线施工要求，在模拟墙上完成底盒和信息面板的安装。

相关知识

底盒采用标准的 86 型号，信息面板有单口和双口之分，标签一定要与楼层对应起来，方便以后的管理。信息插座是通信链路中的关键连接点，其安装质量的优劣直接影响到连接质量的好坏，也必然决定通信质量。底盒和信息面板的安装也影响到工程的美观度。

实现步骤

工具及材料：底盒、信息面板、螺钉、标签、电钻。

01 安装信息底盒。

将底盒安装在模拟墙上，4 个角用电钻把螺钉拧紧，底盒保持横平竖直。

扫码观看视频

安装信息面板

02 安装信息面板。

将信息面板的螺钉拧入底盒中，盖上信息面板盖，贴上标签。

03 拉入双绞线。

将双绞线从线槽或线管中通过进线孔拉入信息插座底盒中。

04 预留线缆。

为便于端接、维修和变更，线缆从底盒拉出，预留 10cm 左右后将多余部分剪去。

05 端接信息模块。

06 将多余线缆盘于底盒中。

07 安装完成。

紧固螺钉，合上信息面板，插入标识，完成安装，如图 2-35 所示。

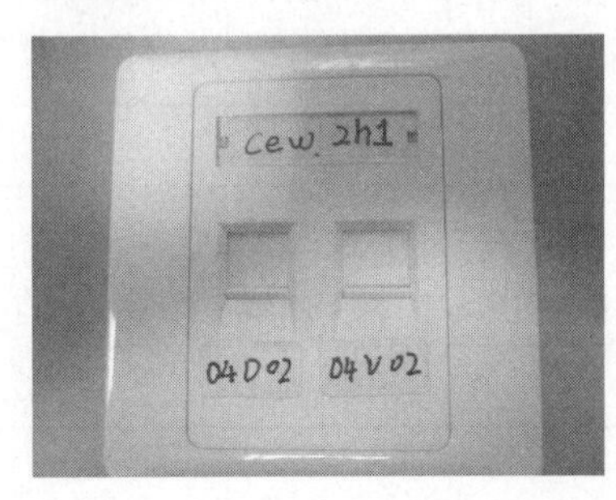

图 2-35 安装好的底盒及信息面板

拓展提高

底盒和信息面板安装比赛方案

举办底盒和信息面板安装比赛。比赛分初赛和决赛两个阶段，初赛和决赛都在综合布线实训室模拟墙上进行。比赛将评出一等奖2名、二等奖4名、三等奖6名，同时还将评出最快速度奖、最佳工艺奖各1名。具体评比办法如下。

1）配件摆放规范，左边摆底盒，右边放模块、网线、电钻（10分）。

2）动作规范，左手拿底盒，右手握电钻（10分）。

3）底盒位置安装正确，符合横平竖直要求（50分）。

4）模块制作准确（50分）。

5）工艺美观（10分）。

6）制作速度要求：1min以内（20分），1min～1min30s（15分），2min以内（10分），2min30s内（5分），超过3min（0分）。

7）比赛时必须站立操作。

将比赛结果记入表2-4中。

表2-4　底盒和信息面板比赛评分表

日期：

姓名	配件摆放规范得分（满分10分）	动作规范得分（满分10分）	底盒位置正确得分（满分50分）	模块制作准确得分（满分50分）	工艺美观得分（满分10分）	制作速度得分（满分20分）	计时	总分	排名

小　结

本项目主要介绍了工作区子系统的布线施工，包括跳线制作、模块端接、底盒和信息面板安装的方法，并提供了这些实训的比赛方案。

实　训

1. 跳线制作

1）在15min内制作长度为60cm直连线10根。

2）在15min内制作长度为50cm交叉线10根。

2. 模块端接

1）进行免打线模块端接，端接数量为10个。

2）进行压接式模块端接，端接数量为10个。

3. 底盒安装

在模拟墙上进行底盒安装，并进行模块端接，盖好底盒面板。

3 项目 楼层水平区域的布线施工

项目背景

对于一座建筑物的综合布线，当前期线缆已敷设到每一个楼层的配线间后，应根据用户需求以及扩展需要，将配线间的线路延伸到用户工作区，实现用户终端的网络连接，使工作区的用户能实现网络连接及语音通信等。

项目说明

根据项目 1 中综合布线系统施工平面图，以信息大楼四楼 413 房间为例，完成在模拟墙上进行测量和定位、管槽（线槽与线管）的安装及敷设、线缆的敷设。所有材料的选择既要符合当前的用户要求，又要满足以后发展的要求。

能力目标

1）熟悉水平区域子系统的测量与定位安装位置。

2）掌握水平区域子系统管槽的安装及敷设，并能在管槽中敷设线缆。

任务3.1 测量与定位

任务目标

根据综合布线系统施工平面图的要求，测量与定位管槽等配件安装位置。

任务说明

测量与定位水平区域系统模拟墙上的管槽等配件的安装位置。

相关知识

1）安装在墙面或柱子上的信息插座底盒、多用户信息插座盒及集合点配线箱体的底部离地面的高度应为300mm。如果要安装电源插座，须离开信息点插座50～200cm的距离。

2）工作区的电源应符合下列规定。

① 每个工作区至少应配置1个220V交流电源插座。

② 工作区的电源插座应选用带保护接地的单相电源插座，保护接地与中性线应严格分开。

实现步骤

工具及材料：油性笔、卷尺、记录本。

01 了解房间情况。

认真阅读项目1中的综合布线系统施工平面图，了解413房间布线的路径、信息点的数量和位置、管槽配件的位置等。

02 测量并记录。

根据项目1综合布线系统施工平面图的要求，测量出从413房间到409房间入口的距离，并记录在记录本上。

03 模拟路径并确定位置。

根据项目1综合布线系统施工平面图的要求，在模拟墙上确定413房间管槽的路径。用卷尺测量出管槽路径中所有的距离，用油性笔在模拟墙上标出管槽配件的确切位置。

04 确定底盒安装位置。

根据项目1综合布线系统施工平面图的要求，确定信息点底盒的安装位置，并用油性笔标记出所有底盒4个顶角的确切位置。

以上步骤如图 3-1～图 3-3 所示。

图 3-1 测量

图 3-2 记录

图 3-3 定位

扫码观看视频

测量与定位

小贴士

在本任务的实施过程中进行了“测量与定位”的实际操作，在操作过程中要注意以下几点。

1）管槽配件的位置必须与综合布线系统施工平面图的要求一致。

2）信息点的位置必须与综合布线系统施工平面图的要求一致。

3）所有的标记位置必须准确，并及时记录在记录本上。

任务 3.2 敷设线槽、线管

任务目标

掌握线槽和线管安装与敷设的详细过程。

任务说明

在水平区域系统模拟墙上敷设线槽和线管。

相关知识

管（槽）截面积的计算公式如下。

管（槽）截面积=（n×线缆截面积）÷[70%×（40%～50%）]

式中，管（槽）截面积——要选择的管（槽）截面积；

n——用户所要安装的线缆条数；

线缆截面积——选用的线缆截面积；

70%——布线标准规定允许的空间；

40%～50%——线缆之间浪费的空间。

实现步骤

工具及材料：线槽、线管、角尺、水平尺、剪刀、螺钉旋具、油性笔、线管钳。

01 PVC 线槽水平直角成型。

1）在线槽上定位水平直角的顶点位置，如图 3-4 所示。

2）以定点为顶点画一条直线，如图 3-5 所示。

3）以这条直线为直角边画一个等腰直角三角形，如图 3-6 所示。

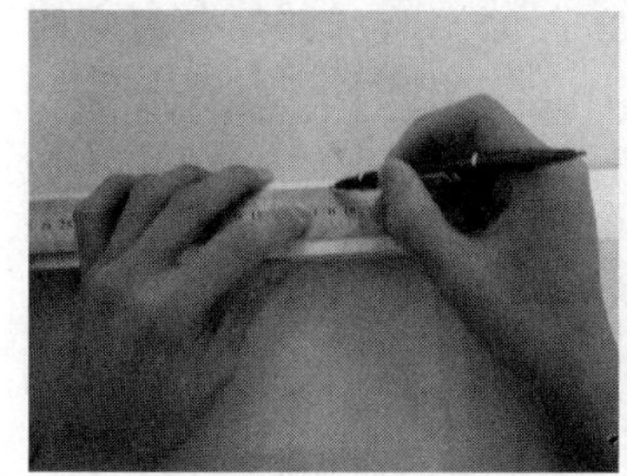

图 3-4　定点

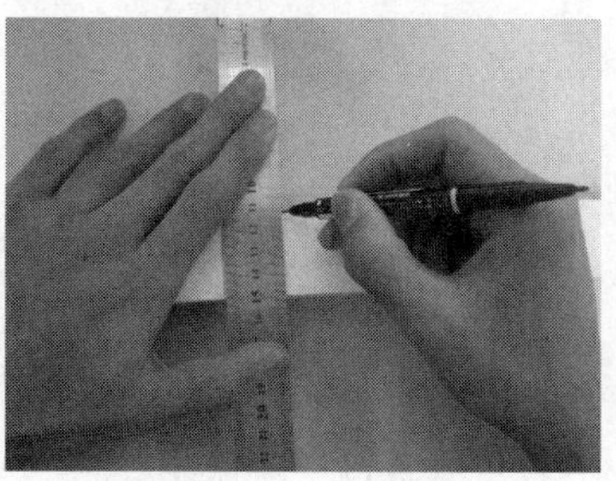

图 3-5　画直线

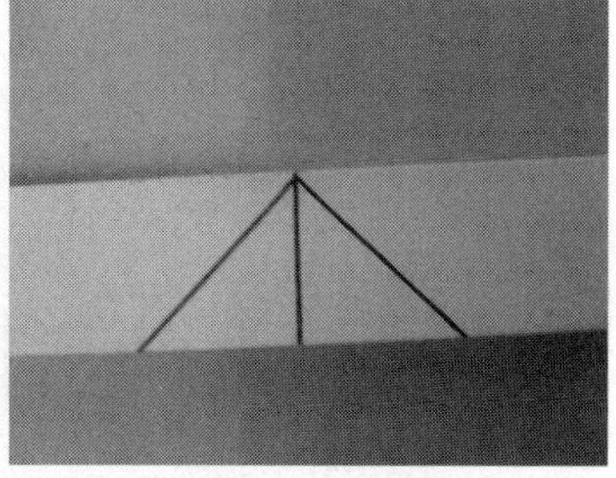

图 3-6　画三角形

4）在线槽侧面以三角形的底角为点，画两条直线，如图 3-7 所示。

5）以画好的线为边进行裁剪，把这个三角形和侧面画出的部分用剪刀剪去，如图 3-8 所示。

6）裁剪后的效果如图 3-9 所示。

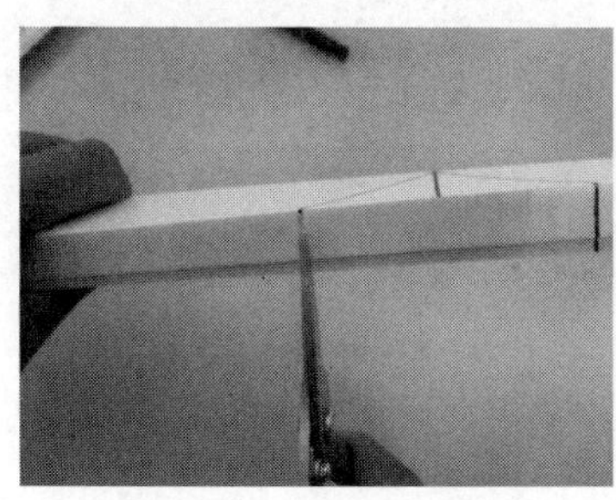

图 3-7　侧面画线

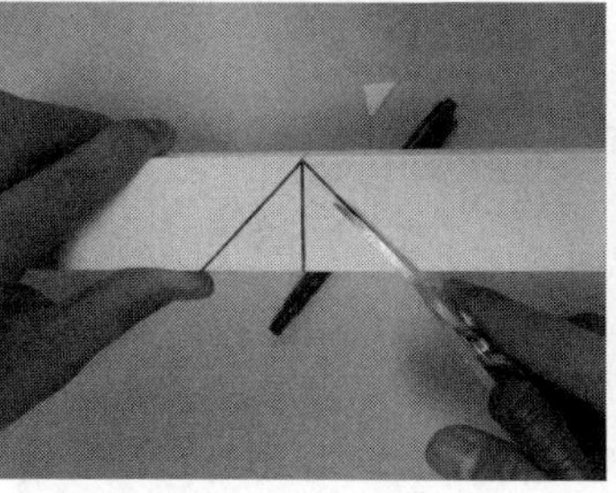

图 3-8　裁剪

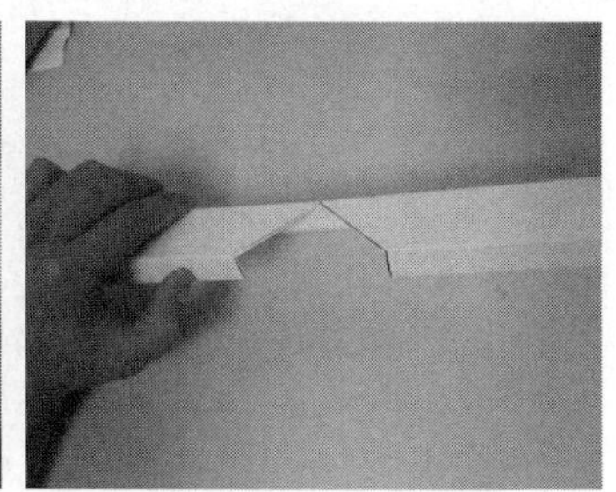

图 3-9　裁剪效果

7）将线槽弯曲成型，如图 3-10 所示。

8）把制好的线槽整体装在模拟墙上，如图 3-11 所示。安装过程中注意螺钉要对准线槽的正中部，每隔 1m 固定一个螺钉。使用水平尺检测安装的线槽是否达到“横平竖直”的标准。如有偏差，适当调整高度，使之达标。

图 3-10　弯曲成型

图 3-11　安装线槽

扫码观看视频

直角线槽

02 PVC 线槽非水平直角成型。

1）内弯角成型步骤。

① 在线槽上定位内角的顶点位置，如图 3-12 所示。

② 以该点为顶点画一直线，如图 3-13 所示。

③ 在线槽一侧，以这条直线的两个端点为顶点画一个等腰三角形，如图 3-14 所示。

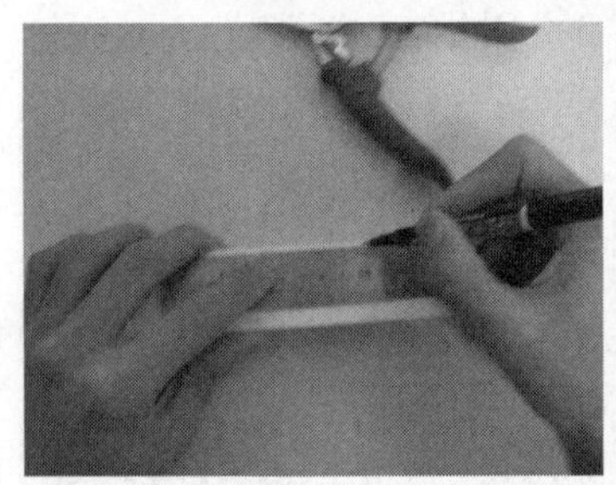

图 3-12　定点

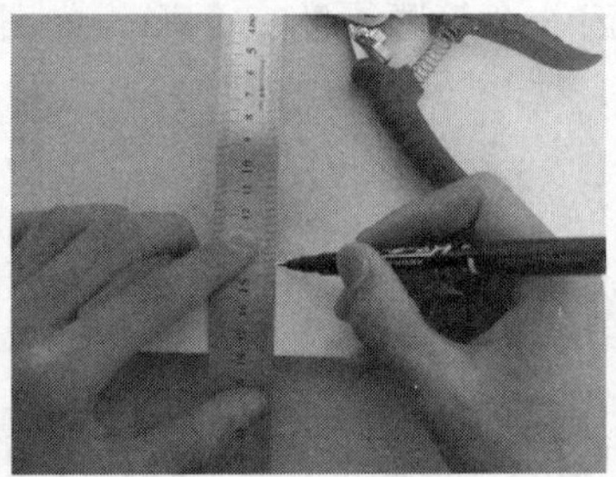

图 3-13　画直线

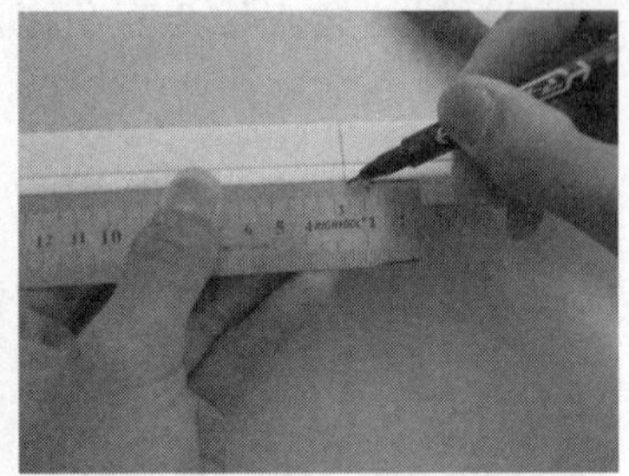

图 3-14　画等腰三角形

④ 画好的效果，如图 3-15 所示。

⑤ 在线槽另一侧按步骤③的方法画一相同等腰三角形，如图 3-16 所示。

⑥ 把这两个三角形剪去，如图 3-17 所示。

图 3-15　画好的效果

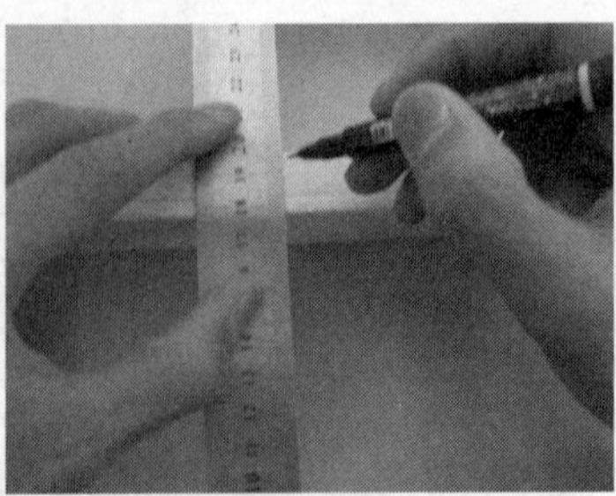

图 3-16　另一侧画三角形

图 3-17　剪裁

⑦ 把线槽弯曲成型，如图 3-18 所示。

2）外弯角成型步骤。

① 在线槽上定位外角的顶点位置，如图 3-19 所示。

② 以定点为顶点画一直线，如图 3-20 所示。

图 3-18　弯曲成型

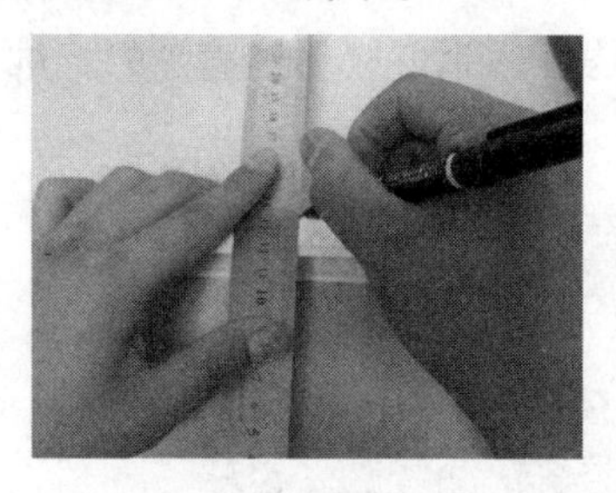

图 3-19　定点

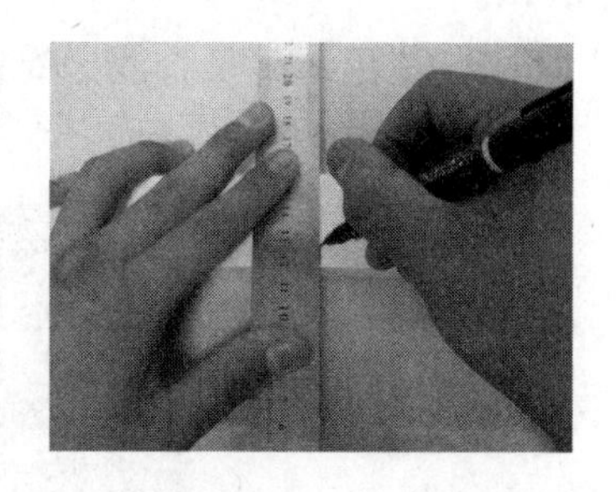

图 3-20　画直线

③ 在线槽的另一侧画直线并以这条线为轴在另一侧定点，如图 3-21 所示。

④ 用剪刀剪去线槽两侧画出部分，如图 3-22 所示。

⑤ 弯曲线槽，如图 3-23 所示。

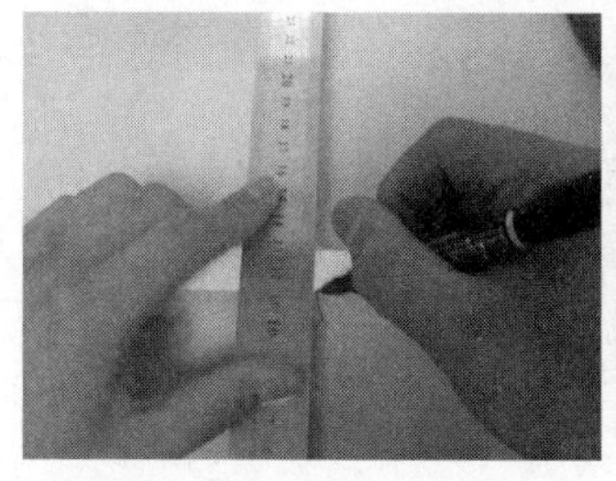

图 3-21　另一侧定点

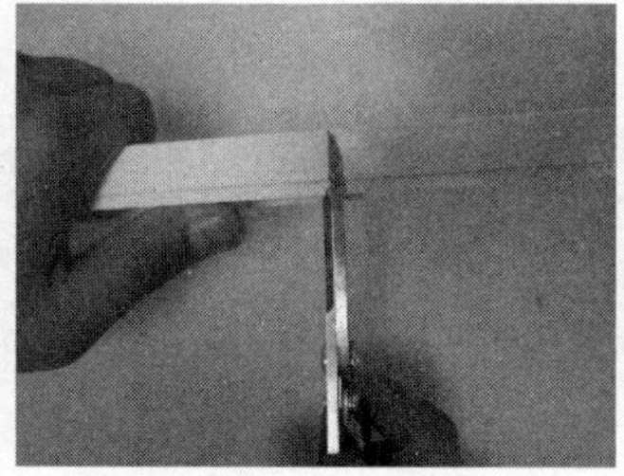

图 3-22　剪裁

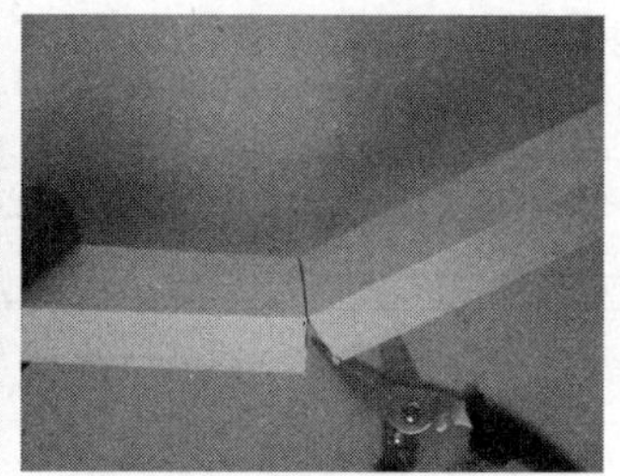

图 3-23　弯曲线槽

⑥ 最后得到的外弯角如图 3-24 所示。

图 3-24　外弯角效果

扫码观看视频

阴角阳角线槽

扫码观看视频

敷设线槽

小贴士

在安装 PVC 线管的过程中要注意以下几点。

1）管槽的选择要合理，既要避免管槽内空间的浪费，也要避免管槽内线缆太拥挤。

2）线槽的阴角、阳角、直角及线管拐角的制作要符合标准，自制线管拐角要有适当的弧度。

3）线管、线槽的长度要适宜，与弯头、阴角盖、直角盖的结合处不要有缝隙。

4）使用水平尺测试时，线槽和线管要达到“横平竖直”的标准。

03 安装线管。

1）根据任务要求，按照管（槽）截面积计算公式（见相关知识）估算出截面积后，选择规格合适的线管。

2）根据任务 3.1 确定的安装位置，测量距离（注意区分是自制拐角还是配套拐角），并用油性笔做好标记。

3）在线管路由上安装管卡，相邻管卡间隔 0.7m。

4）要求使用配套弯头的，使用线管钳在线管的标记位置处剪断，塞入弯头内，并固定在管卡上。要求自制弯角的，使用弯管器自制弯角，然后固定在管卡上。如图 3-25 所示。

5）使用水平尺检测线管是否达到“横平竖直”的标准。如有偏差，适当调整管卡的方向，使之达标。

图 3-25　安装线管

扫码观看视频

手工弯管

任务 3.3　敷设线缆

任务目标

根据综合布线系统施工平面图的要求，能在线管和线槽中敷设线缆。

任务说明

在水平区域系统模拟墙上，在管槽等配件中进行线缆的敷设。

相关知识

布线中各段线缆长度限值为

$$C=\frac{102-H}{1.2},\quad W=C-5,\quad C=W+D$$

式中，C——工作区线缆、电信间跳线和设备线缆的长度之和；

D——电信间跳线和设备线缆的总长度；

W——工作区线缆的最大长度，且 $W\leqslant 22\text{m}$；

H——水平线缆的长度。

实现步骤

工具及材料：双绞线、标签。

01 测量线缆长度。

根据项目 1 综合布线系统施工平面图上的标识，测量好配线间到模块面板所需的线缆长度，并注意线缆预留的长度。一般来说，在配线间内预留 60～80cm，在模块端预留 10cm。

02 为线缆编号。

将线缆的一端贴上编号，必须与系统施工平面图一致，如图 3-26 所示。

03 穿线。

将线缆穿过线管，如图 3-27 所示。

> **小贴士**
>
> 在敷设线缆过程中要注意以下两点。
>
> 1）线缆两端预留的长度要合适。
>
> 2）线缆标识要与系统施工平面图一致。

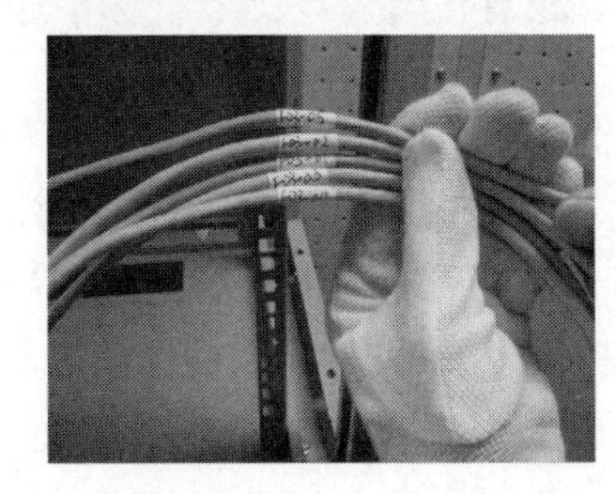

图 3-26 为线缆编号

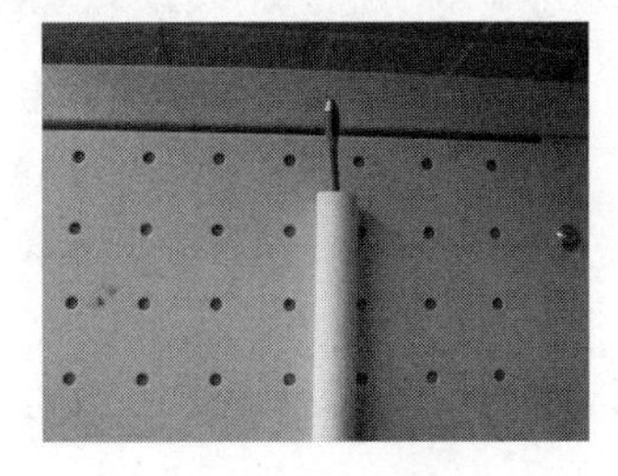

图 3-27 穿线

扫码观看视频

敷设线缆

小 结

本项目主要介绍了管槽及配件的定位安装与线缆的敷设方法。在敷设的过程中，设计和安装要符合相关国家标准的要求。

实 训

1）准备一条长度为 1m 的 PVC 线槽，在距左端 30cm 处自制直角，在距左端 60cm 处自制内弯角，在距左端 80cm 处自制外弯角。

2）在模拟实训墙上的同水平高度安装两个底盒，两个底盒间敷设一条线槽连接。注意保持线槽的横平竖直。

3）在模拟实训墙上安装两个底盒，水平高度保持 50cm 落差，两个底盒间敷设一条线管连接。注意保持线管弯角的弧度。

扫码观看视频

皮线光缆冷接

扫码观看视频

制作铜轴线缆

4 项目 楼层配线间的布线施工

项目背景

某职校配线间（又名管理间）分布在建筑物每层的配线间建筑用房内，由配线间的配线设备（双绞线跳线架、光缆跳线架、机柜）及输入输出设备等组成，主要完成干线子系统与配线子系统的转接。其交连方式取决于工作区设备的需要和数据网络的拓扑结构。通过配线间的中转，可以方便地管理复杂的网络，提供灵活的配置能力、故障检测与简单隔离。

项目说明

根据项目 1 的综合布线系统施工平面图，以信息大楼四楼 409 房间为例，详细介绍楼层配线间的布线施工方法，包括配线间的设计、各类配线架的端接及配线间的管理。

能力目标

1）熟悉配线间设计的要求。
2）掌握各类配线架的端接。
3）掌握配线间管理的相关要求。
4）熟悉智能布线管理配量。

任务 4.1 配线间的设计

任务目标

掌握配线间的设计原则及步骤。

任务说明

根据综合布线系统工程设计规范的要求，对配线间进行合理设计。

相关知识

大楼可根据实际需要在每一楼层设置一个配线间或几个楼层共用一个配线间（此时要注意水平线缆的最大距离）。作为配线间，应根据管理的网络信息点的数量来安排所使用房间的大小。如果信息点多，就应该考虑配备一个独立房间来放置；信息点少时，可考虑选用墙上型机柜或普通小机柜来管理。

一般根据楼层信息点的总数量和分布密度设计配线间。首先按照各工作区子系统需求确定每个楼层工作区信息点总数量；然后确定配线子系统线缆长度；最后确定配线间的位置，完成配线间子系统设计。

实现步骤

01 现场勘察。

在确定配线间位置前，索取、收集、确认相关的工程历史资料是必要的。如果建设方有建筑物设计图纸，应先查阅建筑物图纸。通过阅读建筑物图纸掌握建筑物的土建结构、强电路径、弱电路径，特别是主要电器管理和电源插座的安装位置，重点掌握管理间附近的电器管理、电源插座、暗埋管线等，并进行现场勘察。严格遵守《综合布线系统工程设计规范》（GB 50311—2016）的要求，准确使用综合布线规范术语和符号，合理确定并准确标注关键点；根据现场勘察结果，按照每个楼层工作区信息点总数，再确定配线子系统线缆长度，经测量后确定配线间的位置。然后分析并决定是每个楼层设置独立的配线间，还是几个楼层共用一个配线间。最后确定楼层配线架的位置和数量。

02 设计配线间。

1）配线间设计原则。每个楼层一般至少设置 1 个配线间（电信间）。信息点数量较少，且水平线缆长度不大于 90m 时，应几个楼层合设一个配线间。如果该楼层信息点数量不大于 400 个，水平线缆长度在 90m 范围以内，应设置一个配线间；当超出上述范围时应设置两个或多个配线间。

在实际工程应用中，为了方便管理和保证网络传输速度或者节约布线成本，可以在信息点密集的地方加一个管理机柜。例如，学生公寓信息点密集，使用时间集中，渠道很长，也可以按照 100～200 个信息点设置一个配线间，将配线间机柜明装在楼道。此外，配线间设计时要留有一定的余量（10%～20%），以满足将来网络设备扩充的需要。

2）楼层配线间面积。《综合布线系统工程设计规范》（GB 50311—2016）中规定配线间的使用面积不应小于 5m²，也可根据工程中配线管理和网络管理的容量进行调整。一般新建楼房都有专门的垂直竖井，楼层的配线间基本都设计在建筑物竖井内，面积在 3m² 左右。在一般小型网络综合布线系统工程中，配线间也可能只是一个网络机柜。

3）楼层配线间电源要求。应尽量保持室内无尘土、通风良好、室内照明不低于 150lx；提供单相三线 220V 设备用电电源插座；提供弱电保护接地设施，任意配线架的金属基座、线缆桥架都应接地，接地电阻不大于 3Ω。

4）楼层配线间门要求。配线间应采用外开丙级防火门，门宽大于 0.7m。

5）楼层配线间环境要求。配线间内温度应为 10～35℃，相对湿度应保持在 20%～80%。一般应该考虑网络交换机等设备发热对配线间温度的影响，在夏季必须保持配线间温度不超过 35℃。配线间位置一般位于楼层中间，靠近弱电井，远离电磁、振动等干扰源。确保安全，包括防火、防水、防潮、防爆，防止非授权改动跳接。

任务 4.2 配线架的端接

任务目标

掌握数据配线架、110 语音配线架以及光缆配线架的端接方法。

任务说明

完成配线间里数据配线架、110 语音配线架、光缆配线架的端接。

实现步骤

配线间的设备一般包括数据配线架、110 语音配线架、光缆配线架、理线架、机柜和交换机等。本任务主要学习数据配线架、110 语音配线架和光缆配线架的端接。

注　意

配线架端接的标准如下。

EIA/TIA 568A：白蓝、蓝、白绿、绿、白橙、橙、白棕、棕。

EIA/TIA 568B：白橙、橙、白绿、蓝、白蓝、绿、白棕、棕。

01 数据配线架的端接。

先使用剥线器进行剥线，要求力度均匀，不要伤及线芯。剥线长度为 30mm 左右，并剪掉白色防拉线。再根据配线架端接的线序标准，把线分成 4 个线对，然后把 4 对线压到配线架上，最后使用打线钳将压入的 4 对线打入配线架上，如图 4-1～图 4-4 所示。

按照上述步骤完成其他线缆的端接后，对每组线缆进行扎线，并在配线架端口上贴标签，如图 4-5 和图 4-6 所示。

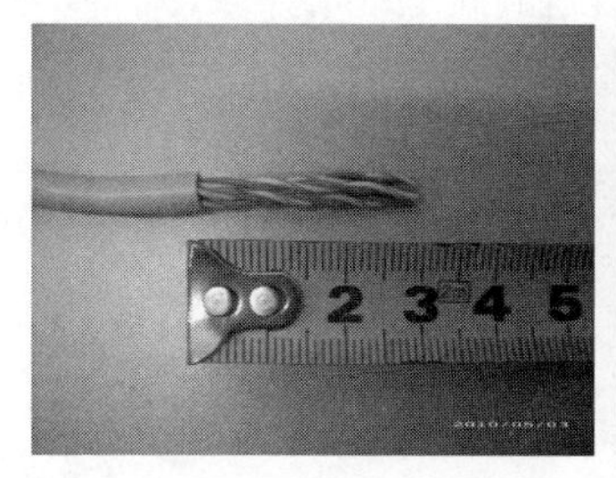

图 4-1　剥线

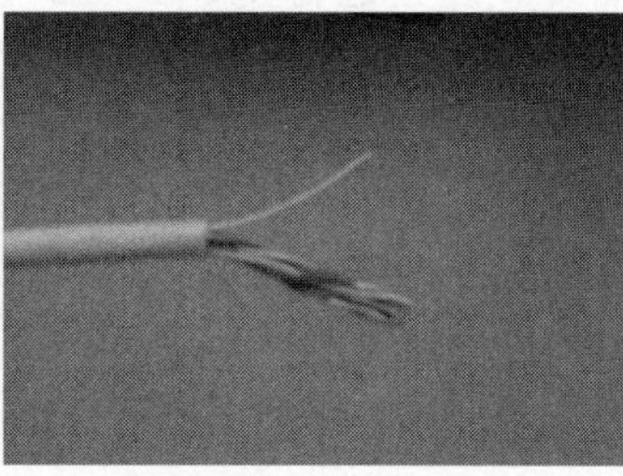
图 4-2　剪防拉线

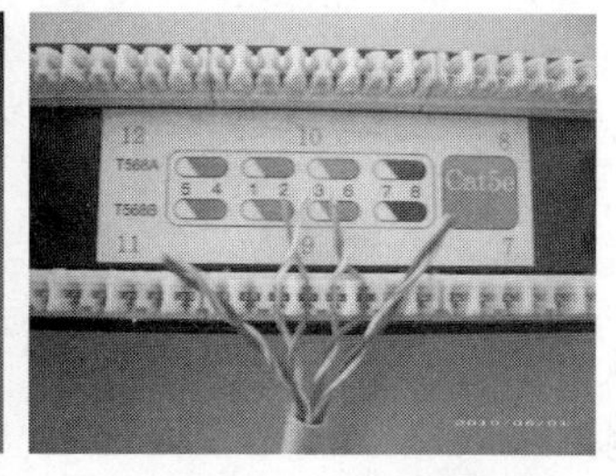

图 4-3　分线、压线

图 4-4　打线

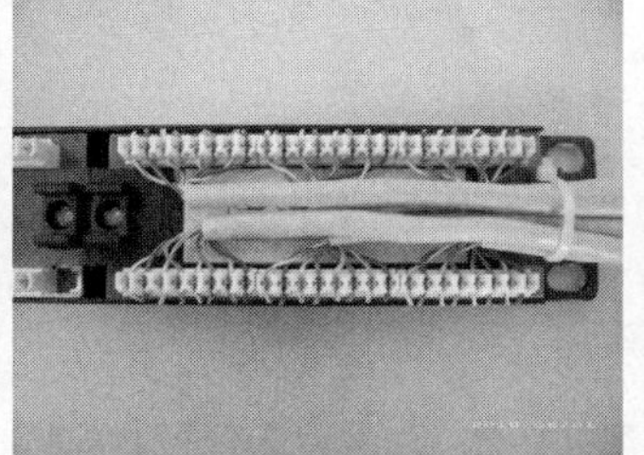
图 4-5　扎线

图 4-6　贴标签

02 110 语音配线架的端接。

1）从机柜进线处开始整理线缆，线缆沿机柜两侧整理至配线架处，并留出大约 25cm，用电工刀或剪刀把大对数线缆的外皮剥去，使用绑扎带固定好线缆，将线缆穿过 110 语音配线架左右两侧的进线孔，摆放至配线架打线处，如图 4-7～图 4-12 所示。

图 4-7　把 25 对线固定在机柜上

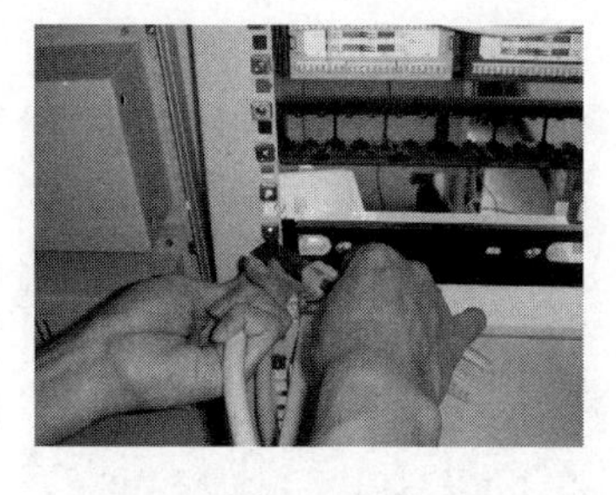
图 4-8　用刀把大对数线缆外皮割开

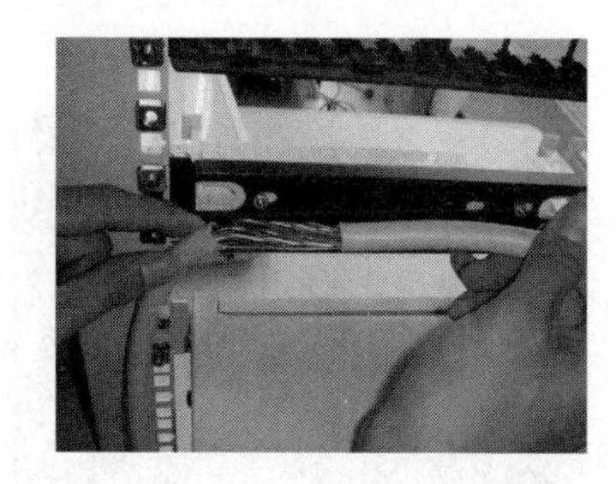
图 4-9　把线缆的外皮去掉

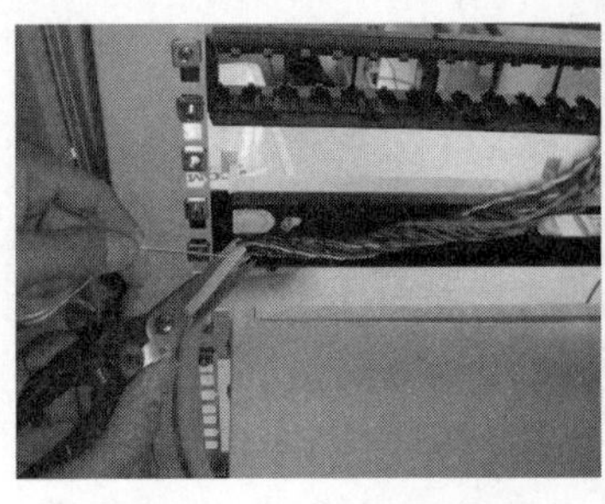

图 4-10 用剪刀把线撕裂绳剪掉

图 4-11 把所有线对插入110配线架进线口

图 4-12 按大对数分线原则进行分线

2）对25对线缆进行线序排线。首先进行主色分配，再进行配色分配，如图4-13和图4-14所示。

注 意

标准分配原则如下。

通信线缆主色色谱排列为白、红、黑、黄、紫。

通信线缆配色色谱排列为蓝、橙、绿、棕、灰。

以25对大对数线缆为例，以色谱来分组，共分为5组，每组5对线，分别如下:

1）白蓝、白橙、白绿、白棕、白灰;

2）红蓝、红橙、红绿、红棕、红灰;

3）黑蓝、黑橙、黑绿、黑棕、黑灰;

4）黄蓝、黄橙、黄绿、黄棕、黄灰;

5）紫蓝、紫橙、紫绿、紫棕、紫灰。

3）根据线缆色谱排列顺序，将对应颜色的线对逐一压入槽内，然后使用打线工具固定线对连接，同时将伸出槽位外多余的导线截断，如图4-15～图4-18所示。

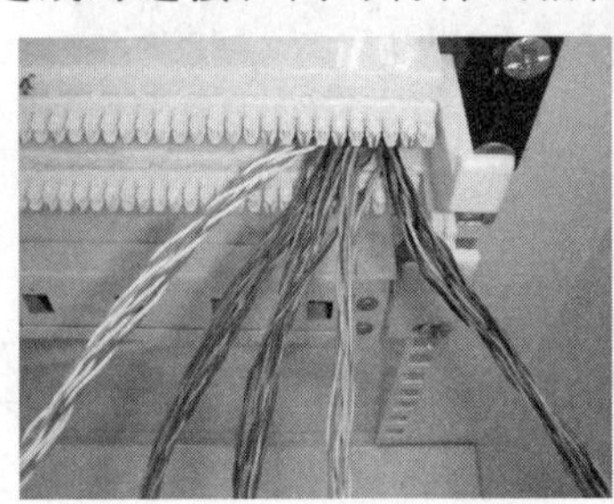

图 4-13 先按主色排列

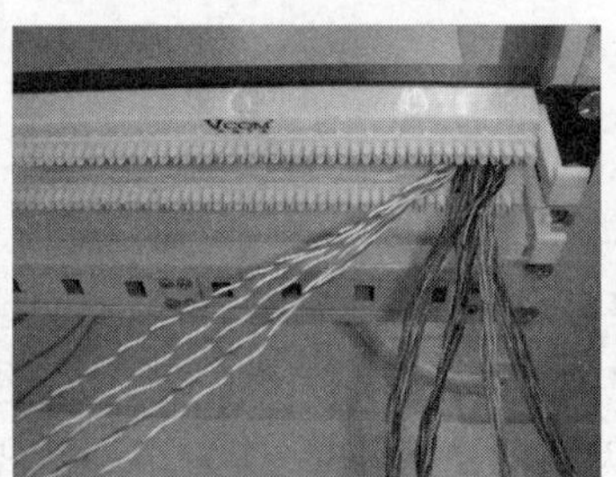

图 4-14 将主色里的配色排列

图 4-15 排列后把线卡入相应位置

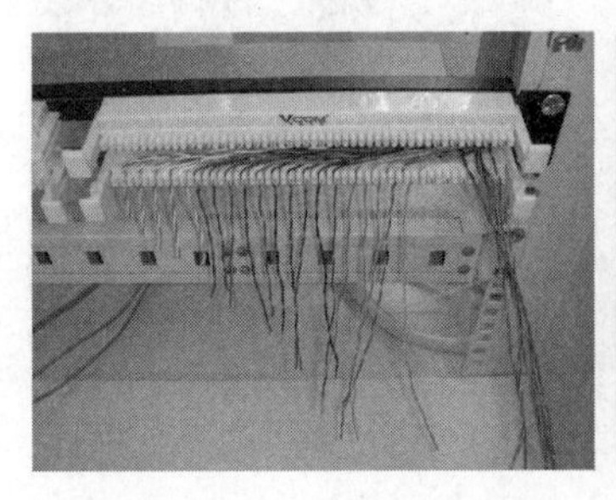

图 4-16 卡好后的效果

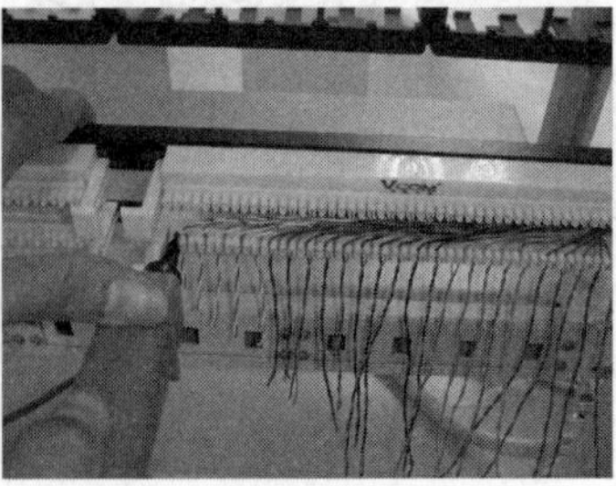

图 4-17 打断多余的线

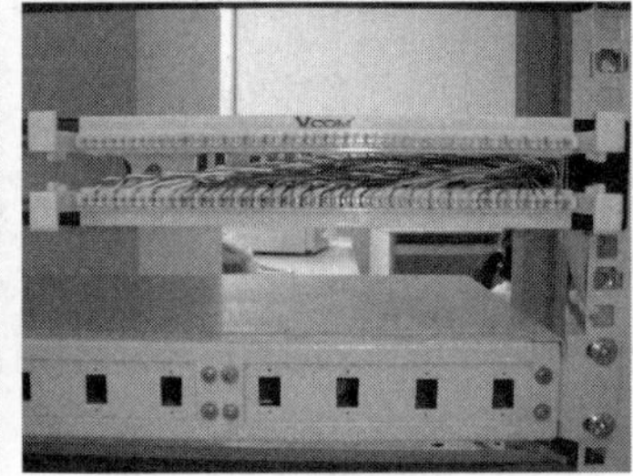

图 4-18 完成后的效果

4）将线对逐一压入槽内，再用 5 对打线刀，把 110 语音配线架的连接端子压入槽内，并贴上编号标签，如图 4-19～图 4-22 所示。

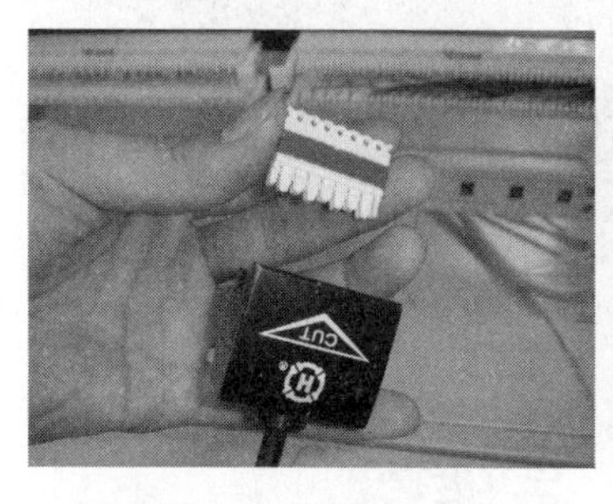

图 4-19　准备好 5 对打线刀

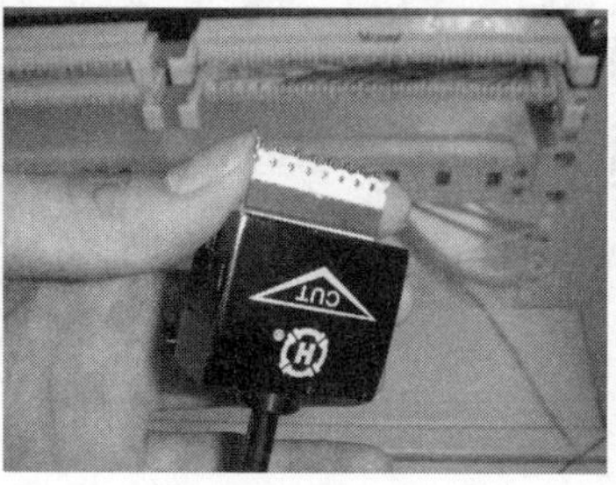

图 4-20　把端子放入打线刀里

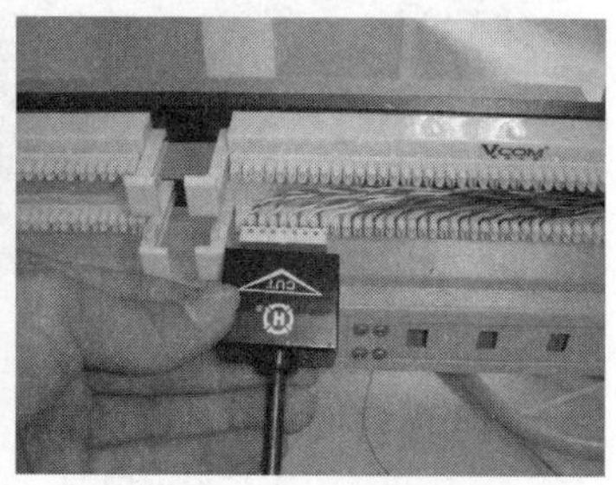

图 4-21　打入端子

03 光缆配线架的端接。

① 剥开光缆，剪掉纤维，并将光缆固定到光缆配线盒内；②将光缆穿过热缩管；③制作光缆端面；④清洁裸纤；⑤切割裸纤；⑥放置切割好的裸纤至熔接机（重复①～⑥步，完成尾纤的操作）；⑦启动光缆熔接机进行光缆的熔接；⑧加热热缩管套；⑨插入耦合器并盘纤维；⑩贴标签；⑪加盖板。以上操作如图 4-23～图 4-33 所示。

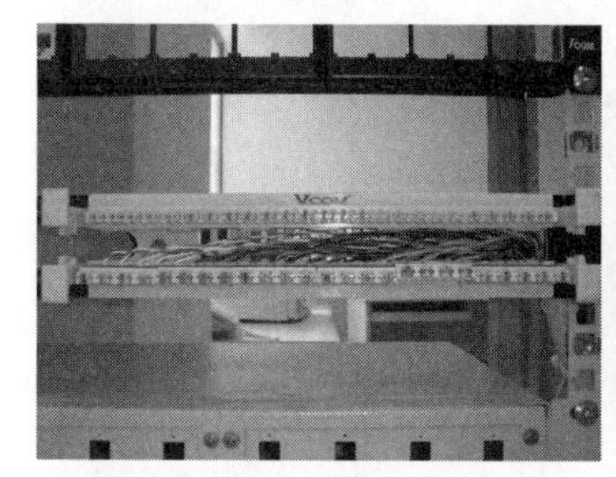
图 4-22　完成后的效果

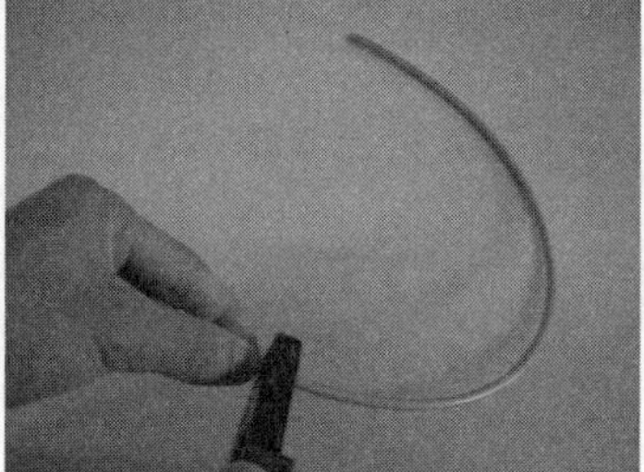
图 4-23　剥光缆

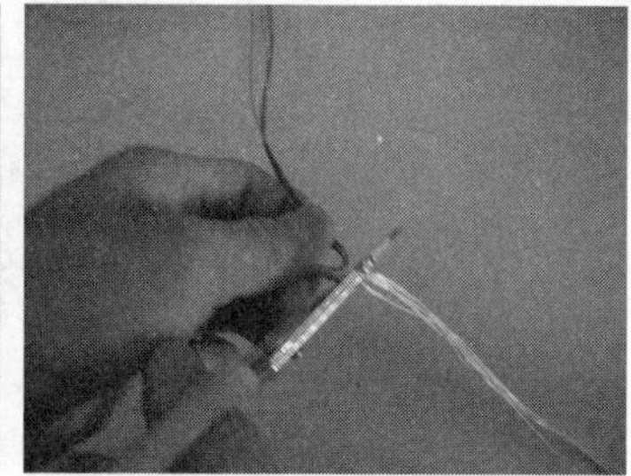
图 4-24　剪纤维

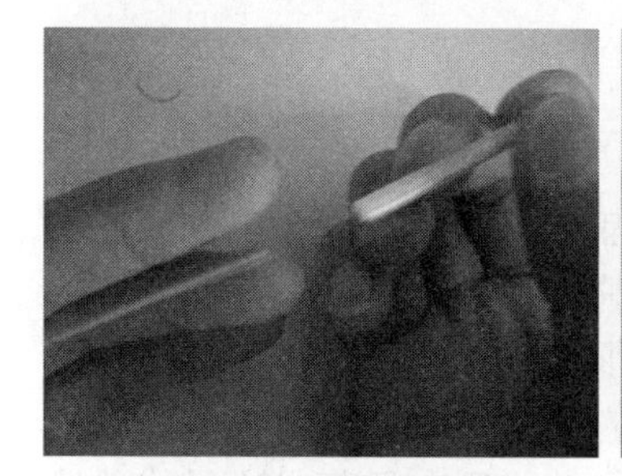
图 4-25　套热缩管

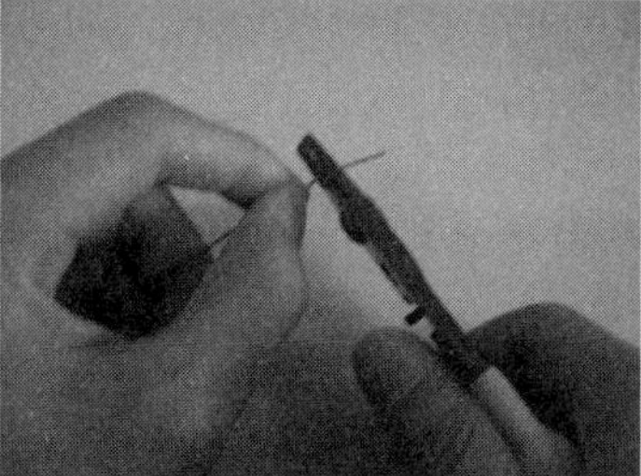
图 4-26　剥去光缆涂覆层

图 4-27　切割裸纤

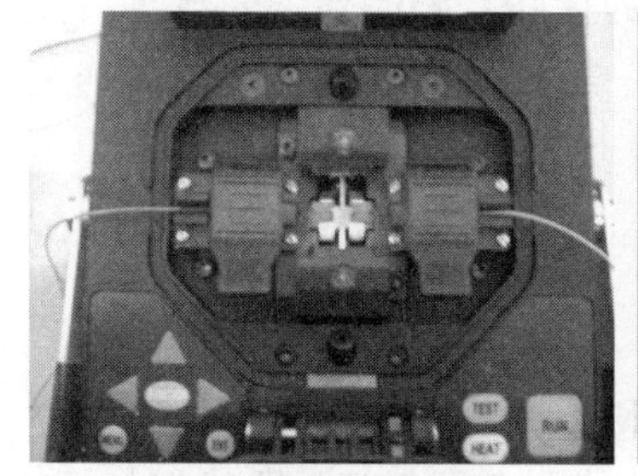

图 4-28　放置裸纤至熔接机

图 4-29　光缆熔接

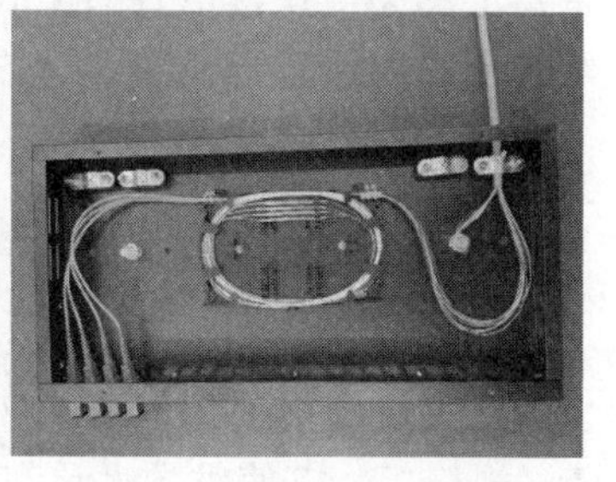
图 4-30　常规盘纤法盘光纤

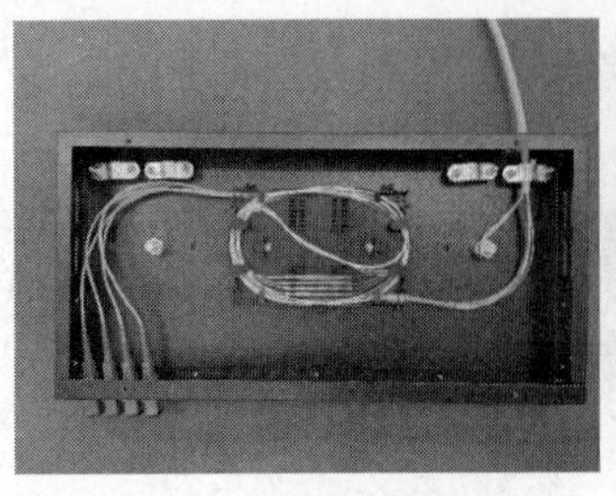

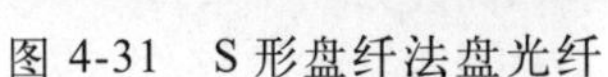

图 4-31　S形盘纤法盘光纤

图 4-32　贴标签

图 4-33　加盖板

扫码观看视频

数据配线架的打压

扫码观看视频

110 语音配线架的打压

任务 4.3　配线间的管理

任务目标

掌握配线间管理的相关知识。

任务说明

根据综合布线系统工程设计规范的要求，对配线架进行合理、有序的管理。

相关知识

配线管理是针对配线间、配线架、线缆、跳线及信息插座等设施，按照一定的规则进行标识并记录形成文档，为用户进行网络系统的维护、管理提供方便。配线管理的过程贯穿整个网络的设计、施工、竣工交付阶段，每一步都很重要。当项目投入使用后而用户改变各设施名称或编号时，必须及时制作名称变更对应表，作为竣工资料保存。

有效管理的主要手段就是标识，施工人员要标识线路经过的所有环节。这里的线路是指工作区中连接信息插座的水平线缆的线头、信息面板的插孔、配线架上的线头、配线架上的模块、配线架前面的插孔及跳线两端的线头等。

实现步骤

01 标记设计。

楼层配线间使用色标来区分配线设备的性质，标明端接区域、物理位置、编号、容量、规格等，以使维护人员在现场加以识别。综合布线系统使用 3 种标记，即线缆标记、现场标记和插入标记。线缆和光缆的两端应采用不易脱落和磨损的不干胶条标明相同的编号。

楼层配线间的标识编制，应按下列原则进行。

1）规模较大的综合布线系统应采用计算机进行标识管理，简单的综合布线系统应该按图纸资料进行管理，并应做到记录准确、及时更新、便于查阅。

2）综合布线系统的每条线缆、光缆配线设备、端接点、安装通道和安装空间均应给定唯一的标识。标识中可包括名称、颜色、编号、字符串或其他组合。

3）配线设备、线缆、信息插座等硬件均应设置不易脱落和磨损的标识，并应有详细的书面记录和图纸资料。

4）同一条线缆或者永久链路的两端编号必须相同。

5）设备间、交接间的配线设备宜采用统一的色标区别各类用途的配线区。

02 标记施工。

施工阶段是对信息点编号的具体实施。对线缆放线时，一般是从中间向信息点和配线间两头放线，这时就要对照信息点编号表对每一根线缆的两头做好相应的标记（可先用油性笔在线头上做暂时标记），并在后续的理线、打线过程中对编号的位置做适当的调整，得出最终的编号标记。对配线架、机柜、交换机等可在安装好之后进行相应的标记。

（1）线缆标识

线缆标识是机房标识中的重要部分之一，TIA/EIA 606A 中 TIA/EIA 606 6.2.2 对线缆标识的要求：配线和干线子系统线缆在每一端都要标识，推荐用标签贴于线缆的每一端而优于只是给线缆做标识。作为适当的管理，线缆标识可以标在中间的位置，像管道的末端、主干的接合处、检修口和牵引盒。TIA/EIA 606 8.2.2.3 标识的应用要求：线缆标签要有一个耐用的底层，像乙烯基，这种材料有很好的一致性，并且能够承受弯曲，因此很适合用于包裹。推荐使用带白色打印区域和透明尾部的标签，这样当包裹线缆时可以用透明尾部覆盖打印的区域，起到保护作用。透明的尾部应该有足够的长度以包裹线缆一圈或一圈半，如图 4-34 所示。

国内标准《数据中心布线系统设计与施工技术白皮书》明确规定材质要求：所有需要标识的设施都要有标签。建议按照“永久标识”的概念选择材料，标签寿命应能与布线系统设计的寿命相对应；建议标签采用的材料是通过 UL969（或对应标准）认证的以达到永久标识的保证；同时建议标签能达到环保 RoHS 指令要求；标签应打印，保持清晰、完整，并能满足环境的要求。

图 4-34　线缆标识

（2）配线架标识

TIA/EIA 606 8.2.2.2 标准规定：工业上使用的黏性标签在很多格式上都被广泛使用。当选择黏性标签时，注意根据应用来选择使用特殊表面而设计的材料/底层。设备和其他元件的标签在本质上都是差不多的，但选择时要小心，因为不同的黏性适合于不同的表面。

《数据中心布线系统设计与施工技术白皮书》对配线架标识规定：配线架的编号方法应当包括机架和机柜的编号，以及该配线架在机架和机柜中的位置，配线架在机架和机柜中的位置可以自上而下用英文字母表示，如果一个机架或机柜有不止 26 个配线架，需要两个特征来识别，如图 4-35 所示。

图 4-35 配线架标识

任务 4.4 智能布线管理配置

任务目标

掌握配线间管理的相关配置。

任务说明

完成对配线架进行合理、有序的管理及配置。

相关知识

传统的综合布线系统在安装完成后，用户会得到大量的图纸和记录表，日常管理只能依赖于这些纸质的文档资料和电子表格。当要改变跳线连接时，工作人员必须先查阅相关资料，搞清连接路由，再到配线架找到相应的端口进行跳线连接的改变；完成后要及时更新相关文档和图纸表格等。如果更新不及时，随着连接关系改变的不断积累和人员的变化，必将产生大量的错误，需要大量的人力及时间才可能纠正这些错误。整个布线系统将成为一个极难管理的系统。

智能化布线系统就是在这样的背景下应运而生的。新的智能化布线系统用数据库代替原来的纸质文档和电子表格，查询方便，功能多样；跳线关系的改变，系统可以通过电子配线架实时自动检测出来，给出相应的提示，并自动更新数据库，使相关信息随时与实际连接状态保持一致；当需要进行手工跳线时，可以通过管理系统发出指令，引导操作人员在电子配线架上正确完成跳线操作，避免人为错误的发生。同时，管理软件通过图形化界面可以使管理人员清晰地掌握整个布线系统，实现综合布线系统的电子化智能化管理。

实现步骤

完成图 4-36 所示智能布线管理系统硬件的线路连接。

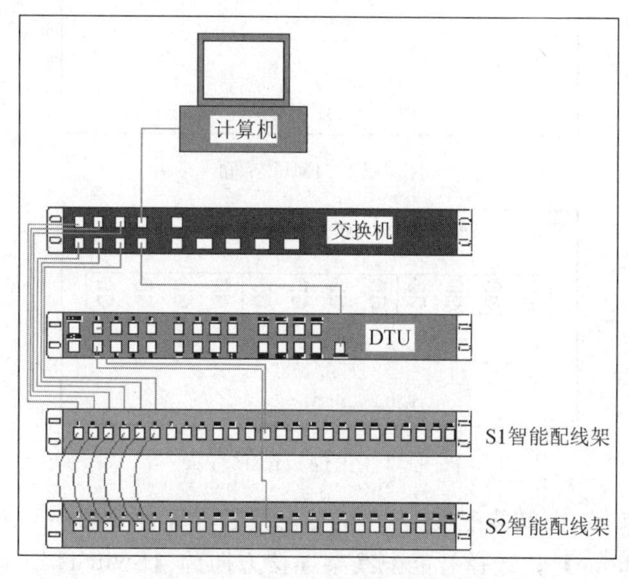

图 4-36 智能布线管理系统硬件的线路连接示意图

01 缆线端接。按照《综合布线系统工程验收规范》（GB 50311—2016）国家标准第 7.0.1 条规定，具体要求如下。

1）缆线在端接前应核对缆线标识内容是否正确。

2）缆线端接处应牢固、接触良好。

3）对绞线缆与连接器件连接应认准线号、线位色标，不得颠倒和错接。

02 配线设备安装。按照《综合布线系统工程验收规范》（GB 50311—2016）国家标准第 5.0.2 条规定，具体要求如下。

1）各部件应完整，安装就位，标志齐全、清晰。

2）安装螺钉应拧紧，面板应保持在一个平面上。

3）设备配置。

03 设置智能配线架、IMU（intelligence management unit，智能管理单元，一款智能管理软件）。

1）通过 IE 浏览器访问 IMU 的 IP 地址：192.168.1.134，如图 4-37 所示，单击【Next】按钮。

2）进入图 4-38 所示界面。

绿色端口（端口 1、端口 2）：表示此端口连接了智能配线架，可单击端口图标对智能配线架进行设置。

灰色端口（端口 3～24）：表示此端口未连接智能配线架。

图 4-37　IMU 界面

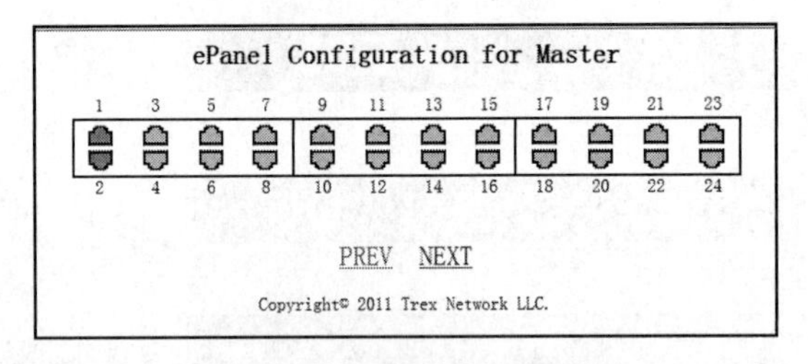

图 4-38　主控板配置界面

3）单击端口 1，进入智能配线架 S1 的信息设置界面，如图 4-39 所示。选择智能配线架类型为【Keystone】，选择智能配线架连接方向为【Switch】。设置成功后，单击【Submit】按钮，关闭该界面。

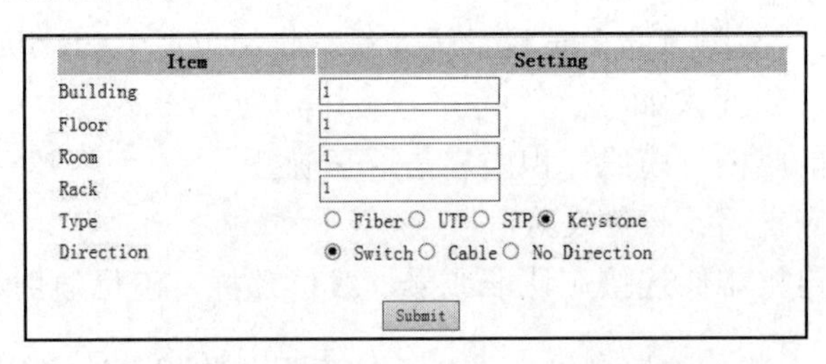

图 4-39　智能配线架 S1 的信息设置界面

4）单击端口 2，进入智能配线架 S2 的信息设置界面，如图 4-40 所示。选择智能配线架类型为【Keystone】，选择智能配线架连接方向为【Cable】。设置成功后，单击【Submit】按钮，关闭该界面。

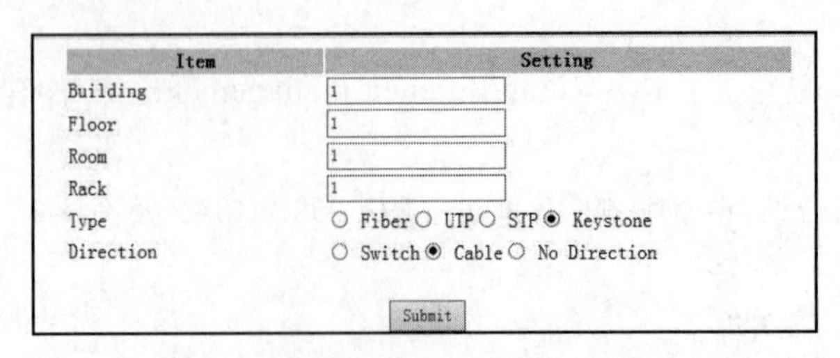

图 4-40　智能配线架 S2 的信息设置界面

5）单击【Next】按钮，进入 IMU 配置界面，单击【Submit and Restart】按钮，等待 IMU 硬件重启，如图 4-41 所示。

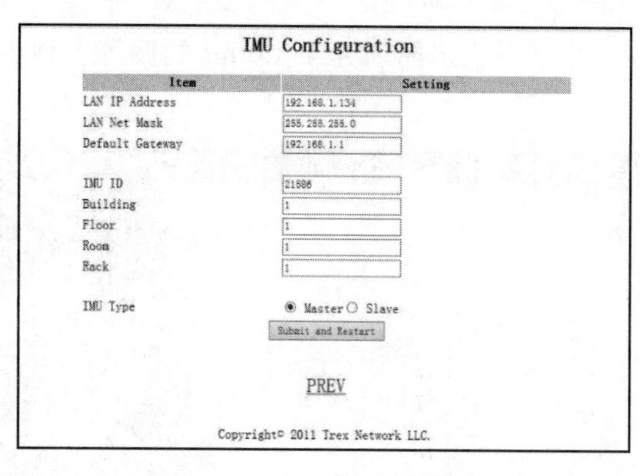
IMU Configuration

Item	Setting
LAN IP Address	192.168.1.134
LAN Net Mask	255.255.255.0
Default Gateway	192.168.1.1
IMU ID	21586
Building	1
Floor	1
Room	1
Rack	1
IMU Type	◉ Master ○ Slave

Submit and Restart

PREV

Copyright© 2011 Trex Network LLC.

图 4-41　IMU 配置界面

04 启动智能布线管理软件。

1）依次单击【开始】→【程序】→【XY】→【XY】，会在屏幕右下角看到启动标志，如图 4-42 所示。

图 4-42　启动标志

2）右击图标，选择右键菜单中的【Start service】命令，如图 4-43 所示。

3）当图标中心红色方框变成绿色三角时，表示软件已经正常启动完毕，如图 4-44 所示。

图 4-43　选择【Start service】命令

图 4-44　启动成功

05 完成基本软件配置操作。

1）打开浏览器，在地址栏输入服务器的 IP 地址 http://127.0.0.1:8080 后按 Enter 键。

2）输入【用户名】为 admin，【密码】为 123456，单击【登录】按钮，如图 4-45 所示。

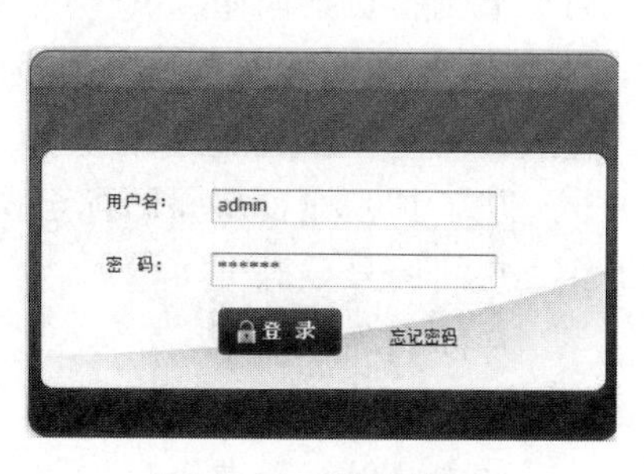

图 4-45　登录界面

3）配置大厦信息。通过依次单击【工程模式】→【工程设置】→【大厦信息管理】→【大厦信息】，选中大厦，配置大厦相关信息。

- 大厦编号：1。
- 大厦名称：大厦 1。
- 大厦楼层数：1。

单击【浏览】按钮，在桌面上选择名为 building 的图片文件，单击【保存】按钮，如图 4-46 所示。

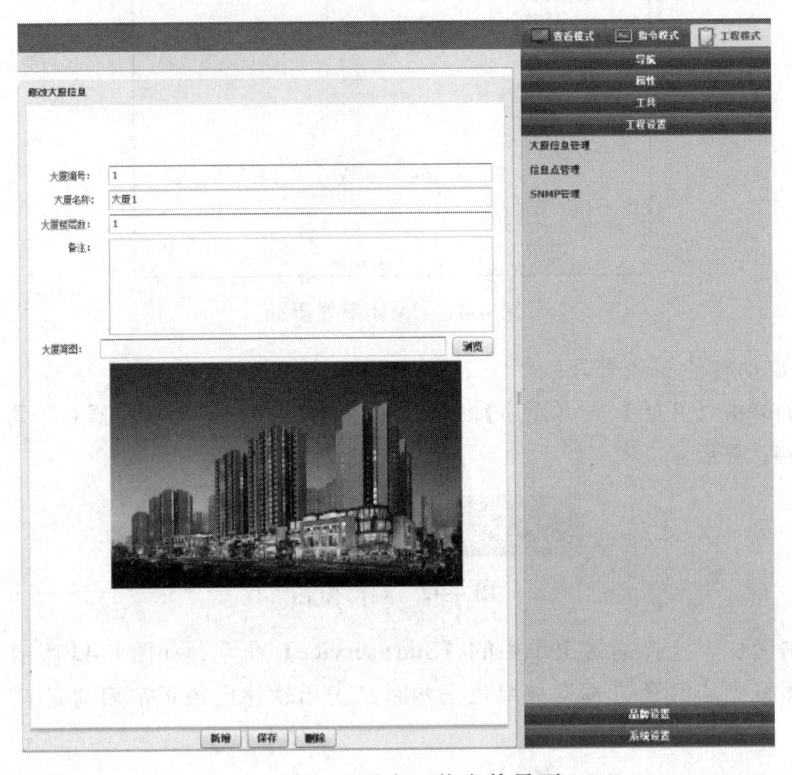

图 4-46 配置大厦信息的界面

4）配置楼层信息。选中大厦，单击【楼层及房间信息】配置楼层相关信息。

- 楼层编号：1。
- 楼层名称：楼层 1。

单击【浏览】按钮，在桌面上选择名为 floor 的图片文件，单击【保存】按钮，如图 4-47 所示。

5）配置房间信息。依次单击【工程模式】→【导航】，选择【大厦 1】和【楼层 1】，可以看到楼层平面图。

① 将楼层平面图上的配线间房间图标 ，拖曳至配线间（配线间编号为 1）。

② 单击【工程模式】→【工具】。

从工具栏拖曳房间图标至楼层平面图左上角办公室内，在弹出窗口填写房间信息：

房间编号：2。

房间名称：FD1。

房间类型：普通房间。

单击【保存】按钮，如图 4-48 所示。

③ 从工具栏拖曳房间图标至楼层平面图左下角办公室内，在弹出窗口填写房间信息。

房间编号：3。

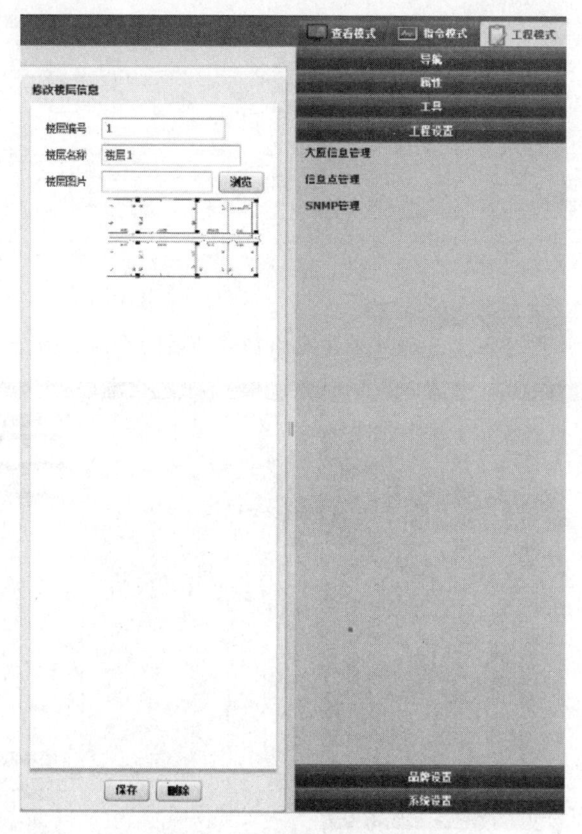

图 4-47　配置楼层信息的界面

房间名称：FD2。

房间类型：普通房间。

单击【保存】按钮，如图 4-49 所示。

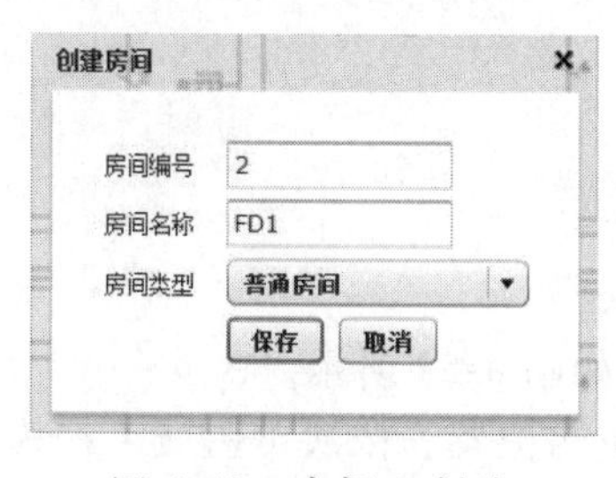

图 4-48　房间 2 创建

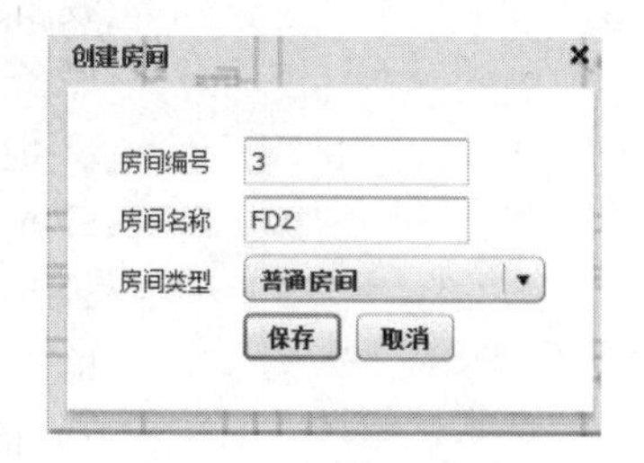

图 4-49　房间 3 创建

④ 从工具栏拖曳房间图标至楼层平面图上方的大办公室内，在弹出窗口填写房间信息。

房间编号：4。

房间名称：FD3。

房间类型：普通房间。

单击【保存】按钮，如图 4-50 所示。

⑤ 增加交换机。进入【工程模式】→【导航】→【配线间 1】，如图 4-51 所示。

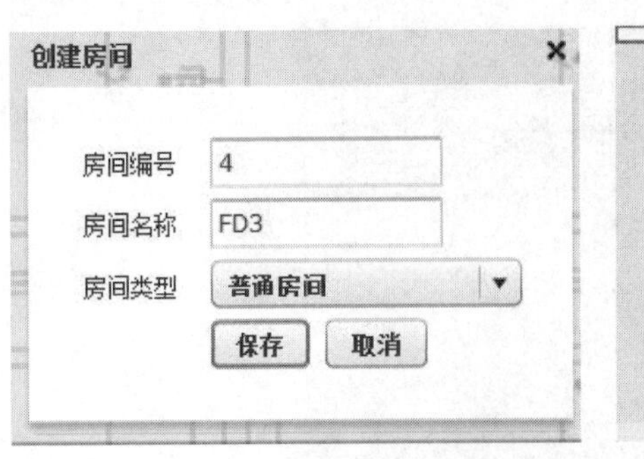

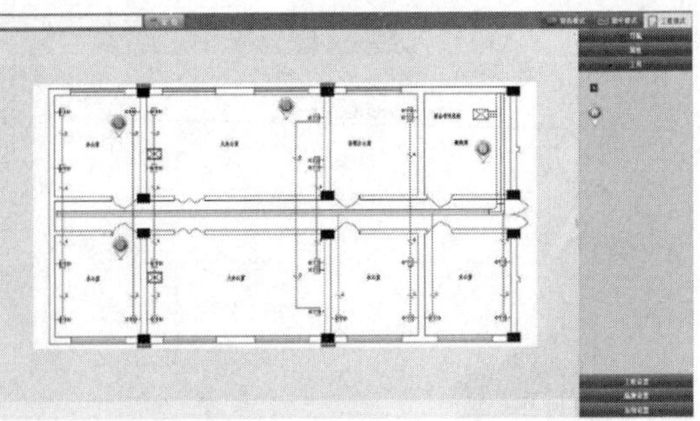

图 4-50　房间 4 创建及添加成功后的界面截图

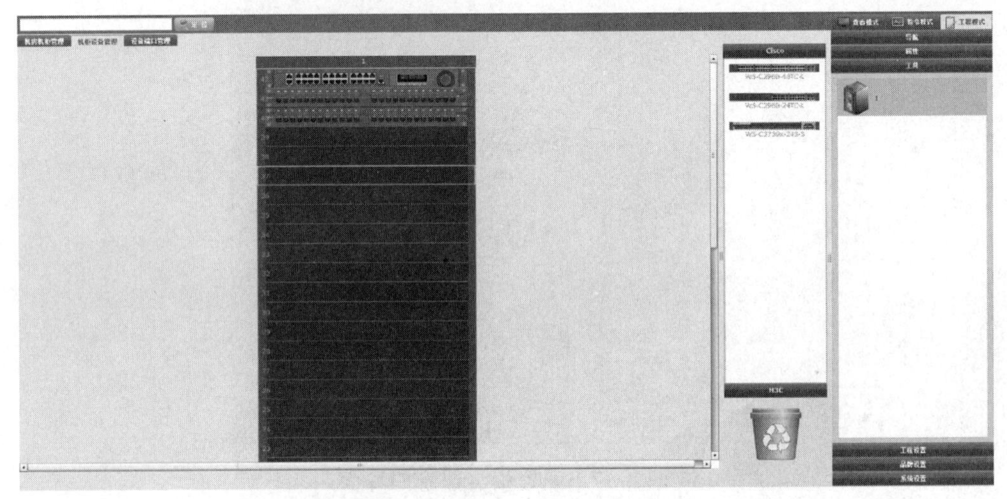

图 4-51　配线间 1 配置界面

图 4-52　交换机创建

拖曳右侧 WS-C2960-24TC-L 交换机于左侧机架内，并填写相关信息：

设备编号：1。

设备别名：交换机。

IP 地址：0.0.0.0。

SNMP 版本：2c。

SNMP 团体字：public。

单击【保存】按钮，如图 4-52 所示。

⑥ 调整设备在机柜中的位置。依次单击【工程模式】→【导航】→【配线间 1】，然后在【机柜设备管理】中用鼠标拖曳设备到合适位置即可，如图 4-53 所示。例如，

交换机：17U。

IMU：19U。

2 号配线架：21U。

4 号配线架：23U。

⑦ 导入静态连接关系。依次单击【工程模式】→【导航】→【配线间 1】→【设备端口管理】→【浏览】，选择“静态关系信息”Excel 文件，单击【导入】按钮，导入完成，如图 4-54 所示。

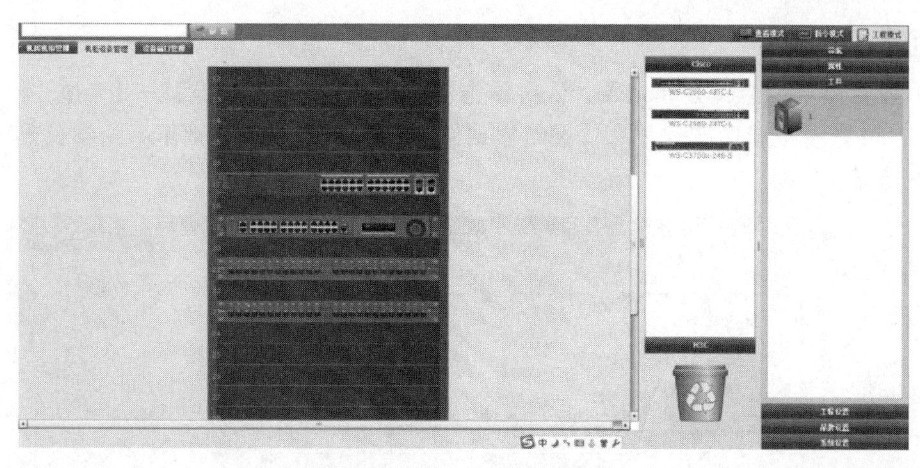

图 4-53 设备位置调整

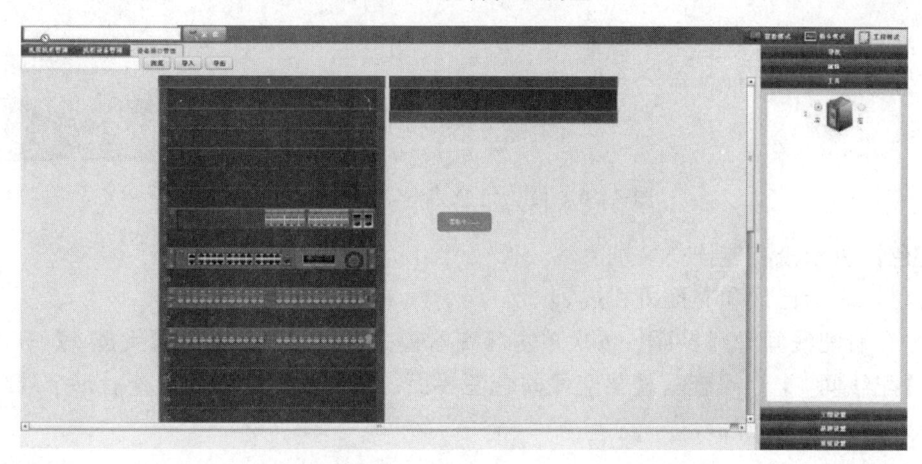

图 4-54 静态关系导入

⑧ 调整信息点在楼层平面图上的位置。依次单击【工程模式】→【导航】，选择【大厦 1】和【楼层 1】，手动拖动 FD1 和 FD2 房间的信息点图标到合适的位置，如图 4-55 所示。

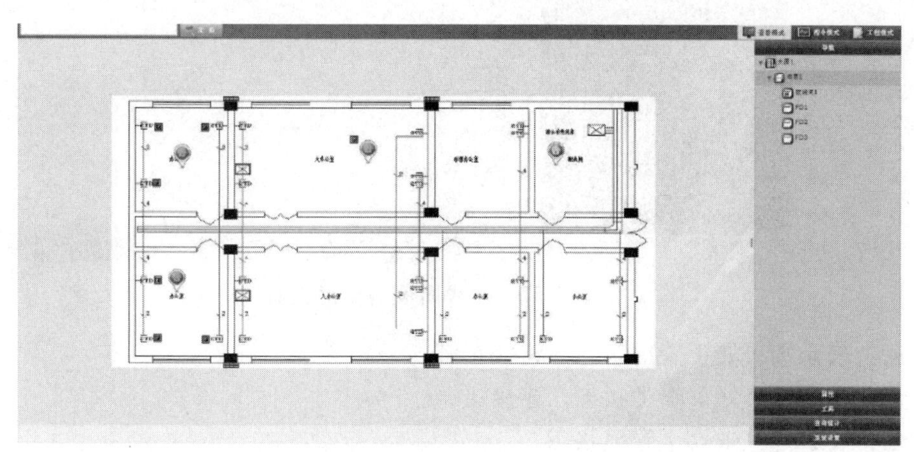

图 4-55 信息点位置调整

06 查看操作。

1）查看楼层信息点分布情况。依次单击【查看模式】→【导航】→【大厦 1】→【楼层 1】，可查看楼层信息点分布情况，楼层图上信息点的状态分别用不同颜色显示，如图 4-56 所示。

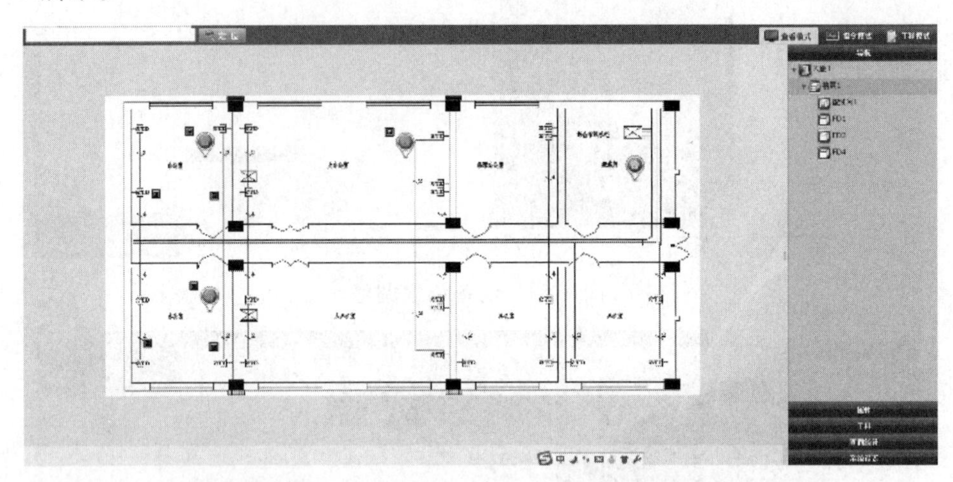

图 4-56 楼层信息点分布情况查看

红色：表示没有连接交换机。

蓝色：表示已经和交换机相连。

2）查看配线间管理界面。依次单击【查看模式】→【导航】→【大厦 1】→【楼层 1】→【配线间 1】，可查看楼层配线间管理界面。在配线间中，也可查看每个端口的状态信息，如图 4-57 所示。

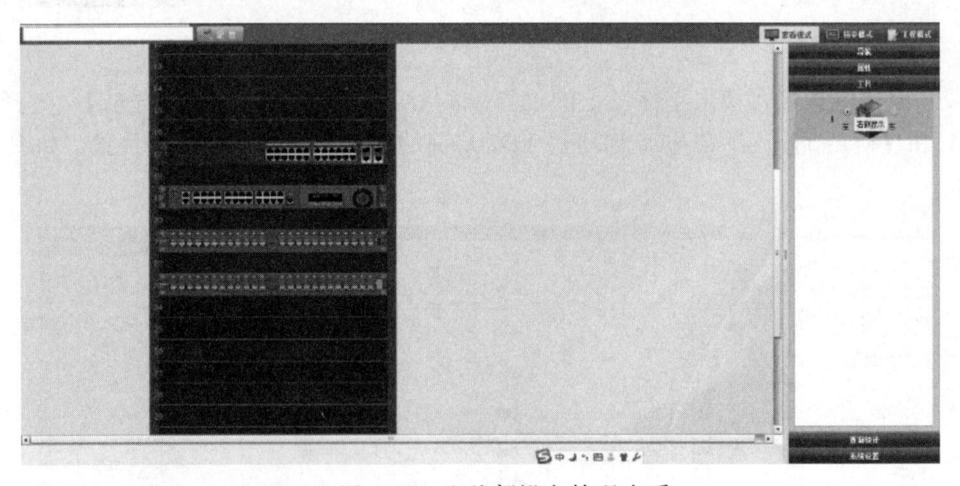

图 4-57 配线间设备情况查看

绿色：表示端口处于管理状态，连接正常。

红色：表示端口处于管理状态，连接错误。

灰色：表示端口未处于管理状态。

如果想对系统软件的基本配置进行多次操作练习，需清空相关配置信息。具体操作如下。

1）依次进入此电脑系统 C:【Program Files（x86）】→【XY】→【XY】文件夹，如图 4-58 所示。

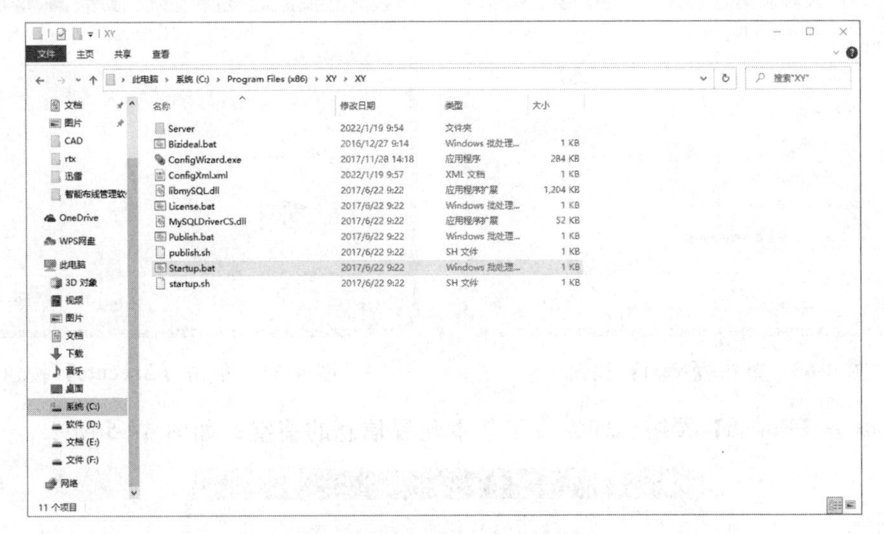

图 4-58 程序安装位置

2）双击【ConfigWizard】应用程序，弹出如图 4-59 所示对话框，单击【Next】按钮。

3）单击【Next】按钮，如图 4-60 所示。

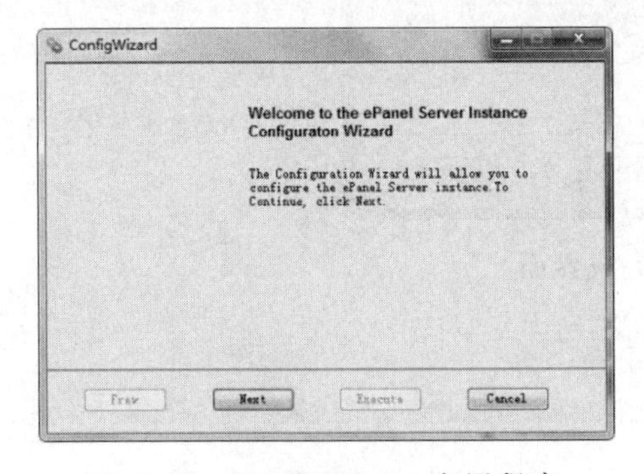

图 4-59 ConfigWizard 应用程序

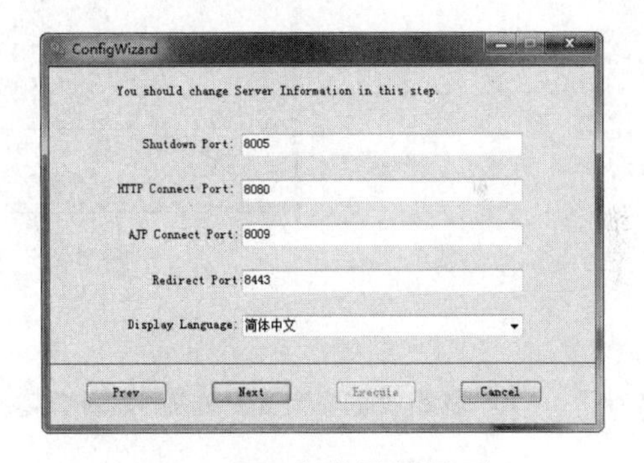

图 4-60 参数设置界面

4）勾选【Reset】复选框，单击【Next】按钮，如图 4-61 所示。

5）单击【Next】按钮，如图 4-62 所示。

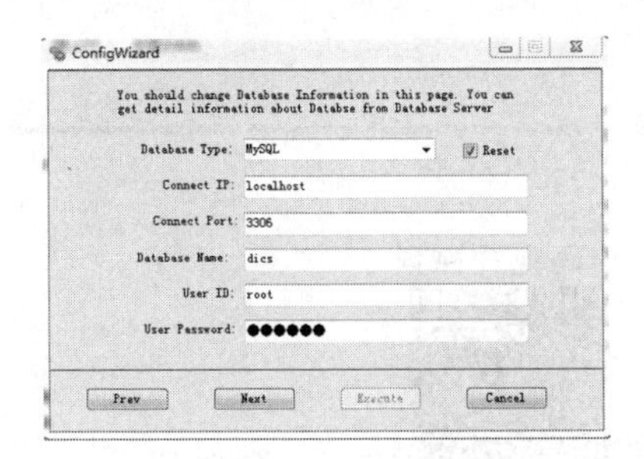

图 4-61 勾选【Reset】并单击【Next】按钮

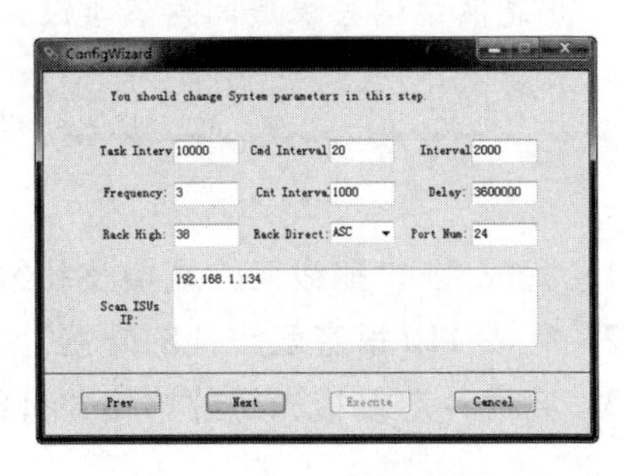

图 4-62 单击【Next】按钮

6）单击【Next】按钮，如图 4-63 所示。

7）单击【Execute】按钮，如图 4-64 所示。

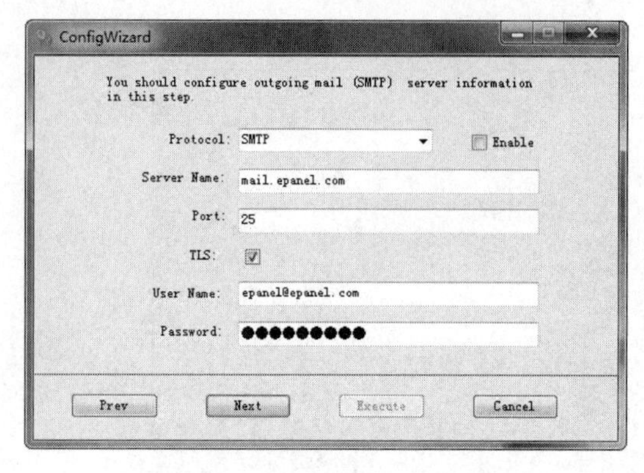

图 4-63　单击【Next】按钮

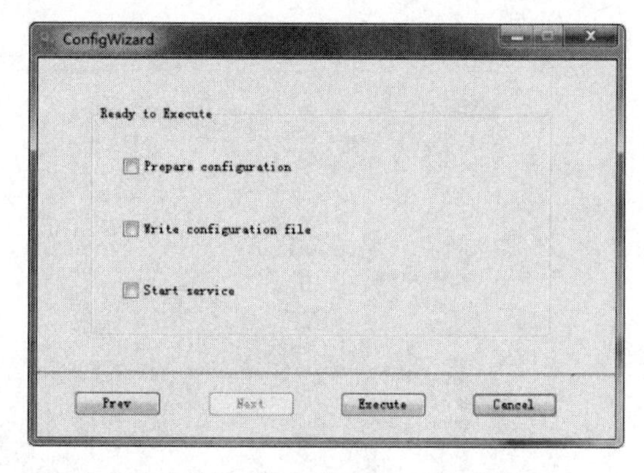

图 4-64　单击【Execute】按钮

8）单击【Finish】按钮，即完成了基本配置信息的清空，如图 4-65 所示。

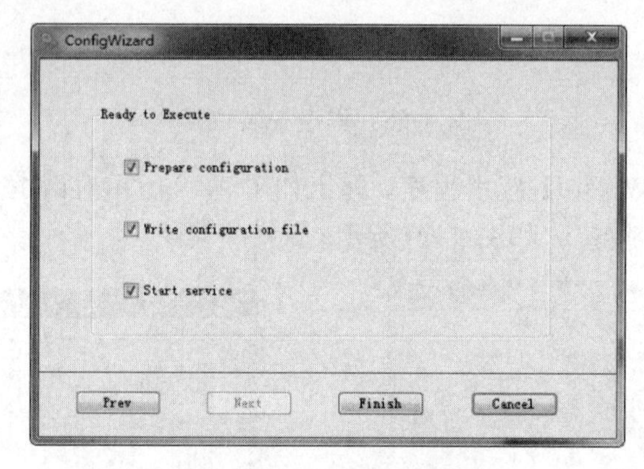

图 4-65　设置完成界面

小　结

在本项目的学习和操作过程中，主要完成了楼层配线间的布线施工，包括配线间的设计、各类配线架的端接及配线间的管理。通过学习，学生应熟练掌握配线间的设计和管理，并能熟练端接配线间内各类配线架。

实　训

1）完成 24 口配线架的端接及扎线。

2）完成 110 语音配线架的端接。

3）完成 4 芯多模光缆的熔接并盘纤。

扫码观看视频

配线间的端接

5 项目 楼层干线的布线施工

项目背景

干线子系统用于连接各配线室，以实现计算机设备、交换机、控制中心与各管理子系统之间的连接。它主要包括主干传输介质和与介质终端连接的硬件设备。干线子系统应由设备间的配线设备、跳线以及设备间至各楼层配线间的连接线缆组成。它是智能化建筑物综合布线系统的中枢部分，与建筑设计密切相关。楼层干线的布线施工应主要确定垂直路由的数量和位置、垂直部分的建筑方式（包括占用上升房间的面积大小）和干线系统的连接方式。

项目说明

根据项目 1 的信息大楼平面图，信息大楼中心机房位于三楼 306 房间。本项目以从中心机房向四楼 409 房间（楼层机房）敷设干线系统为例，详细介绍干线子系统的设计、布线路由及接合方法的选择等知识。

能力目标

1）了解干线子系统的设计要求。

2）掌握干线子系统线缆类型、布线路由以及接合方法的选择。

任务 5.1 干线子系统的设计

任务目标

了解干线子系统的设计要求。

任务说明

本任务主要介绍干线子系统的相关设计要求。

实现步骤

01 确定干线子系统规模。

干线子系统线缆是建筑物内的主干线缆。众所周知，在大型建筑物内，都有开放型通道和弱电间。开放型通道通常是从建筑物的最底层到楼顶的一个开放空间，中间没有隔板，如通风通道或电梯通道。弱电间多设在一连串上下对齐的小房间，每层楼都有一间。在这些房间的地板上预留圆孔或方孔，或靠墙安放桥架。在综合布线中，把方孔称为线缆井，把圆孔称为线缆孔。

干线子系统通道就是由一连串弱电间地板上垂直对准的线缆孔或线缆井组成。弱电间的每层封闭型房间作楼层配线间。确定干线通道和配线间的数目时，主要从服务的可用楼层空间来考虑。如果在给定楼层需要服务的所有终端设备都在配线间 75m 范围之内，则采用单干线系统，凡不符合这一要求的，则要采用双通道干线子系统，或者采用经分支线缆与楼层配线间相连接的二级交接间。

02 确定每层楼的干线。

在确定每层楼的干线线缆类别和数量要求时，应当根据配线子系统所有的语音、数据、图像等信息插座需求进行推算。

03 确定整座建筑物的干线。

整座建筑物的干线子系统信道的数量是根据每层楼布线密度来确定的。一般每 $10m^2$ 设一个线缆孔或线缆井较为适合。如果布线密度很高，可适当增加干线子系统的信道。整座建筑物的干线线缆类别、数量与综合布线设计等级和配线子系统的线缆数量有关。

在确定了各楼层干线的规模后，将所有楼层的干线线缆类别、信道数量相加，就可确定整座建筑物的干线线缆类别和数量。

在每个设计阶段开始前，需要系统规划一下管理区、设备间和不同类型的服务，应估计一下在该阶段最大规模的连接，以便确定该阶段所需要的最大规模的主干线总量。另外，设计主干布线时还需注意以下几点。

1）网络线一定要与电源线分开敷设，但可以与电话线及有线电视线缆置于同一个线管中。布线时拐角处不能将网线折成直角，以免影响正常使用。

2）强电和弱电通常应当分置于不同的竖井内。如果不得已需要使用同一个竖井，则必须分别置于不同的桥架中，并且彼此相隔 30cm 以上。

3）网络设备必须分级连接，即主干布线只用于连接楼层交换机与骨干交换机，而不用于直接连接用户端设备。

4）大对数双绞线线缆容易导致线对之间的近端串音以及近端串音的叠加，这对高速数据传输十分不利，除非必要，不要使用大对数线缆作为主干布线线缆。

任务 5.2 干线子系统线缆类型的选择

任务目标

掌握干线子系统布线的线缆类型选择的原则。

任务说明

根据工程的相关需求为干线子系统选择合适的线缆。

相关知识

干线子系统布线应能满足不同用户的需求，根据应用需求选择不同的传输介质。选择介质时一般应有以下考虑：业务的可控性、布线的灵活性、布线所要求的使用期、现场面积和用户数量。每条特定介质类型的线缆都有其特点和作用，以适应不同的情况。当一种类型的线缆不能满足同一地区所有用户的需要时，就必须在主干布线中使用一种以上的介质。在这种情况下，不同介质将使用同一位置的交叉连接设备。

一般地，干线线缆可选择 100Ω 双绞线缆（UTP 或 FTP，图 5-1）、62.5μm/125μm 多模光缆、50μm/125μm 多模光缆（图 5-2）和 8.3μm/125μm 单模光缆，它们可单独使用，也可混合使用。

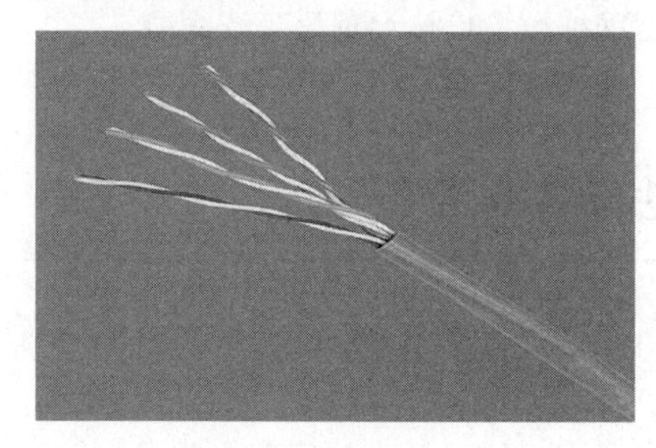

图 5-1 双绞线

（a）62.5μm/125μm 多模光缆

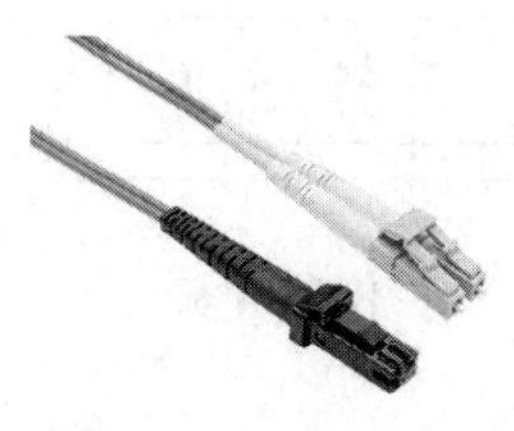

（b）50μm/125μm 多模光缆

图 5-2 光缆

针对语音传输的要求，传输介质一般采用 3 类大对数双绞线缆（25 对、50 对等），如图 5-3 所示，针对数据和图像传输采用多模光缆或 5 类及以上大对数双绞线缆。主干线缆通常敷设在开放的竖井和过线槽中，必要时可予以更换和补充。在设计时，对干线子系统一般以满足近期需要为主，根据实际情况进行总体规划，分期分步实施。

图 5-3 大对数双绞线缆

在带宽需求量较大、传输距离较长和保密性、安全性要求较高的干线，以及雷电、电磁干扰较强的场所，应首先考虑选择光缆。

选择单模光缆还是多模光缆，要考虑数据应用的具体要求、光缆设备的相对经济性能指标及设备间的最远距离等情况。多模光缆以发光二极管（LED）作为光源，适合的局域网速度为 622Mb/s，可提供的工作距离为 300～2000m，与利用激光器光源在单模光缆上工作的设备相比更加经济实惠。由于发光二极管的工作速度不够快且不足以传送更高频率的光脉冲信号，故在千兆字节的高速网络应用中需要采用激光光源。因此，单模光缆可以支持高速应用技术及较远距离的应用情况。根据单模光缆和多模光缆的不同特点，大楼内部的主干线路宜采用多模光缆，而建筑群之间的主干线路宜采用单模光缆。

5 类（及以上）大对数双绞线缆使用时应考虑近端串扰的叠加问题，避免不利于数据的高速传输。另外，5 类（及以上）25 对双绞线缆在 110 配线架上的安装比较复杂，技术要求较高，可以考虑采用多根 4 对 5 类及以上双绞线缆代替大对数双绞线缆。

任务 5.3 干线子系统布线方法的选择

任务目标

掌握干线子系统布线方法的选择原则。

任务说明

根据实际工程的情况，合理选择布线的方法。

相关知识

通常理解的干线子系统是指逻辑意义上的干线子系统。事实上，干线子系统有垂直型的，也有水平型的。由于大多数楼宇都是向高空发展的，所以干线子系统多是垂直型的。但是也有某些建筑物呈水平主干型（不要与水平布线子系统相混）。这意味着在一个楼层里，可以有几个楼层配线架。应该把楼层配线架理解为逻辑上的楼层配线架，而不要理解为物理上的楼层配线架。故主干线缆路由既可能是垂直型通道，也可能是水平型通道，或者是两者的综合。

在大楼内通常有以下 4 种方法确定从配线间到设备间的干线路由。

1. 垂直干线的线缆孔方法

干线通道中所用的线缆孔是很短的管道，通常用直径为 100mm 的一根或数根刚性金属管做成。它们嵌在混凝土地板中，这是在浇注混凝土地板时嵌入的，比地板表面高出 25～100mm。线缆往往捆绑在钢绳上，而钢绳又固定到墙上已铆好的金属条上。当配线间上下结构都能对齐时，一般采用线缆孔方法，如图 5-4 所示。

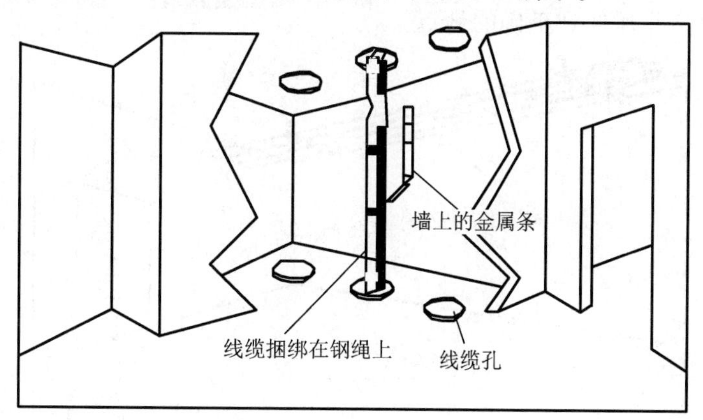

图 5-4　线缆孔方法

2. 垂直干线的线缆井方法

线缆井方法常用于干线通道。线缆井是指在每层楼板上开出一些方孔，使线缆可以穿过并从该层楼伸到相邻的楼层，如图 5-5 所示。线缆井的大小依据所用线缆的数量而定。与线缆孔方法一样，线缆也是捆绑在地板三脚架上或箍在支撑用的钢绳上，钢绳靠墙上金属条或地板三脚架固定住。离线缆井很近的墙上立式金属架可以支撑很多线缆。线缆井的选择性非常灵活，可以让粗细不同的各种线缆以任何组合方式通过。

线缆井方法虽然灵活，但在原有建筑物中用线缆井安装线缆造价较高，并且防火能力很差。若在安装过程中没有采取措施去防止损坏楼板支撑件，则楼板的结构完整性将受到破坏。

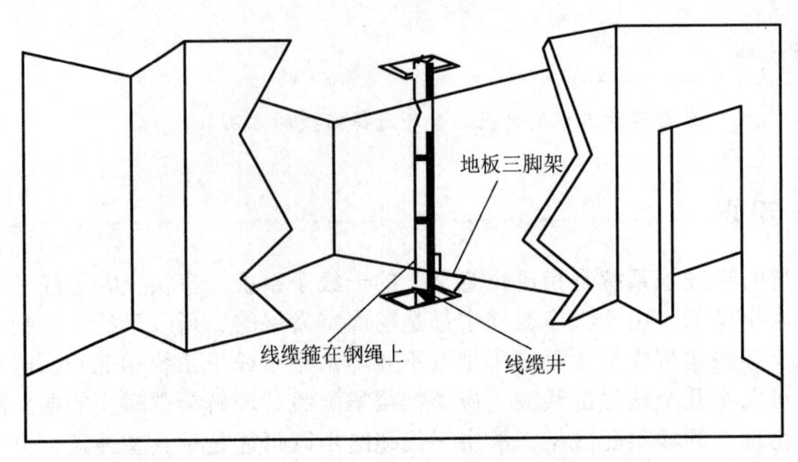

图 5-5　线缆井方法

3. 水平干线的金属管道方法

金属管道方法是指利用金属管道来安放和保护线缆。金属管道由吊杆支撑，打吊杆时，一般每间距 1m 左右设置一对吊杆，如图 5-6 所示。

开放式通道和横向干线系统中的金属管道对线缆起机械保护作用。金属管道不仅有防火的优点，而且它提供的密封和坚固的空间使线缆可以安全地延伸到目的地。但金属管道很难重新布置，因而不太灵活；同时造价也较高，必须事先进行周密计划以保证金属管道粗细合适，并延伸到正确的地点。

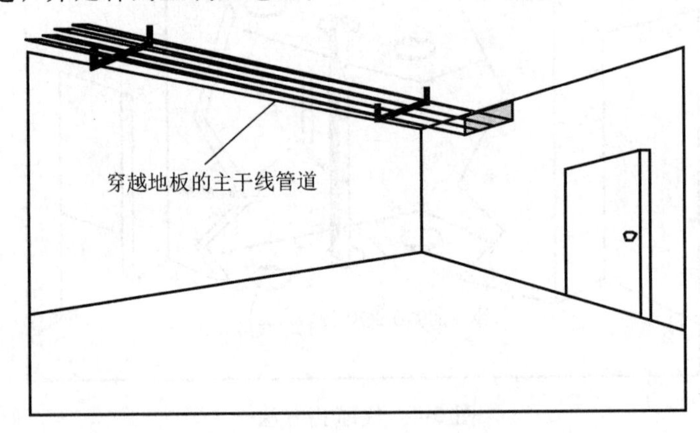

图 5-6　金属管道方法

4. 水平干线的线缆托架方法

线缆托架有时也称为线缆托盘，它们是铝制或钢制部件，外形像梯子。如果把它搭在建筑物的墙上，就可以供垂直线缆走线；如果把它搭在天花板上，就可供水平线缆走线。使用托架走线槽时，一般是 1～1.5m 安装一个托架，线缆体在托架上，由水平支撑件固定，必要时还要在托架下方安装线缆绞接盒，以保证在托架上方已装有其他线缆时可以接入线缆，如图 5-7 所示。托架方法适于线缆数目较多的情况。

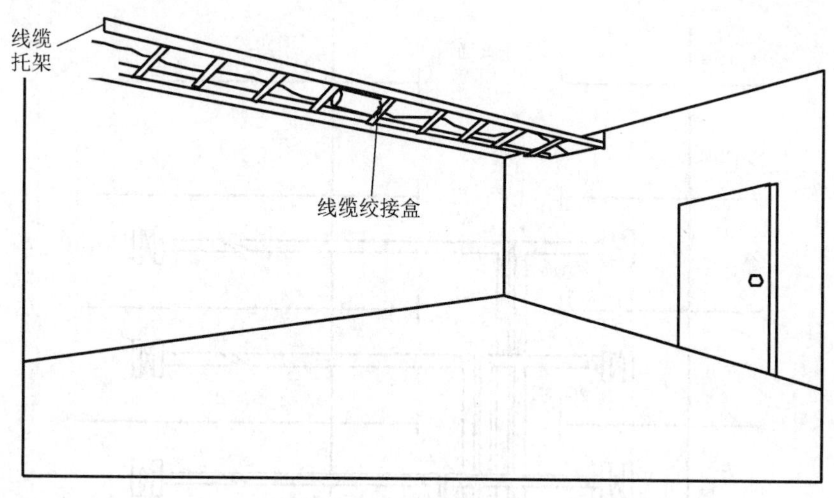

图 5-7　线缆托架方法

任务 5.4　干线子系统接合方法的选择

任务目标

掌握干线子系统接合方法的选择。

任务说明

根据建筑物结构和用户要求，采用合适的接合方法来完成干线子系统的接合。

相关知识

主干线路的连接方法（包括干线交接间与二级交接间的连接）主要有点对点端接和分支接合两种方法。

1. 点对点端接法

点对点端接法是最简单、最直接的线缆接合方法，每根干线线缆直接延伸到楼层配线间，如图 5-8 所示。此连接只用一根线缆独立供应一个楼层，其双绞线对数或光缆芯数应能满足该楼层的全部用户信息点的需要。点对点端接法的主要优点是主干线路路由上采用容量小、质量轻的线缆单独供线，没有配线的接续设备介入，发生故障时容易判断和测试，有利于维护管理，是一种最简单、直接的方法。点对点端接法的缺点是线缆条数多、工程造价增加、占用干线通道空间较大，且因各个楼层线缆容量不同，导致安装固定的方法和器材不一而影响美观。

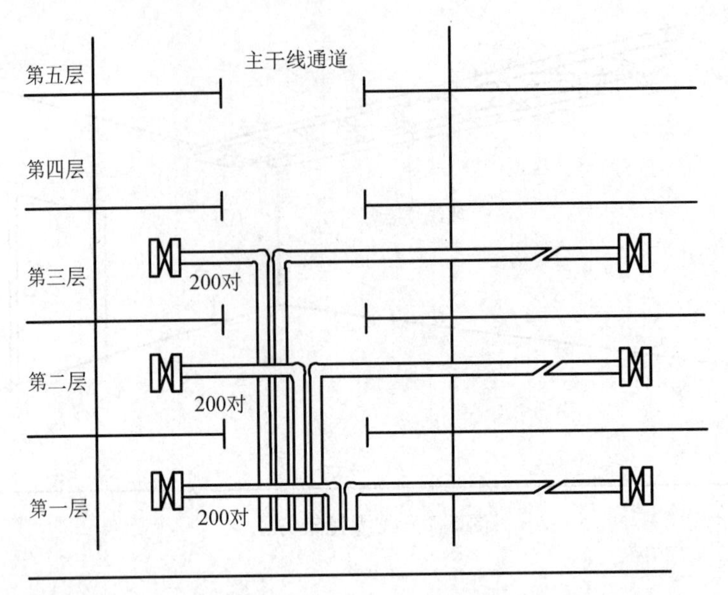

图 5-8 点对点端接法

2. 分支接合法

分支接合法是采用一根通信容量较大的线缆通过接续设备，将其分成若干根容量较小的线缆后分别连到各个楼层，如图 5-9 所示。分支接合法的主要优点是干线通道中的线缆条数少，节省通道空间，有时比点对点端接法工程费用少。分支接合法的缺点是线缆容量过于集中，线缆发生故障波及范围较大；由于线缆分支经过接续设备，在判断检测和分隔检修时增大了难度，增加了维护费用。

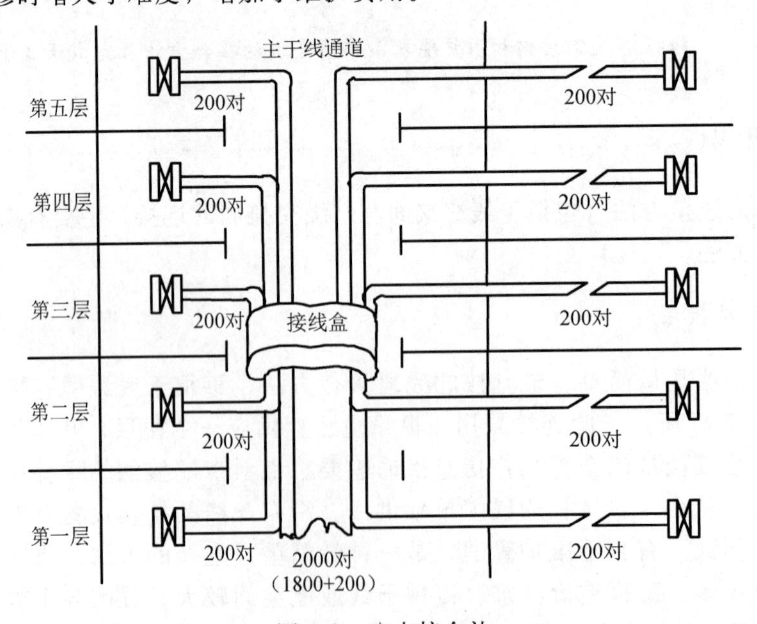

图 5-9 分支接合法

小　结

本项目主要学习了干线子系统的设计、干线子系统线缆类型的选择、干线子系统布线方法的选择及干线子系统接合方法的选择。在设计和施工时，要合理地对上述内容进行选择，以达到最优化的效果。

实　训

1）干线子系统的设计要求有哪些?
2）干线子系统中传输介质有哪些?
3）如何选择干线子系统布线的线缆?
4）干线子系统的布线方法有哪些?
5）干线子系统的接合方法有哪些?

项目 6 建筑群主干光缆的布线施工

项目背景

某职校除了有信息大楼以外，还有商贸大楼、行政大楼、艺术大楼、财经大楼，需要将各栋大楼的信息通信系统通过主干光缆布线与行政大楼的网络中心相连，使得彼此之间的语音、数据、图像和监控等系统通过光纤、铜缆传输介质和各种兼容设备（硬件）连接在一起。连接各建筑物之间的传输介质和各种兼容设备组成一个建筑群布线系统；连接各建筑物之间的光缆即组成建筑群主干光缆布线系统。

项目说明

本施工方案将学校的网络中心设置在行政大楼的第三层。本项目将详细介绍建筑群主干光缆的布线设计、布线方案和施工方法，并以一个建筑群主干光缆布线施工实例，说明建筑群主干光缆布线施工的实际过程。建筑群主干布线系统是一个范围较大的网络，施工范围很广，工作量大。在设计时，线缆的选择既要符合当前的用户要求，又要能满足以后发展的需要。另外，在完成光缆的敷设和熔接时要按照具体要求和步骤来操作，以免浪费人力、物力和财力。

能力目标

1）了解建筑群主干光缆布线的设计方法。
2）了解建筑群主干光缆的布线方案。
3）掌握光纤的敷设与熔接方法。
4）了解建筑群主干光缆布线施工过程。

任务 6.1 建筑群主干光缆布线设计

任务目标

了解建筑群主干布线设计方法。

任务说明

学习建筑群主干光缆布线的设计要求、特点、设计原则以及主要设计步骤。

相关知识

1. 了解布线设计要求

(1) 考虑整体布局

建筑群主干布线子系统设计应充分考虑建筑群覆盖区域的整体环境美化要求，建筑群干线线缆尽量采用地下管道或线缆沟槽敷设方式。因客观原因最后选用了架空布线方式的，也要尽量选用原已架空布设的电话线或有线电视线缆的路由，干线线缆与这些线缆一起敷设，以减少架空敷设的线路。

(2) 考虑未来发展需要

在线缆布线设计时，要充分考虑各建筑需要安装的信息点种类、信息点数量，同时需考虑到后续的可扩展性，选择相对应的干线线缆的类型以及线缆敷设方式，使综合布线系统建成后，保持相对稳定性，能满足今后一定时期内各种新的信息业务发展的需要。

(3) 线缆路由的选择

考虑到要节省投资，线缆路由应尽量选择距离短、线路平直的路由。但具体的路由还要根据建筑物之间的地形或敷设条件而定。在选择路由时，应考虑原有已铺设的各种地下管道，线缆在管道内必须与电力电缆分开敷设，并保持一定间距。

(4) 线缆引入要求

建筑群干线线缆、光缆进入建筑物时，都要设置引入设备，并在适当位置终端转换为室内光缆。对引入设备应安装必要的保护装置以达到防雷击和接地的要求。干线线缆引入建筑物时，应以地下引入为主，如果采用架空方式，应尽量采取隐蔽方式引入。

(5) 线缆交接要求

建筑群的主干线缆、主干光缆布线的交接不应多于两次。从每栋建筑物的楼层配线架到建筑群设备间的配线架之间只应通过一个建筑物的配线架。

2. 掌握主要特点和设计原则

1）建筑群子系统中机柜配线架等设备是装在室内的，而其他所有建筑物与建筑物之间主干线缆连接都会设在室外，这部分布线系统可以是架空线缆、直埋线缆、地下管道线缆，或者这三者敷设方式的任意组合，受客观环境和建设条件影响较大。

2）由于综合布线系统大多采用有线通信方式，一般通过建筑群子系统与运营商通信网连成整体，从全程全网来看，也是运营商通信网的组成部分，它们的使用性质和技术性能基本一致，其技术要求也是相同的。

3）建筑群子系统的线缆是室外通信线路，通常建在城市市区或园区公路两侧。

4）建筑群子系统的线缆在校园式小区或智能化小区内敷设成为公用管线设施时，其建设计划应纳入该小区的规划，具体分布应符合智能化小区的远期发展规划要求（包括总平面布置），且与近期需要和现状相结合，尽量不与城市建设和有关部门的规定发生矛盾，使传输线路建成后能长期稳定、安全可靠地运行。

5）在已建成投入使用或正在建的智能化小区内，如已有地下线缆管道或架空通信杆路，应尽量设法将其利用起来。

3. 主干布线设计步骤

建筑群主干布线的设计可按照以下步骤进行。

（1）了解敷设现场的特点

1）确定整个工地的大小。

2）确定工地的地界。

3）确定共有多少座建筑物。

（2）掌握线缆系统的一般参数

1）确认起点位置。

2）确认端点位置。

3）确认涉及的建筑物和每座建筑物的层数。

4）确定每个端接点所需的双绞线对数。

5）确定有多个端点的每座建筑物所需的双绞线总对数。

（3）确定建筑物的线缆入口

对于现有建筑物，要确定各个入口管道的位置、每座建筑物有多少入口管道可供使用，以及入口管道数目是否满足系统的需要。

如果入口管道不够用，则要确定在移走或重新布置某些线缆时是否能腾出某些入口管道，以便另行安装入口管道。

（4）确定明显障碍物的位置

1）确定土壤类型，如沙质土、黏土、砾土等。

2）确定线缆的布线方法。

3）确定地下公用设施的位置。

4）查清拟定的线缆路由中，沿线各个障碍物的位置及地理条件。

5）确定对管道的要求。

（5）确定主线缆路由和备用线缆路由

1）对于每一种待定的路由，确定可能的线缆结构。

2）查清在线缆路由中哪些地方需要获准后才能通过。

3）比较每个路由的优点和缺点，从而选定最佳路由方案。

（6）选择所需线缆类型和规格

1）确定线缆长度。

2）画出最终的结构图。

3）画出所选定路由的位置和挖沟详图，包括公用道路图或任何需要审批后才能动用的地区草图。

4）确定入口管道的规格。

5）选择每种设计方案所需的专用线缆。

6）如果需用管道，则应选择其种类、规格和材料。

（7）确定每种方案所需的劳务成本

1）确定布线时间。其主要包括：确定迁移或改变道路、草坪、树木等所花的时间；如果使用管道区，则应包括敷设管道和穿线缆的时间；确定线缆接合时间；确定其他时间，如拿掉旧线缆及避开障碍物所需的时间。

2）计算总时间。

3）计算每种设计方案的成本（成本=当地的工时费×总时间）。

（8）确定每种方案所需的材料成本

1）确定线缆成本。

2）确定所有支持结构的成本。

3）确定所有支撑硬件的成本。

（9）选择最经济、实用的设计方案

1）把每种选择方案的成本加在一起，得到每种方案的总成本。

2）比较各种方案的总成本，选择成本较低者。

3）确定该经济方案是否有重大缺点，以致抵消了经济上的优点。如果发生这种情况，则应取消此方案，考虑经济性较好的设计方案。

任务 6.2 建筑群主干光缆布线方案

任务目标

熟悉建筑群主干光缆布线施工方法。

任务说明

学习建筑群主干光缆布线方案，主要有架空光缆敷设法、管道光缆敷设法和直埋光缆敷设法。

相关知识

1. 架空光缆敷设法

架空光缆敷设法通常只用于现成电线杆，而且线缆的走法不是主要考虑的内容，从电线杆至建筑物的架空进线距离以不超过 30m 为宜。建筑物的线缆入口可以是穿墙的线缆孔或管道。入口管道的最小口径为 50mm。建议另设一根同样口径的备用管道，如果架空线的净空有问题，可以使用天线杆形的入口。该天线的支架一般不应高于屋顶 1.2m。如果再高，就应使用拉绳固定。此外，天线杆形入口杆高出屋顶的净空间应有 2.4m，该高度正好可使工人够得到线缆。

架空线缆通常穿入建筑物外墙上的 U 形钢保护套，然后向下（或向上）延伸，从线缆孔进入建筑物内部，线缆入口的孔径一般为 50mm，建筑物与最近处的电线杆通常相距应小于 30m。

2. 管道光缆敷设法

管道光缆敷设法就是把直埋光缆设计原则与管道设计步骤结合在一起。当考虑建筑群管道系统时，还要考虑接合井。

在建筑群管道光缆系统中，接合井的平均间距约 180m（或者在主接合点处设置接合井），接合井可以是预制的，也可以是现场浇筑的，应在结构方案中标明使用哪一种接合井。预制接合井是较佳的选择。现场浇筑的接合井只在下述几种情况下才允许使用。

1）该处的接合井需要重建。

2）该处需要使用特殊的结构或设计方案。

3）该处的地下或头顶空间有障碍物，因而无法使用预制接合井。

4）作业地点的条件（如沼泽地或土壤不稳固等）不适于安装预制人孔。

3. 直埋光缆敷设法

直埋光缆敷设法优于架空光缆敷设法，影响选择此法的主要因素有初始价格、维护费、服务可靠性、安全性及外观。

切记不要把任何一个直埋施工结构的设计或方法看成提供直埋布线的最好或唯一方法。在选择某个设计或几种设计的组合时，重要的是采取灵活的、思路开阔的方法。这种方法既要适用又要经济，还能可靠地提供服务。直埋布线的选取地址和布局实际上是针对每项作业对象专门设计的，而且必须对各种方案进行工程研究后再做出决定。工程的可行性决定了如何选择最实际的方案。

在选择最灵活、最经济的直埋布线线路时，主要考虑的物理因素如下。

1）土质和地下状况。

2）天然障碍物，如树林、石头以及不利的地形。

3）其他公用设施（如下水道、水、气、电）的位置。

4）现有或未来的障碍，如游泳池、表土存储场或修路。

任务 6.3 光缆的施工

任务目标

掌握3种光缆的敷设方法和光纤熔接方法。

任务说明

学习3种光缆的敷设方法后，尽量能够现场参与或观察光缆的施工工程，并完成光缆的熔接。

相关知识

1. 光缆施工时必须遵守的安全操作要求

光缆由光导纤维、加强钢丝、填充物和护套等几部分组成，另外根据需要还会有防水层、缓冲层、绝缘金属导线等构件。光纤是通过石英光导纤维来传播信号的。由于光缆中的纤芯是由高纯度 SiO_2（石英玻璃）制成的，容易破碎，若施工人员操作不当，石英玻璃碎片会扎伤人；传输信号的纤芯直径一般为 2～62.5μm，光纤熔接不好或断裂，会达不到传输速率要求，甚至使人遭受光波辐射，伤害眼睛。因此，在光缆施工时，有许多特殊要求，如光纤熔接要戴护目镜操作等。

经过严格标准化训练的施工人员，也必须严格遵守下列安全操作程序。

1）施工人员在进行光缆接续或制作光缆连接器时，必须佩戴护目镜和手套，穿上工作服。

2）光缆工作区域应干净、安排有序、照明充足，并且配备有害纤维收纳盒或其他适宜的容器，供装玻璃纤维或零星光缆碎屑使用。

3）决不允许用眼睛直接观看已连接红光测试笔或连接已通电设备的光缆及其连接器，须按照规范操作指引去观察这些光缆连接器。

4）维护人员在光缆传输系统的维护工作中，只有在断开所有光源的情况下才能进行操作。

2. 光缆施工过程应注意的问题

在建筑物中，凡是敷设铜缆的地方均能敷设光缆。例如，在干线子系统中，可敷设在弱电间内。敷设光缆的许多工具和材料也与敷设铜缆相似，但是两者之间有以下两点需要着重加以区别。

1）光缆的纤芯是由石英玻璃制成的，非常容易折断。

2）光缆束套管的抗拉强度比铜缆小。

因此，在进行光缆施工的过程中，基本的布放应注意以下两个方面的要求。

（1）光缆布放要求

1）必须在施工前对光缆的端别予以判断，并确定 A、B 端。A 端应是网络枢纽端，B 端应是用户端，敷设方向应与端别保持一致。

2）根据施工现场的光缆情况，结合工程实际，合理配盘与光缆敷设顺序相结合，充分利用光缆的盘长，在施工中宜整盘敷设，减少中间接头，不得任意切断光缆而造成浪费。管道光缆的接头位置应避开繁忙路口或有碍人们工作和生活的地方，直埋光缆的接头位置宜安排在地势平坦和地基稳固的地带。

3）光缆接续人员必须经过严格培训，取得岗位相关工作考核合格证或行业证书认证后才能上岗操作。

4）在装卸光缆盘作业时，应使用叉车或吊车，严禁将光缆盘直接从车上推落到地上，这样会造成光缆盘的损坏，同时会发生安全事故。

5）光缆在搬运及储存时应保持缆盘竖立，严禁将缆盘平放或叠放。在光缆盘的运输过程中，应将光缆固定。车辆在行进过程中宜缓慢，注意安全，防止发生事故。

6）不论在建筑物内还是建筑群间敷设光缆，应占用单独的管道管孔。如果将原有管道和铜缆合用，应在管孔中穿放塑料子管，塑料子管的内径应为光缆外径的 1.5 倍，光缆在塑料子管中敷设，不应与铜缆合用同一子管。在建筑物内，光缆与其他弱电系统的线缆平行敷设时，应保持一定间距分开敷设，并固定捆扎，各线缆间的最小净距应符合设计要求。

7）遵守最小弯曲半径要求，最好以直线方式敷设。如需拐弯，光缆的弯曲半径在静止状态时至少应为光缆外径的 10 倍，在施工过程中至少应为 20 倍。

8）光缆布放时要遵守最大拉力限制。光缆的抗拉强度比铜缆小，因此布放光缆时不允许超过各种类型光缆的抗拉强度。如果在敷设时违反了弯曲半径和抗拉强度的规定，则会引起光缆内部断裂，致使光缆不能使用。如果光缆需要采用机械牵引，牵引力应用拉力计监视，不得超过规定值。光缆盘的转动速度应与光缆的布放速度同步，要求牵引的最大速度为 15m/min，并保持恒定。光缆出盘处要保持松弛的弧度，并留有缓冲的余量，但不宜过多，以免光缆出现背扣。牵引过程中不得突然启动或停止，严禁硬拽猛拉，以免光缆受力过大而损伤。在敷设光缆全过程中，应保证光缆外护套不受损伤，以免影响光缆的密封性能。

建筑物光缆的最大安装张力及最小安装弯曲半径如表 6-1 所示。

表 6-1　建筑物光缆的最大安装张力及最小安装弯曲半径

光缆根数	最大安装张力/N	最小安装弯曲半径/mm
4	450	5.08
6	560	7.60
12	675	7.62

（2）管道填充率

在未经润滑的管道内同时可穿放的光缆最大数量是有限的，通常用管道填充率来表示，一般管道填充率为 31%～50%。如果管道内原先已有光缆，则应用软鱼竿在管道中穿入一根新拉绳，这样可以最大限度地避免新光缆与原有光缆互相缠绕，提高敷设新光缆的成功率。

3. 光缆的敷设方法

（1）架空光缆施工。

敷设前，应按照《通信线路工程验收规范》（GB 51171—2016）和《市内电话线路工程施工及验收技术规范》（YDJ 38—1985）中的规定，在现场对架空杆路进行检验，确认合格且能满足架空光缆的技术要求时，才能敷设光缆。因此，在架空光缆时，必须将它固定到两个建筑物或两根电缆杆之间的钢绳上。一般有以下 3 种敷设方式。

1）吊线缠绕式架空方式。这种方式较稳固，维护工作少，但需要专门的缠绕机。

2）吊线托架架空方式。这种方式简单，造价低，在我国应用最为广泛，但持钩的加挂、整理比较费时。

3）自承式架空方式。这种方式对电缆杆的要求高，施工、维护难度大，造价也高，国内目前很少采用。

在进行建筑群子系统主干光缆架空施工时，应注意以下几点。

1）光缆的预留。光缆在架设过程中和架设后，受到最大负荷时所产生的伸长率应小于 0.2%。

在中负荷区、重负荷区和超重负荷区布放的架空光缆，应在每根电缆杆上予以预留。对于中负荷区，每 3～5 杆做一处预留。

配盘时，应将架空光缆的接续点放在电缆杆上或放在附近电缆杆 1m 左右处，以便于接续。在接续处的预留长度应包括光缆接续长度和施工中所需的消耗长度。一般架空光缆接续处每侧预留长度为 6～10m，在光缆终端设备一侧预留长度为 10～20m。

2）光缆的弯曲。当光缆经过十字形吊线连接处或丁字形线连接处时，光缆的弯曲应符合最小弯曲半径要求，光缆的弯曲部分应穿放聚乙烯管加以保护，其长度约为 30cm。

架空光缆用光缆挂钩将光缆挂在钢绞线上，要求光缆统一调整平直，无上下起伏。

3）光缆的引上。管道光缆或直埋光缆引上后，光缆引上线处需加导引装置，与吊挂式的架空光缆相连接时，要留有一段用于伸缩的光缆。

4）其他注意事项。

① 注意光缆中金属物体的可靠接地。特别是在山区、高电压电网区，一般每千米要有 3 个接地点，甚至可考虑使用非金属光缆。

② 架空光缆线路与电力线交叉时，应在光缆和钢绞线吊线上采取绝缘措施。在光缆和钢绞线吊线外面采用塑料管、胶管或竹片等捆扎，使之绝缘。

③ 架空光缆线路的架设高度及其与其他设施接近或交叉时的间距，应符合有关电线缆路部分的规定。

(2) 管道光缆施工。

管道敷设光缆就是在建筑物之间或建筑物内预先敷设一定数量的管道（如塑料管道），然后用牵引法布放光缆。

1）在敷设光缆前，根据设计文件和施工图纸对选用光缆穿放的管孔大小和其位置进行核对，当所选管孔位置需要改变时（同一路由上的管孔位置不宜改变），应取得设计单位的同意。

2）在敷设光缆前，应逐段将管孔清扫干净和试通。清扫时应用专制的清理工具，清扫后用试通棒试通检查合格才可穿放光缆。如采用塑料子管，要求对塑料子管的材质、规格、盘长进行检查，均应符合设计规定。一般塑料子管的内径为光缆外径的 1.5 倍以上；一个 90mm 管孔中布放两根以上的子管时，其子管等效总外径不宜大于管孔内径的 85%。

3）当穿放塑料子管时，其敷设方法与光缆敷设基本相同，但必须符合以下规定。

① 布放两根以上的塑料子管时，如管材已有不同颜色可以区别时，其端头可不必做标识；无颜色的塑料子管，应在其端头做好有区别的标识。

② 布放塑料子管的环境温度应在-5～+35℃范围内，在过低或过高的温度下，应尽量避免施工，以保证塑料子管的质量不受影响。

③ 连续布放塑料子管的长度不宜超过 300m，塑料子管不得在管道中间接头。

④ 牵引塑料子管的最大拉力不应超过管材的抗拉强度，牵引时的速度要均匀。

⑤ 穿放塑料子管的水泥管管孔应采用塑料管堵头（也可采用其他方法），在管孔处安装，使塑料子管固定。塑料子管布放完毕，应将子管口暂时堵塞，以防异物进入管内。

⑥ 对本期工程中不用的子管必须在子管端部安装堵塞或堵帽。塑料子管应根据设计规定的要求，在人孔或手孔中留有足够长度。

⑦ 如果采用多孔塑料管，可免去对子管的敷设要求。

4）光缆的牵引端头可以预制，也可以现场制作。为防止在牵引进程中发生扭转而损伤光缆，在牵引头与牵引索之间应加装转环。

5）光缆采用人工牵引布放时，每个人孔或手孔应有人值守帮助牵引；机械布放光缆时，不需要每个孔均有人值守，但在拐弯处应有专人照看。整个敷设过程中，必须严密组织，并由专人统一指挥。牵引光缆过程中应有较好的联络手段，不应在有未经训练的人员上岗或在无联络工具的情况下施工。

6）光缆一次牵引长度一般不大于 1000m。超长距离时，应将光缆盘成倒“8”字形分段牵引，或在中间适当的地点增加辅助牵引，以减少光缆张力、提高施工效率。

7）为了在牵引工程中保护光缆外护套等不受损伤，在光缆穿入管孔或管道拐弯处与其他障碍物有交叉时，应采用导引装置或喇叭等保护措施。此外，根据需要可在光缆四周加涂中性润滑剂等材料，以减少牵引光缆时的摩擦阻力。

8）光缆敷设后，应逐个在人孔或手孔中将光缆放置在规定的托板上，并应留有适当余量，避免光缆过于紧绷。人孔或手孔中光缆需要接续时，其预留长度应符合表 6-2 所示的规定。在设计中如有要求做特殊预留的长度（如预留光缆是为了将来引入新建的建筑），应按规定位置妥善放置。

表 6-2 光缆敷设的预留长度

光缆敷设方式	自然弯曲增加长度/（m/km）	每个人（手）孔内弯曲增加长度/m	接续每侧预留长度/m	设备每侧预留长度/m	备注
管道	5	0.5～1.0	一般为 6～8	一般为 10～20	其他预留按设计要求。管道或直埋光缆需引上架空线时，其引上地面的部分每处增加 6～8m
直埋	7				

9）光缆管道中间的管孔不得有接头。当光缆在人孔中没有接头时，要求光缆弯曲放置在光缆托板上固定绑扎，不得在人孔中间直接通过；否则既影响今后的施工和维护，又增加对光缆损害的可能性。

10）当管道的管材为硅芯时，敷设光缆的外径与管孔内径的大小有关，因为硅芯管的内径与光缆外径的比值会直接影响其敷设光缆的长度。现以目前最常用的几种硅芯管为例，其能穿放的光缆外径可参考表 6-3。

对于小芯数的光缆，按管道的截面利用率来计算更为合理；综合布线系统工程设计规范规定，管道的截面利用率应为 25%～30%。

表 6-3 硅芯管内径与光缆外径适配表　　单位：mm

光缆外径	≤11	12	12.5	13.5	14	15	16	17
硅芯管内径	26	26.28	28	28.33	28.33	33	33	33
光缆外径	18	19	20	21	21.5	23	24	25
硅芯管内径	33.42	33.42	33.42	33.42	42	42	42	42

11）光缆与其接头在人孔或手孔中，均应放在人孔或手孔铁架的光缆托板上予以固定绑扎，并应按设计要求采取保护措施。保护材料可以采用蛇形软管或软塑料管等管材。

光缆在人孔或手孔中应注意以下几点。

① 光缆穿放的管孔出口端应封堵严密，以防水分或杂物进入管内。

② 光缆及其接续应有识别标识，标识内容包括编号、光缆型号和规格等。

③ 在严寒地区应按设计要求采取防冻措施，以防光缆受冻损伤。

④ 当光缆有可能被碰损伤时，可在其上面或周围采取保护措施。

（3）直埋光缆施工。

直埋敷设光缆与直埋敷设线缆的施工技术要求基本相同，就是将光缆直埋入地下，除了穿过基础墙的那部分光缆有导管保护外，其余部分没有导管予以保护。直埋光缆是隐蔽工程，技术要求较高，在敷设时应注意以下几点。

1）直埋光缆的埋置深度应符合表 6-4 的规定。

表 6-4　直埋光缆埋置深度

敷设地段及土质		埋置深度/m
普通土、硬土		≥1.2
沙土、半石质、风化石		≥1.0
全石质、流沙		≥0.8
市郊、村镇		≥1.2
市区人行道		≥1.0
公路边沟	石质（坚石、软石）	边沟设计深度以下 0.4
	其他土质	边沟设计深度以下 0.8
公路路肩		≥0.8
穿越铁路（距路基面）、公路（距路面基底）		≥1.2
沟渠、水塘		≥1.2
河流		按水底光缆要求

注：边沟设计深度为公路或城建管理部门要求的深度。石质、半石质地段应在沟底和光缆上方各铺 100mm 厚的细土或沙土。沟底铺沙厚度可视为光缆的埋置深度。表中不包括冻土地带的埋置深度要求。对此在工程设计中应另行分析取定。

2）在敷设光缆前应先清洗沟底，沟底应平整、无碎石和硬土块等有碍于施工的杂物。若沟槽为石质或半石质，在沟底可预填 10cm 厚的细土、水泥或支撑物，经平整后才能敷设光缆。光缆敷设后应先回填 20cm 厚的细土或沙土保护层。保护层中严禁将碎石、砖块等混入，保护层采取人工轻轻踏平，然后在细土层上面覆盖混凝土盖板或完整的砖块加以保护。

3）在同一路由上，且同沟敷设光缆或线缆时，应同期分别牵引敷设。

4）直埋光缆的敷设位置，应在统一的管线规划综合协调下进行安排布置，以减少管线设施之间的矛盾。直埋光缆与其他管线及建筑物间的最小净距如表 6-5 所示。

表 6-5　直埋光缆与其他管线及建筑物间的最小净距

管线及建筑物	平行时/m	交越时/m
市话管道边线（不包括人孔）	0.75	0.25
非同沟的直埋通信光缆、线缆	0.5	0.25
埋式电力线缆（35kV 以下）	0.5	0.5
埋式电力线缆（35kV 及以上）	2.0	0.5
给水管（管径小于 30cm）	0.5	0.5
给水管（管径 30～50cm）	1.0	0.5
给水管（管径大于 50cm）	1.5	0.5
高压油管、天然气管	10.0	0.5
热力管、下水管	1.0～10	0.5
煤气管（压力小于 300kPa）	1.0	0.5
煤气管（压力 300～800kPa）	2.0	0.5
排水沟	0.8	0.5
房屋建筑红线或基础	1.0	

续表

管线及建筑物	平行时/m	交越时/m
树木（市内、村镇大树、果树、行道树）	0.75	
树木（市外大树）	2.0	
水井、坟墓	3.0	
粪坑、积肥池、沼气池、氨水池等	3.0	

注：采用钢管保护时，与水管、煤气管、石油管交越时的净距可降低为 0.15m。大树指直径 30cm 及以上的树木。对于孤立大树，还应考虑防雷要求。穿越埋置深度与光缆相近的各种地下管线时，光缆宜在管线下方通过。

5）在道路狭窄、操作空间小的地方，宜采用人工抬放敷设光缆。敷设时不允许将光缆在地上拖拉，也不得出现急弯、扭转、浪涌或牵引过紧等现象。

6）光缆敷设完毕后，应及时检查光缆的外护套，如有破损等缺陷应立即修复，并测试其对地绝缘电阻。具体要求参照我国通信行业标准《光缆线路对地绝缘指标及测试方法》（YD 5012—2003）中的规定。

7）直埋光缆的接头处、拐弯点或预留长度处以及其他地下管线交越处，应设置标识，以便今后维护检修。可以专制标石作标识，也可利用光缆路由附近的永久性建筑的特定部位，测量出与直埋光缆的相关距离，在有关图纸上记录，作为今后的查考资料。

4. 室外光缆开缆和光纤熔接

随着网络的飞速发展，以往的 10Mb/s、100Mb/s 的传输速度已经越来越满足不了人们日常学习和工作的需要了，1000Mb/s 也已经无法满足企业对高带宽的需求。用户迫切希望提高网络传输速度，10Gb/s 高速网络以及网络延迟 PING 值稳定在 10ms 以内是企业用户的目标，但对于双绞线来说，虽然可以使用超 6 类线满足 10Gb/s 的传输需要，但超 6 类线制作起来非常麻烦，而且对两端连接设备要求也很高，各项衰减参数也不能降低要求。因此，目前最有效的突破 10Gb/s 传输速度的介质仍然是光缆。这里将介绍如何使用工具将室外光缆开缆以及将光纤进行熔接，以满足实际需求。

光纤熔接是目前普遍采用的光缆接续方法，光纤熔接机通过高压放电将接续光缆端面熔融后，将两根光缆连接到一起成为一段完整的光缆。采用这种方法后接续损耗小（一般小于 0.1dB），而且可靠性高。熔接连接光缆不会产生缝隙，因而不会引入反射损耗，入射损耗也很小，为 0.01～0.15dB。在对光缆进行熔接前要把涂敷层剥离。机械接头本身是保护连接光缆的护套，但熔接在连接处却没有任何保护。因此，熔接光缆机采用重新涂敷器来涂敷熔接区域和使用熔接保护套管两种方式来保护光缆。现在普遍采用熔接保护套管的方式，它将保护套管固定在接合处，然后对它们进行加热，套管内管是由热材料制成的，因此这些套管就可以牢牢地固定在需要保护的地方。加固件可避免光缆在这一区域弯曲。

实现步骤

下面先通过图文并茂的方式进行光缆开缆，再逐步完成将光纤纤芯熔接到一起的操作。

01 室外光缆开缆准备工作。

开缆前必须做好个人的防护，佩戴好护目镜和手套，根据光缆不同类型，选用正确的工具进行光缆的外皮开剥。光缆不同，其开缆方式也不一样。开剥室外光缆一般分为纵向开剥光缆和横向开剥光缆两种开剥方式。

02 光缆开缆工作过程。

光缆开缆实操步骤如下。

1）准备一段光缆，检查光缆是否有外伤，是否符合工作任务的类型和规格，如图 6-1 所示。

2）开缆使用的工具从左到右依次有清洁用纸、乳胶手套、横纵向开缆刀、强力钢丝钳、测量用卷尺、除油膏用面粉、酒精喷壶，如图 6-2 所示。

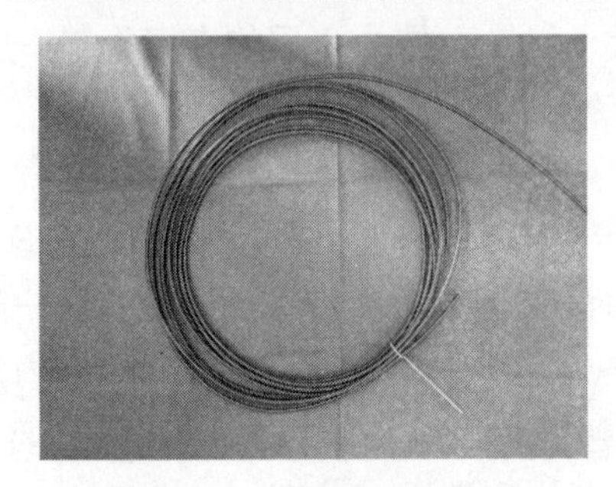

图 6-1 一段室外光缆

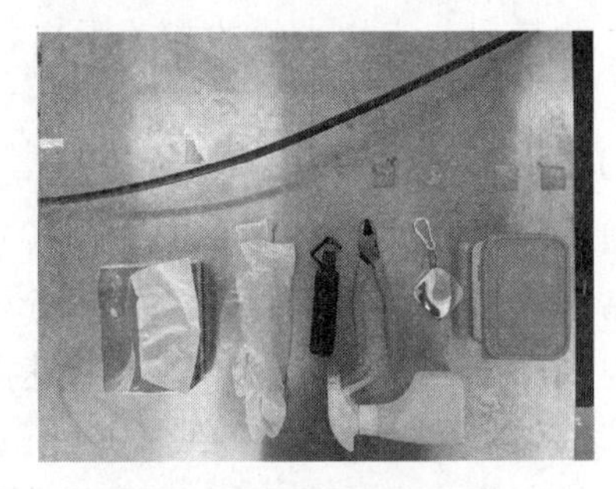

图 6-2 开缆所需工具展示

3）根据工作任务测量长度，并用白色记号笔标记开缆长度，如图 6-3 所示。

4）使用开缆刀按压光缆并横向旋转 2 圈或 3 圈进行光缆外皮及铠装层切割，如图 6-4 所示。

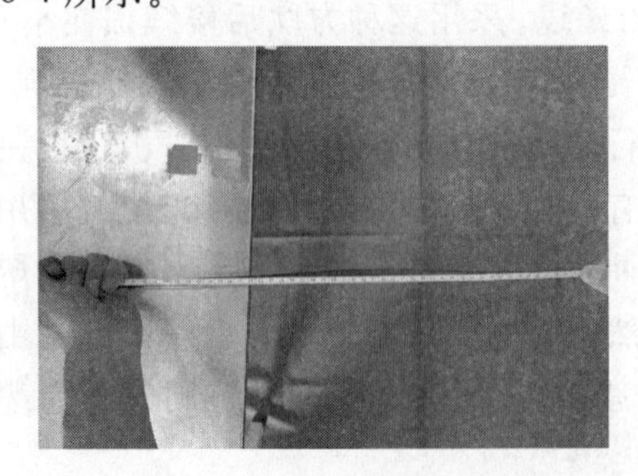

图 6-3 测量开缆长度

图 6-4 旋转开缆

5）分段式剥掉光缆外护套，如图 6-5 所示。

6）用水口钳挑出缠绕带并将其剪掉，如图 6-6 所示。

7）利用钢丝钳剪掉光缆加强钢丝，如图 6-7 所示。

图 6-5　剥掉光缆外护套

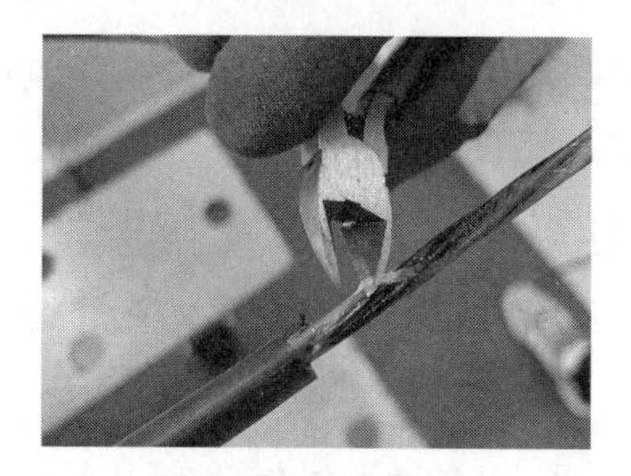

图 6-6　剪掉缠绕带

8）用米勒钳在光缆开缆口 5cm 处剥除光缆束套管，如图 6-8 所示。

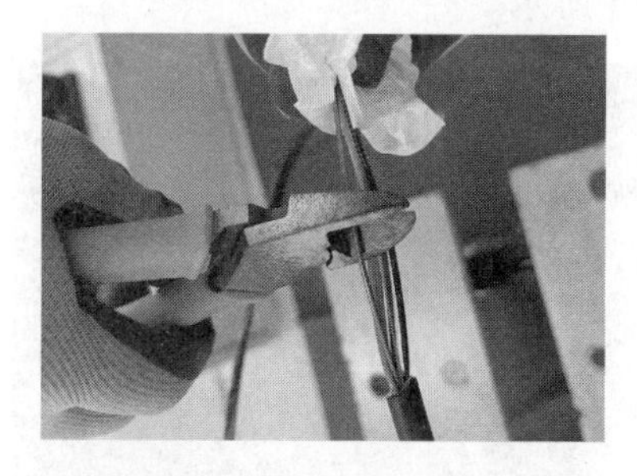

图 6-7　剪掉光缆加强钢丝

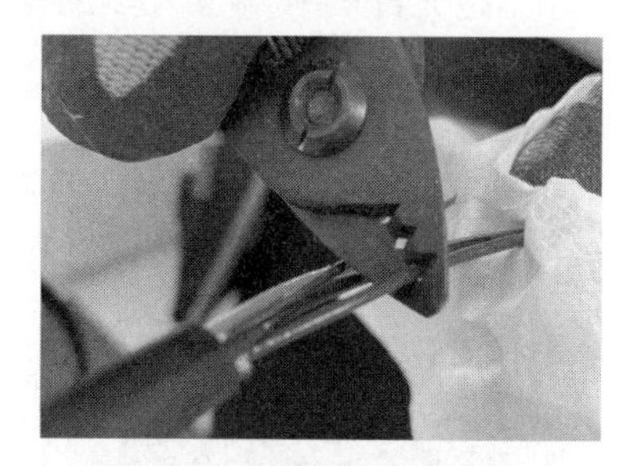

图 6-8　剥除所有束套管

9）所有光缆束套管剥开之后，需将套管整体拉出束套管，让纤芯露出来，如图 6-9 所示。

10）先用纸巾去除光纤油膏，做第一步的基础清洁，如图 6-10 所示。

图 6-9　拉出束套管以露出纤芯

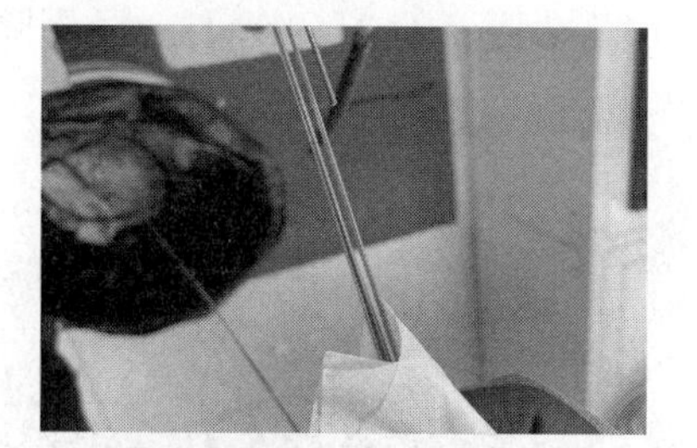

图 6-10　用纸巾去除光纤油膏

11）再用面粉黏附在光纤上，完整地强力去除油膏，如图 6-11 所示。

12）最后用酒精完成光纤清洁，让各纤芯达到散开的效果，如图 6-12 所示。

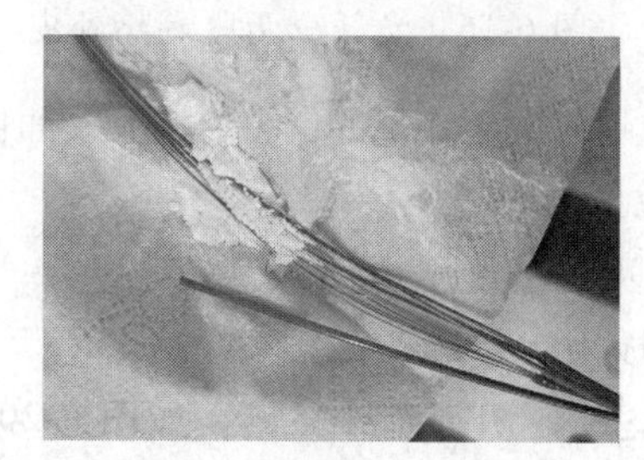

图 6-11　利用面粉黏附在光纤上达到强力去除油膏的效果

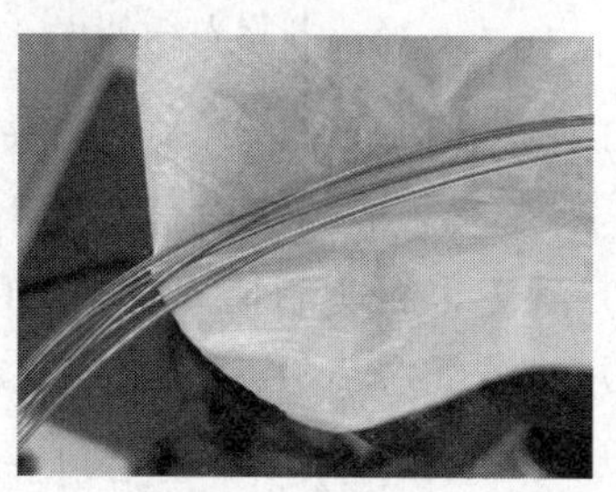

图 6-12　用酒精清洁光纤，使其达到散开的效果

至此，光缆开缆工作结束。开缆过程需注意全程保持工作区域清洁，尖刺、粉末等物品妥善处置。

03 光纤熔接准备工作。

光纤熔接工作不仅需要专业的熔接仪器和精密工具，还需要很多普通的工具辅助完成这项工作，如剪刀、米勒钳等。

04 光纤熔接工作过程。

1）开启光纤熔接机，确定要熔接的光缆是多模光缆还是单模光缆，如图 6-13 所示。

2）首先把光纤的一端放入热缩套管，如图 6-14 所示。

图 6-13　光纤熔接机参数确认

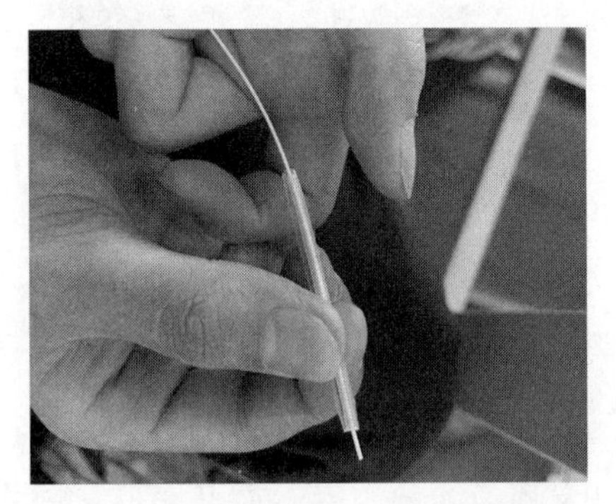

图 6-14　将光纤放入热缩套管

3）利用米勒钳（光纤剥线钳）剥除 900μm 光缆纤芯的外皮，如图 6-15 所示。

4）总共要剥除 3～4cm，一段剥除 1.5～2cm，需分两段剥除，如图 6-16 所示。

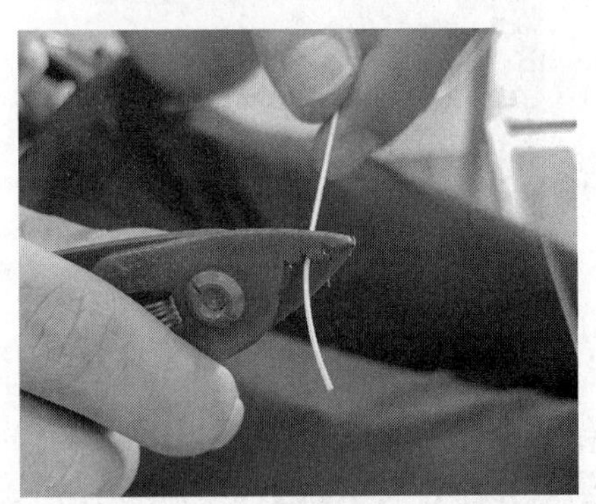

图 6-15　剥除光纤外皮

图 6-16　光纤分两段剥除外皮

5）外皮剥除之后，接下来用米勒钳最小直径的钳口剥除 250μm 的涂覆层，如图 6-17 所示，涂覆层一般为透明层，图中为室外光缆紫色纤芯。

6）用无尘布蘸酒精擦拭剥好的光纤纤芯 3 次以上，如图 6-18 所示。

7）清洁纤芯后放入切割刀固定槽，打下小压板固定纤芯，如图 6-19 所示。

8）按压切割刀顶部，废纤自动会掉落到收纳盒中，切割光纤完成，如图 6-20 所示。

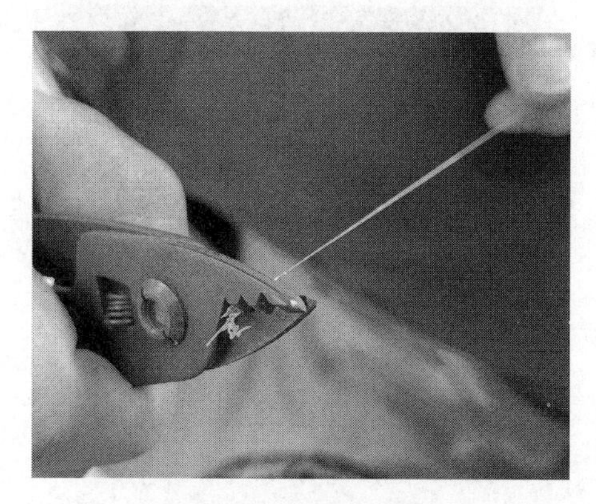

图 6-17　剥除涂覆层

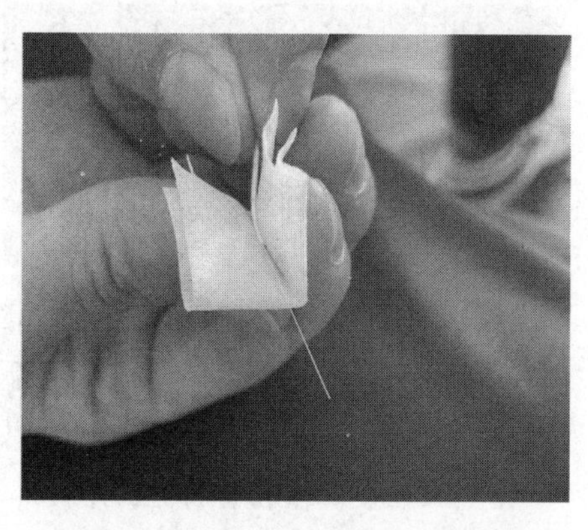

图 6-18　用无尘布蘸酒精擦拭纤芯

图 6-19　将光纤纤芯放入切割刀固定槽准备切割

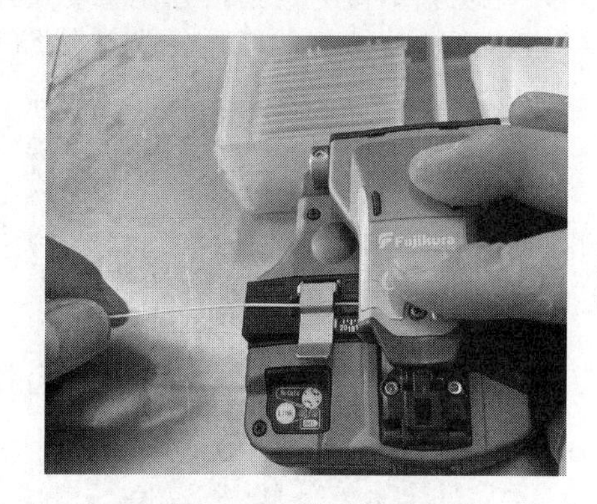

图 6-20　切割光纤

9）将切割好的纤芯放入熔接机 V 形槽并打下大压板，如图 6-21 所示。注意此过程中要保护切割面不要被弄脏，否则熔接时容易出现损耗过大、气泡、切割面不平整等现象。

10）将需要熔接的另一端光纤放入熔接机 V 形槽，注意纤芯不要超过电极棒，如图 6-22 所示。

图 6-21　光纤纤芯放入熔接机 V 形槽

图 6-22　需要熔接的光纤另一端放入 V 形槽

11）准备熔接状态，如图 6-23 所示，按 SET 键开始自动熔接。

12）两边的纤芯会通过机器自动对准进行熔接，如图 6-24 所示。

图 6-23　按 SET 键进行光纤熔接

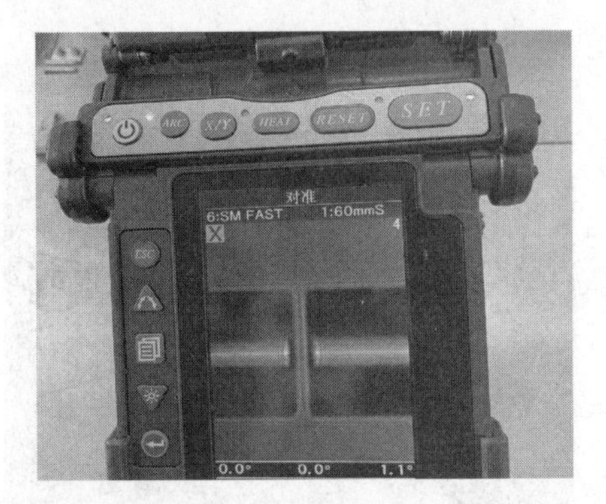

图 6-24　自动对准纤芯系统

13）观察熔接完成后的所有参数是否都合格，如图 6-25 所示。

14）取出熔接好的纤芯，调整热缩套管位置准备熔接，如图 6-26 所示。

图 6-25　熔接完成状态

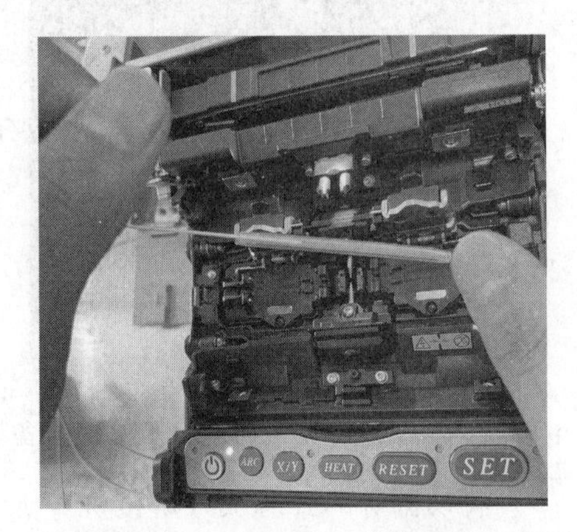

图 6-26　调整热缩套管位置

15）将熔接好的光纤放入加热槽，设备会自动启用加热功能，如图 6-27 所示。

16）加热完成后应无气泡，切割点居中，如图 6-28 所示。

图 6-27　将熔接好的光纤放入加热槽

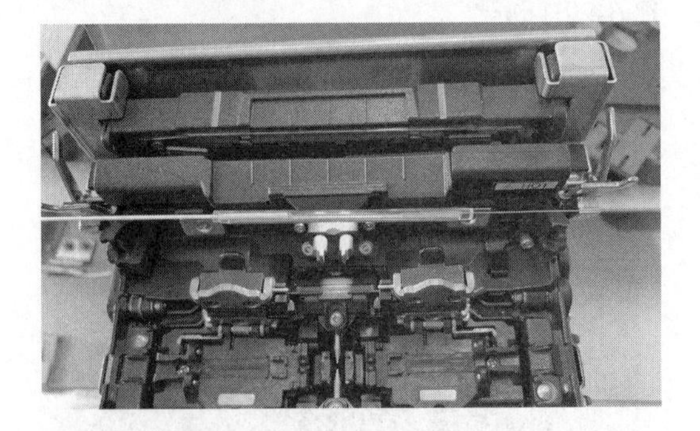

图 6-28　加热完成后的效果

至此，光纤熔接工作结束。此过程中应注意纤芯清洁和纤芯连接的顺序，务必先热缩套管再将其切割。

05 通过资料和图片学习光缆接续盒盘纤以及 ODF（光纤配线架）室外光缆入口预留设计等操作。

1）光缆接续盒盘纤效果如6-29所示。

2）光缆接续盒安装效果如图6-30所示。

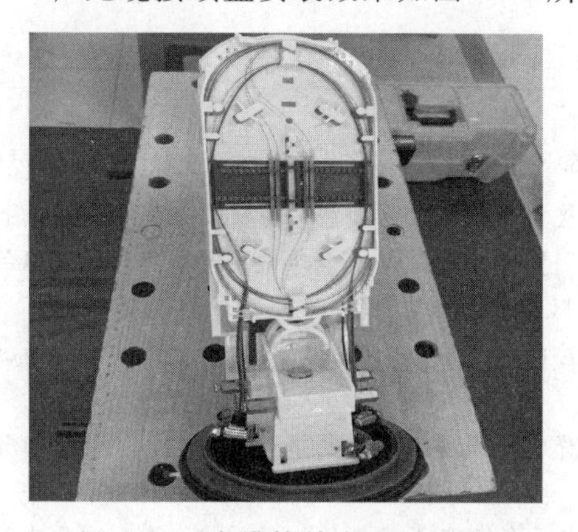

图6-29　光缆接续盒盘纤效果

图6-30　光缆接续盒安装效果

3）ODF（光纤配线架）室外光缆入口预留设计效果如图6-31所示。

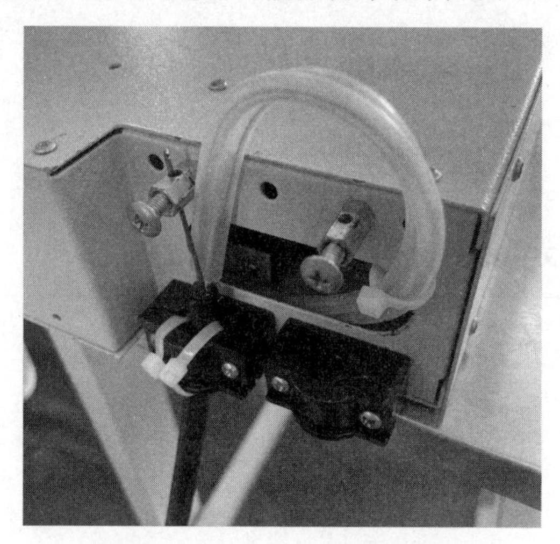

图6-31　ODF入口预留设计效果

4）ODF设备上的机架安装效果如图6-32所示。

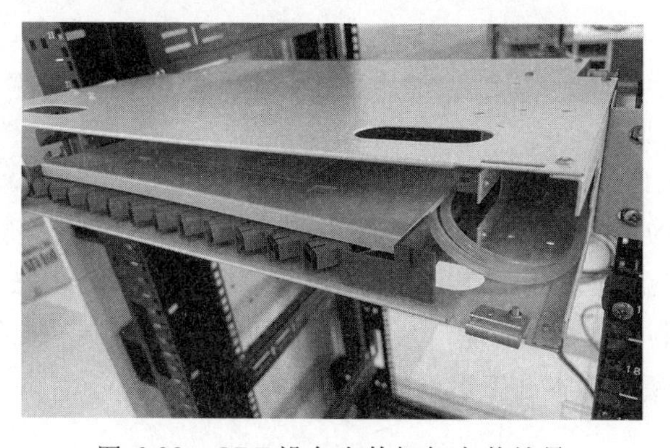

图6-32　ODF设备上的机架安装效果

至此，光缆接续盒以及 ODF 设备实操结束，在安装配线架时应严格按照使用说明书使用，结合操作标准和规范实施。

小贴士

熔接光缆

开缆就是剥离光缆的外护套、缓冲管。光缆在熔接前必须去除涂覆层，为提高光缆成缆时的抗拉强度，光缆有两层涂覆层。由于不能损坏光缆，所以剥离涂覆层是一个非常精密的程序，去除涂覆层应使用专用剥离钳，不得使用刀片等简易工具，以防损伤纤芯。

去除光缆涂覆层时要特别小心，不得损坏其他部位的涂覆层，以防在熔接盒内盘绕光缆时折断纤芯。

光缆的末端需要进行切割，要用专业的工具切割光缆，以使末端表面平整、清洁，并使之与光缆的中心垂直。

切割对于接续质量十分重要，它可以减少连接损耗。任何未正确接续的表面都会引起由于末端的分离而产生的额外损耗。在光缆熔接操作过程中应严格执行操作规程的要求，以确保光缆熔接的质量。

光缆熔接是一个熟能生巧的工作，并不是熔接一两次就能掌握的，只有拥有相应的设备且经过专业的培训后才能更快速、更准确地熔接高质量的光缆。

任务 6.4 建筑群主干光缆布线施工

任务目标

了解建筑群主干光缆布线施工的实际过程。

任务说明

参看一个建筑群主干光缆布线实际施工实例，以加深对建筑群主干光缆布线设计、布线方案、光缆的敷设和端接的理解和应用。

实现步骤

01 了解建筑群子系统综合布线案例概貌。

建筑群子系统的功能是将一个建筑物中的线缆延伸到建筑群的另外一些建筑物中的通信设备和装置上。建筑群子系统是综合布线系统的一部分，它支持提供楼群之间通信所需的硬件，其中包括导线线缆、光缆以及防止线缆上的脉冲电压进入建筑物的电气保护装置。图 6-33 所示为本施工案例的光纤接入示意图。

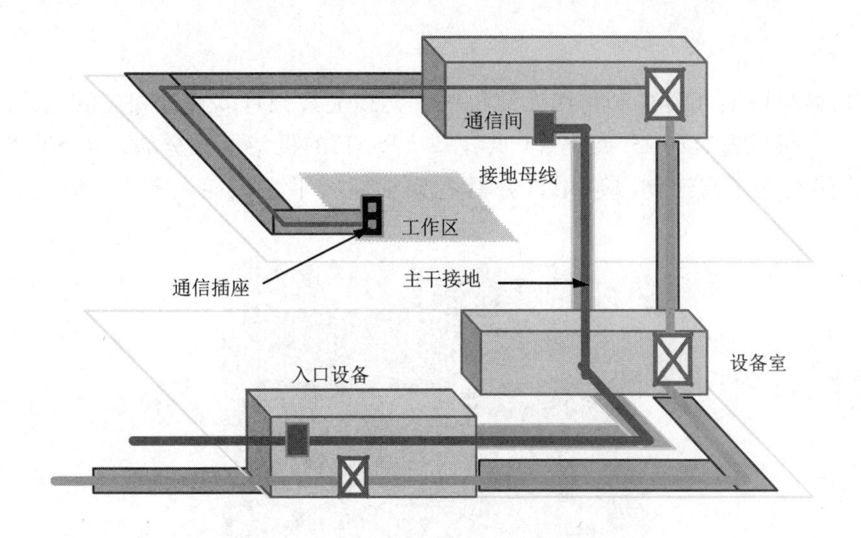

图 6-33　光纤接入示意图

02 确定施工方案。

根据项目需求和实地考察，绘制主干光缆布线示意图，如图 6-34 所示。

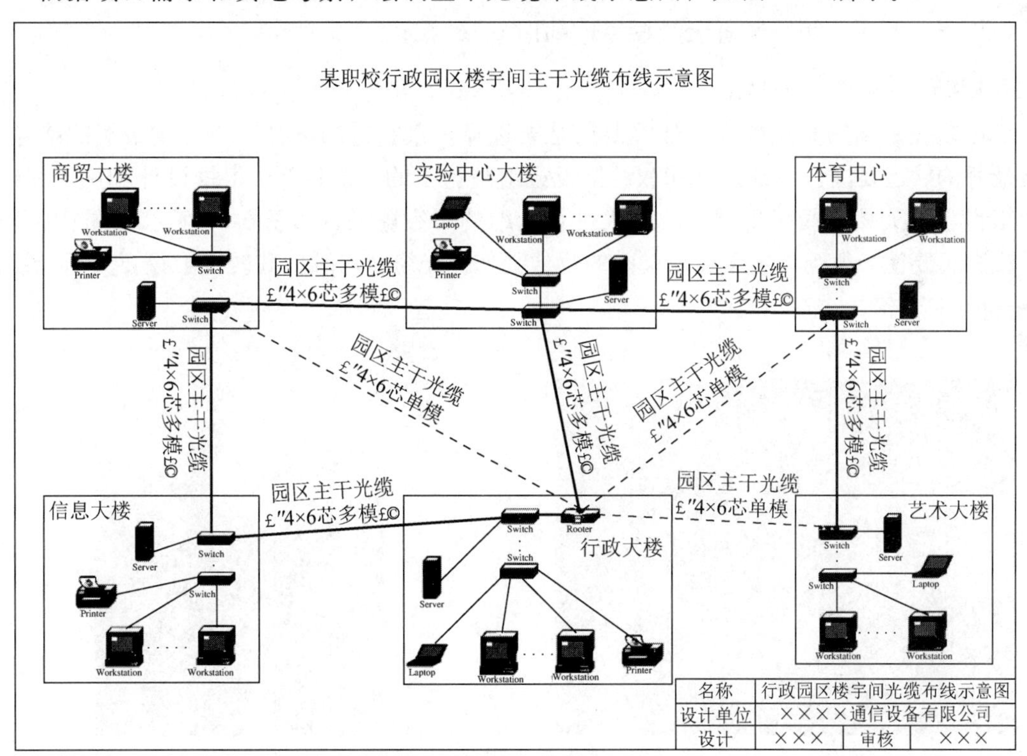

图 6-34　主干光缆布线示意图

方案中确定以行政大楼三层主配线间为中心，向各办公大楼敷设室外单模光纤线缆。根据用户要求，考虑到以后大楼间通信扩容，由行政大楼三层的主总配线间辐射到各办公楼的主配线间的光纤均采用 4 条 6 芯室外单模光纤连接，各栋大楼以光纤相连接，互为备用。

选用光缆配线架（图 6-35）和光纤跳线。光缆配线架可以通过相应的光纤跳线接到光交换机上，可以安装在 19 英寸（1 英寸=2.54cm）的机架上。全部采用 ST 光纤连接，ST 光纤连接头适于高速网络应用，并具有低损耗（平均损耗只有 0.2dB）、易拔插等特点。

图 6-35 光缆配线架

单模光纤跳线采用单模 ST/SC 两芯光纤跳线。成品光纤跳线稳定性很高，既可保证系统性能，又可为用户节省大量投资，如图 6-36 所示。

03 光缆的户外施工。

在较长距离的光缆敷设前最重要的是要选择一条合适的路径。不一定最短的路径就是最好的，还要注意土地的使用权、架设或地埋施工的可能性等。根据设计和施工图纸，本工程各栋大楼之间采用架设的方式进行光缆的布线施工，如图 6-37 所示。施工中要时时注意不要使光缆受到重压或被坚硬的物体扎伤。光缆转弯时，其转弯半径要大于光缆自身直径的 20 倍。

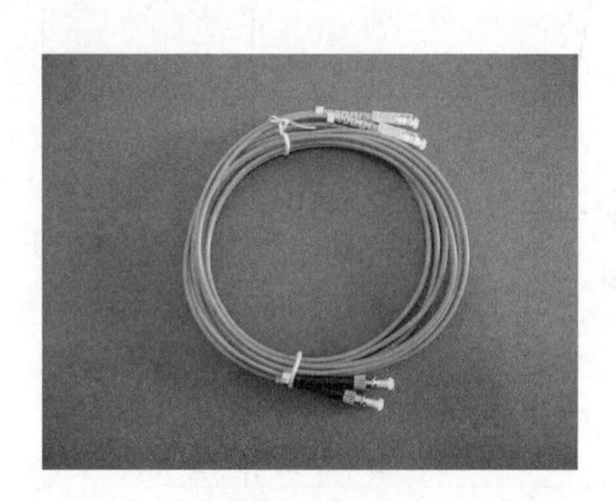

图 6-36 光纤跳线

图 6-37 光缆的户外施工

04 建筑物内光缆的敷设。

主干光纤接入各栋大楼之后，光纤还必须接入各大楼的设备间，如图 6-38 所示。敷设必须符合以下要求。

图 6-38 建筑物内光缆的敷设

1）垂直敷设时，应特别注意光缆的承重问题，一般每两层要将光缆固定一次。

2）光缆穿墙或穿楼层时，要加带护口的保护用塑料管，并且要用阻燃的填充物将管子填满。

3）在建筑物内也可以预先敷设一定量的塑料管道，待以后要敷设光缆时再用牵引或真空法布设光缆。

05 光缆在楼内的敷设。

光缆在楼内的敷设（图 6-39）必须符合以下要求。

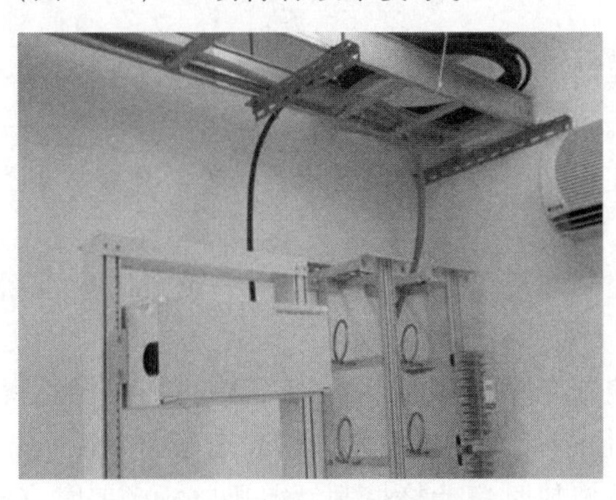

图 6-39 光缆在楼内的敷设

1）高层建筑。如果本楼有弱电井（竖井），且楼宇网络中心位于弱电井（竖井）内，则光缆应沿着在弱电井（竖井）敷设好的垂直金属线槽敷设到楼宇网络中心；否则（包括本楼没有弱电井或竖井的情况）应将光缆沿着在楼道内敷设好的垂直金属线槽敷设到楼宇网络中心。

2）光缆固定。在楼内敷设光缆时可以不用钢丝绳，如果沿垂直金属线槽敷设，则只需在光缆路径上每两层楼或每 35 英尺（约 10.67m）用缆夹吊住即可。如果光缆沿墙面敷设，只需每 3 英尺（约 0.91m）系一个缆扣或装一个固定的夹板。

3）光缆的余量。由于光缆对质量有很高的要求，而每条光缆两端最易受到损伤，所以在光缆到达目的地后，两端需要有 10m 的余量，从而保证光纤熔接时将受损光缆剪掉后不会影响所需要的长度。

4）光缆的敷设规范应满足以下条件。

① 长度及整体性：每条光缆长度要控制在 800m 以内，而且中间没有中继。

② 光缆最小安装弯曲半径：在静态负荷下，光缆的最小弯曲半径是光缆直径的 10 倍；在布线操作期间的负荷条件下，如把光缆从管道中拉出来，最小弯曲半径为光缆直径的 20 倍。对于 4 芯光缆，其最小安装弯曲半径必须大于 2 英寸（5.08cm）。

③ 安装应力：施加于 4 芯/6 芯光缆最大的安装应力不得超过 100 磅（45kg），在同时安装多条 4 芯/6 芯光缆时，每条光缆承受的最大安装应力应降低 20%。例如，对于 4×4 芯光缆，其最大安装应力为 320 磅（144kg）。

④ 光纤跳线的安装拉力：光纤跳线采用单条光纤设计，双跨光纤跳线包含两条单光纤，它们被封装在一根共同的防火复合护套中。这些光纤跳线用于把距离不超过 100 英尺（约 30.48m）的设备互连起来。光纤跳线可分为单芯纤软线和双芯纤软线，其中单芯纤软线最大拉力为 27 磅（12.15kg），双芯纤软线最大拉力为 50 磅（22.5kg）。

5）光缆搬运及敷设要点。

① 光缆在搬运及储存时应保持缆盘竖立，严禁将缆盘平放或叠放，以免造成光缆排线混乱或受损。

② 短距离滚动光缆盘应严格按缆盘上标明的箭头方向滚动，并注意地面平滑，以免损坏保护板而伤及光缆。光缆禁止长距离滚动。

③ 光缆在装卸时宜用叉车或起重设备进行，严禁直接从车上滚下或抛下，以免损坏光缆。

④ 敷设时应严格控制光缆所受拉力和侧压力，必要时应重新查询光缆相关机械强度指标。

⑤ 敷设时应严格控制光缆的弯曲半径：施工中弯曲半径不得小于光缆允许的动态弯曲半径，定位时弯曲半径不得小于光缆允许的静态弯曲半径。

⑥ 光缆穿管或分段施放时应严格控制光缆扭曲，必要时宜采用倒“8”字形方法，使光缆始终处于无扭状态，以去除扭绞应力，确保光缆的使用寿命。

⑦ 光缆接续前应剪去一段长度，确保接续部分没有受到机械损伤。

⑧ 光缆接续过程应采用 OTDR 检测，对接续损耗的测量，应采用 OTDR 双向测量取算术平均值方法计算。

06 建筑群主干光纤熔接。

光纤熔接方法在本项目任务 6.3 已经详细介绍，这里不再重复讲述，只作简单叙述。

1）把光纤从光缆中拔出并做以下处理。

① 把长约 1m 的带状光纤除去其松套管。

② 用中性溶剂除去缆膏。

③ 将带状光纤放在光带夹具内，保持其清洁，夹力良好。光带夹具要选择适当，其宽度和厚度应根据带状光纤的芯数及带状光纤的处理方式而定。一般包覆型带状光纤的厚度约为 400μm，黏边型带状光纤的厚度约为 300μm，带状光纤在光带夹具中的伸出长度一般为 30mm，保证在切割后有 10mm 裸光纤。

2）光纤的基材和光纤涂层是用热剥离法去除的，将光纤按以下剥离程序剥离。

① 把在光带夹具里的带状光纤放进热剥离器（又称加热剥离钳）内 5～8s，其时间长短根据带状光纤的基材与光纤涂层而定。

② 光纤被剥离后，在光纤表面可发现少量的剩余涂层材料，应用无棉絮纸巾和大于 99%纯度的酒精进行清洗。

3）切割光纤。

光纤的切割质量是保证低熔接损耗的重要因素。要保持切割刀的良好性能，切割刀的 V 形槽和光纤表面必须保持十分清洁，切割后的光纤端面角度小于 1°，切割长度为 10mm。

4）光纤熔接过程。

① 光纤放在 V 形槽内，预熔电弧烧掉光纤表面杂质，检查光纤端头。

② 熔接。

③ 接续前检查和测试熔接机电弧强度，寻找最佳接续条件，计算熔接损耗估算值（估算值是根据光纤间端面距离、光纤端面角度和光纤包层外径的对位来计算的）。

5）熔接后对光纤进行机械保护。

① 将套在熔接点上的套管放入熔接机所附的加热器槽内时，套管中的支撑棒应安放在下面。

② 将经过熔接点加强保护后的光纤安装在接头盒内。

③ 将光纤与 ST 头进行熔接，然后与耦合器共同固定于光纤端接箱上。光纤跳线一头插入耦合器，另一头插入交换机上的光纤端口，如图 6-40 和图 6-41 所示。

图 6-40 光纤熔接到光纤配线架中

图 6-41 光纤配线架安装到机架中

小 结

本项目主要内容包括建筑群主干光缆布线的设计、建筑群主干光缆的布线方案，以及光缆的敷设和端接方法。

实 训

1. 光缆施工

1）查看已敷设好的某建筑群主干光缆，对架空、管道和直埋光缆有个直观印象。
2）如果条件允许，动手敷设室外光缆。

2. 熔接光缆

1）学会使用光纤熔接工具。
2）练习熔接光缆。

3. 思考与练习

1）建筑群主干光缆布线设计的要求有哪些？
2）建筑群主干光缆布线的主要特点和建设原则是什么？
3）建筑群主干光缆布线的设计步骤是什么？
4）建筑群主干光缆布线方案有哪些？
5）简述光缆的组成和分类。
6）架空光缆施工的步骤和特点是什么？
7）管道光缆施工的步骤和特点是什么？
8）直埋光缆施工的步骤和特点是什么？
9）光缆接续的方法有哪几种？

项目 7 设备间的布线施工

项目背景

张工完成了建筑群主干光缆的布线施工，根据施工方案，下一步将对设备间进行布线施工。学校网络中心在行政大楼的第三层，主设备间设置在学校网络中心。每栋大楼都应当根据实际情况在合理位置设置设备间。设备间是集中安装网络设备、通信设备和主配线架，并进行网络管理和布线维护的场所，通常位于建筑物的中间位置。

项目说明

本项目主要介绍设备间的设计原则、设备间布线方案、设备间的防护和设备间光缆发生故障时的处理方法，并以一个设备间布线施工实例，说明设备间布线施工的实际过程。设备间通常放置核心的网络设备，有时还有服务器和网络安全设备等，它们对设备间环境的要求较高。良好的环境能保证所有设备的长效运转。

能力目标

1）了解设备间的设计方法。
2）熟悉设备间的布线方案。
3）掌握设备间防护系统的设计方法。
4）掌握设备间光缆故障的处理方法。
5）了解设备间布线施工的实际过程。

任务 7.1 设备间的设计

任务目标

了解设备间的设计方法。

任务说明

设备间通常是放置网络设备和其他重要设备的场所。这些设备是网络的核心，它们运转的好坏直接影响网络的整体性能。因此，在设计设备间时要充分考虑如何保障这些设备良好长久地运行。

相关知识

1. 选择设备间的位置

设备间是网络布线中的重要部分，它是建筑物间主干布线和楼内布线的交汇点。因此，设备间位置的选择极为重要，通常要考虑以下几个因素。

1）设备间应设在干线综合体的中间位置。

2）设备间应靠近建筑物线缆引入区和网络接口。

3）设备间应位于服务电梯附近，便于装运大型设备。

4）设备间应尽量远离高强振动源、强噪声源、强电磁场干扰源和易燃易爆源。

5）设备间的位置应选择在环境安全、干燥通风、清洁且便于管理维护的地方。

6）设备间的位置应便于安装接地装置和消防装置。

2. 设备间对环境的要求

设备间是存放公用设备和管理设备的场所。对于一些价值昂贵的设备来说，环境的好坏直接影响其使用寿命。因此，对设备间的环境问题要慎重对待。影响设备间环境的因素主要有以下几个。

（1）温度和相对湿度

网络设备是由电子元件构成的，为了能使其稳定、可靠地工作，对设备间的温度和相对湿度有一定要求。一般将温度和相对湿度分为 A、B、C 三级，设备间可按某一级，也可按某几级综合执行，如表 7-1 所示。

表 7-1 温度和相对湿度

项目	A 级指标	B 级指标	C 级指标
温度/℃	22±4（夏季） 18±4（冬季）	12～30	8～35
相对湿度/%	40～65	35～70	30～80

设备间的温度、湿度和尘埃对微电子设备的正常运行及使用寿命都有很大影响，过高的室温会使元件失效率急剧增加，使用寿命下降；过低的室温又会使磁介质等发脆，容易断裂。温度的波动会产生“电噪声”，使微电子设备不能正常运行。相对湿度过低，容易产生静电，对微电子设备造成干扰；相对湿度过高，会使微电子设备内部焊点和插座的接触电阻增大。尘埃或纤维性颗粒积聚，滋生的微生物易腐蚀导线。所以，在设计设备间时，除了按《计算机场地通用规范》（GB 2887—2011）执行外，还应根据具体情况选择合适的空调系统。

设备间的室温主要由以下几个方面产生。

1）设备发热量。

2）设备间外围结构发热量。

3）室内工作人员发热量。

4）照明灯具发热量。

5）室外补充新鲜空气带入的热量。

计算出上述总发热量再乘以系数 1.1，就可以计算出空调负荷，据此选择设备间空调设备。

（2）尘埃

设备间内的尘埃标准依机器要求而定，主设备间内的尘埃粒径不小于 0.5μm 的尘埃个数应少于 18000 粒/cm^3。

（3）照明

设备间的普通照明在距地面 0.8m 处，照度不应低于 200lx。还应另设事故照明，在距地面 1.8m 处，照度不应低于 5lx。

（4）噪声

设备间的噪声应小于 70dB。如果长时间在 70～80dB 噪声环境下工作，不但影响人的身心健康和工作效率，还会造成人为的噪声事故。

（5）电磁场干扰

设备间内的无线电也会干扰场强，在频率为 0.15～1000MHz 的范围内磁场干扰强度应不大于 120dB，设备间内磁场干扰场强应不大于 800A/m。

（6）供电

设备间供电电源应满足下列要求。

1）频率：50Hz。

2）电压：380V/220V。

3）相数：三相五线制/三相四线制/单相三线制。

依据设备的性能，允许以上参数的变动范围如表 7-2 所示。

表 7-2 供电指标

项目	A 级指标	B 级指标	C 级指标
电压变动/%	−5～+5	−10～+10	−15～+10
频率变化/Hz	−0.2～+0.2	−0.5～+0.5	−1～+1
波形失真率/%	≤5	≤5	≤10
允许断电持续时间/ms	0～<4	4～<200	200～1500

设备用的配电柜应设置在设备间内，并应采取防触电措施。设备间内的各种电力线缆应为耐燃铜芯屏蔽的线缆。各电力线缆（如空调设备、电源设备所用的线缆等）、供电线缆不得与双绞线走向平行。走向交叉时，应尽量以接近于垂直的角度交叉，并采取防延燃措施。各设备应选用铜芯线缆，严禁铜、铝混用。

（7）建筑物防火与内部装修

A 类建筑物的耐火等级必须符合《建筑设计防火规范》（GB 50016—2014）中规定的一级耐火等级。B 类建筑物的耐火等级必须符合《建筑设计防火规范》（GB 50016—2014）中规定的二级耐火等级。

与 A、B 类安全设备间相关的其余工作房间及辅助房间，其建筑物的耐火等级不应低于《建筑设计防火规范》（GB 50016—2014）中规定的二级耐火等级。

C 类建筑的耐火等级应符合《建筑设计防火规范》（GB 50016—2014）中规定的二级耐火等级。与 C 类设备间相关的其余基本工作房间及辅助房间，其建筑物的耐火等级不应低于《建筑设计防火规范》（GB 50016—2014）中规定的三级耐火等级。

内部装修：根据 A、B、C 三类等级要求，设备间进行装修时，装饰材料应符合《建筑设计防火规范》（GB 50016—2014）中规定的难燃材料或非燃材料，应能防潮、吸噪、不起尘、抗静电等。

（8）地面

为了方便表面敷设线缆和电源线，设备间地面最好采用抗静电活动地板，其系统电阻应为 1～10Ω。具体要求应符合《防静电活动地板通用规范》（SJ/T 10796—2001）标准。带有走线口的活动地板称为异形地板。其走线应做到光滑，防止损伤电线、线缆。设备间地面所需异形地板的块数可根据设备间所需引线的数量来确定。

设备间地面切忌铺地毯。其原因一是容易产生静电，二是容易积灰。

放置活动地板的设备间的建筑地面应平整、光洁、防潮、防尘。

（9）墙面

墙面应选择不易产生尘埃，也不易吸附尘埃的材料。目前大多数是在平滑的墙壁涂阻燃漆，或在平滑的墙壁覆盖耐火的胶合板。

（10）顶棚

为了吸噪及布置照明灯具，设备顶棚一般在建筑物梁下加一层吊顶。吊顶材料应满足防火要求。目前，我国大多数采用铝合金或轻钢作龙骨，安装吸声铝合金板、难燃铝塑板、喷塑石英板等。

（11）隔断

根据设备间放置的设备及工作需要，可用隔断将设备间隔成若干个房间。隔断可以选用防火的铝合金或轻钢作龙骨，安装 10mm 厚的玻璃；或从地板面至 1.2m 处安装难燃双塑板，1.2m 以上安装 10mm 厚的玻璃。

（12）消防

A、B 类设备间应设置火灾报警装置。在机房、基本工作房间、活动地板下、吊顶地板下、吊顶上方、主要空调管道及易燃物附近部位应设置烟感和温度探测器。

A 类设备间内设置卤代烷 1211 或 1301 自动灭火系统，并备有手提式卤代烷 1211 或 1301 灭火器。

B 类设备间在条件许可的情况下，应设置卤代烷 1211 或 1301 自动灭火系统，并备有手提式卤代烷 1211 或 1301 灭火器。

C 类设备间应设置手提式卤代烷 1211 或 1301 灭火器。

A、B、C 类设备间除禁止放置纸介质等易燃物质外，还禁止使用水、干粉或泡沫等易产生二次破坏的灭火剂。

任务 7.2 设备间布线方案的设计

任务目标

熟悉设备间的布线方案。

任务说明

学习设备间内线缆的敷设方式，主要有活动地板、地板或墙壁内沟槽、预埋管路、机架走线架等方式。

相关知识

1．活动地板方式

这种方式是指线缆在活动地板下的空间敷设的方式。由于地板下空间大、线缆容量、路由自由短捷、节省线缆费用，线缆敷设和拆除均简单方便，能适应线路增减，有较高的灵活性，便于维护管理。但该方式造价较高，会减少房屋的净高，对地板表面材料也有一定要求，如耐冲击性、耐火性、抗静电、稳固性等要求。活动地板敷设方式目前有两种：正常活动地板，高度为 300～500mm；简易活动地板，高度为 60～200mm，一般在建筑建成后装设。活动地板方式是设备间布线最常用的方式。

2．地板或墙壁内沟槽方式

这种方式是指线缆在建筑物中预先建成的墙壁或地板内沟槽中的敷设的方式。沟槽的横截面尺寸大小根据线缆容量来设计，上面设置盖板保护。该方式造价低，便于施工和扩建。但由于沟槽方式是预先制成的，因此在使用中会受到限制，线缆路由不能自由选择和变动。

3．预埋管路方式

这种方式是指在建筑物的墙壁或楼板内预埋管路的敷设方式，其管径和管的根数依据线缆需要来设计。采用这种方式，穿放线缆比较容易，维护、检修和扩建均方便，造价低廉，技术要求不高，是一种最常用的方式。但预埋管路必须在建筑施工中决定，线缆路由受管路限制，不能变动，所以使用中会受到一定限制。

4．机架走线架方式

这种方式是指在设备机架上沿墙安装走线架或槽道的敷设方式。走线架或槽道的尺寸依据线缆多少来设计，它不受建筑设计和施工的限制，可以在建成后安装，便于施工和维护。机架上安装走线架或槽道时，应结合设备的结构和布置来考虑，在净高较低的建筑中不宜使用。

设备间内线缆的各种敷设方式的优、缺点比较如表 7-3 所示。

表 7-3　设备间内线缆几种敷设方式的比较

方式	优点	缺点
活动地板	① 不改变建筑结构 ② 地板下空间大，线缆容量和条数多 ③ 路由自由短捷，节省线缆费用 ④ 线缆敷设和拆除均简单方便，便于维护管理 ⑤ 有较高的灵活性，能适应线路增减变化	① 会减少房屋的净高 ② 造价较高，在经济上受到限制 ③ 对地板表面材料有一定要求，如耐冲击性、耐火性、抗静电 ④ 要求精确的敷设工艺，防止走动时移位
地板或墙壁内沟槽	① 沟槽内部尺寸较大，能容纳线缆条数较多 ② 便于施工和维护，也有利于扩建，造价较活动地板低	① 沟槽上有盖板，在地面上的沟槽不易平整，会影响人员活动，且不美观、不隐藏 ② 沟槽预先制成，线缆路由不能变动，难以适应变化 ③ 沟槽设计和施工必须与建筑设计和施工同时进行，在配合协调上较为复杂
预埋管路	① 不会影响房屋建筑结构 ② 穿放线缆比较容易，维护、检修和扩建均方便 ③ 造价低廉，技术要求不高	① 线缆改建或增设有所限制 ② 线缆路由受管路限制，不能变动 ③ 管路容纳线缆的条数少，设备密度较高的场所不宜采用
机架走线架	① 不受建筑的设计和施工限制，可以在建成后安装 ② 便于施工和维护，也有利于扩建，能适应今后变动的需要	① 线缆敷设不隐蔽、不美观（除暗敷外） ② 安装走线架（或槽道）较复杂，增加方式操作程序 ③ 安装走线架（或槽道）在层高较低的建筑中不宜使用

网络的组建离不开设备间，设备间不仅提供了网络的汇聚，通过核心层的交换路由设备将千百个离散的信息点汇聚到一起，而且设备间内通常放置如 WWW 服务器、Mail 服务器、VOD 服务器、数据库服务器等网络设备。

因此，当设备间的布线方案确定后，还要考虑交换机和服务器等网络设备的布局，它们直接影响网络线缆的路由走向。如果网络设备只有一两台，则可以找一个通风散热良好的地方，将信息点布置在其附近。但如果有十几台甚至几十台设备，就需要考虑如何放置这些网络设备，而且要保证这些设备能安全、稳定地工作。网络设备多了，还要考虑信息点位置的规划和数量的多少。

任务 7.3 设备间防护系统的设计

任务目标

掌握设备间防护系统的设计方法。

任务说明

设备间防护系统包括电磁屏蔽保护、防雷系统和接地系统。下面主要介绍设备间的电磁屏蔽保护、防雷系统和接地系统。

相关知识

1. 电磁屏蔽保护

互联网已经成为人们日常生活中必不可少的部分，越来越多的人利用网络进行沟通、工作，甚至使用网络银行进行购物。对于网络中的信息，其安全性和保密性显得尤为重要。除了对联网的计算机本身做好防护外，通过对设备间的电磁屏蔽保护建设，可以进一步保证数据信息的安全。

众所周知，计算机及网络设备在进行信息处理时会产生一定量的电磁泄漏，即电磁辐射。现在有一些专门探测电磁的设备，能在 1km 以外收集到计算机和网络设备的电磁辐射信息，并且能够区分不同终端辐射出的电磁信息。例如，“黑客”们利用电磁泄漏数据或搭线窃听等方式可截获机密信息，或通过对信息流向、流量、通信频度和长度等参数的分析，推测信息，如用户口令、账号等重要信息。

设备间是集中放置网络设备的地方，是放置重要数据交换设备甚至服务器设备的地方，网络中的大部分数据均会汇集到这些设备中进行数据交换。因此，设备间的电磁屏蔽建设对于保护数据安全、不被窃密有着举足轻重的作用。所以，设备间作为网络设备和信息汇聚的中心，应该有较好的安全措施来确保各类信息的安全。

“屏蔽”是用金属网或金属板将信号源包围，利用金属层阻止内部信号向外发射，同时也可以阻止外部的信号进入金属层内部。将这一技术应用到设备间，就有了现在的屏蔽机房（设备间）。根据设备间屏蔽性能的不同，可以将屏蔽机房划分为不同的级别，其中，C 级屏蔽机房的屏蔽性能最高。

若设备间按照 C 级屏蔽标准建设，整个机房四周应用金属钢板包围，包括地面和天花板，应建成屏蔽壳体。屏蔽壳体是屏蔽机房的主要组成部分。此外，屏蔽门是影响机房屏蔽效果的主要因素之一，按照开启方式的不同，可分为手动和电动两种。为使机房内部保持空气流通，还需要在屏蔽壳体上开窗，但必须安装符合相应标准的波导窗。波导窗的功能是保证空气流通的同时阻止电磁信号的泄漏。同样，机房内部的供电由外部电源通过滤波器接入机房，数据通过光缆波导管接入机房，语音等信号也通过相应的滤波装置接入机房内部，这样就可以保证数据的正常通信，同时也保证机房的屏蔽效果。基于成本的考虑，同时也因为光缆具有很好的传输性能，其穿过屏蔽壳体比双绞线穿过壳体所需要的花费低很多，所以可以加入相应的光电转换设备。

根据具体情况，还可以在机房内部加入数据加密设备，对传输的数据进行加密处理，这样即使数据被截获也是加密的信息。

另外，也可以根据机房的重要程度，添加 IDS 入侵检测系统、防火墙、门禁和视频监控系统等来提高安全性。

2. 防雷系统

随着网络技术的迅猛发展，设备间里的设备既多又昂贵。我国每年因雷击破坏建筑物内电气设备的事件时有发生，所造成的损失非常巨大。因此设备间的防雷设计就显得尤为重要。

雷电入侵电气设备的形式有两种，一种是直击雷，另一种是感应雷。直击雷是雷电直接击中线路并经过电气设备入地；感应雷是由雷闪电流产生的强大电磁场变化与导体感应出的过电压、过电流形成的雷击。两者都会造成浪涌过电压，从而对设备间的工作人员及设备造成非常严重的危害。根据雷击造成的原因，主要从以下两个方面采取防范措施对设备间的浪涌过电压进行防护。

（1）设备间外部防护

设备间的外部防护主要是指直击雷的防护，它是防雷技术的主要组成部分。其技术措施可分为接闪（使用避雷针、避雷带、避雷线等金属接闪器）、引下线、接地体和法拉第笼（通常情况下建筑已经做好）。

（2）设备间进出线缆的防护

设备间进出线缆主要是电力线路，它是引雷入室的主要途径。根据雷击现场调查，避雷整治、国内外资料以及相关的行业规范，对设备间的进出线缆要加强防护。设备间内电话主干线缆要用电话防雷保护端子来实现语音线路的防雷保护。

按照电源防雷保护规范要求，建议对整个配电系统实施三级防雷保护。大楼配电柜作为第一级防雷保护，在总配电柜和 UPS 设备配电柜内加第二级防雷保护，同时通过在设备间数据设备的供电接入点安装防雷插座实现第三级防雷保护，防止剩余浪涌通过前一级防雷保护后对设备造成破坏。三级防雷保护技术可有效地将线缆上的过电流对设备的雷击破坏进行冗余抵消、分流，从而对设备间设备提供进一步的保护。

3. 接地系统

设备间的接地系统是设备间建设中的一项重要内容。它主要包括交流工作接地、安全工作接地、直流接地（计算机设备中又叫逻辑接地）、防雷保护接地等。在综合接地系统中把变压器中性点及电气设备的工作接地、保护接地等所有接地与防雷连在一起，这种综合接地系统是一种特殊的接地方法。为了限制雷击时电位的增加，共同接地的接地电阻应限制在 1Ω 以下；为了防止供电系统遭反击，应在供电系统的中心及可能发生供电系统反击的地方加装避雷器、保护隙等电压保护装置；同时，穿配线用的钢管和铠装线缆的金属外皮等接近防雷的地方应与接地系统连接起来，并妥善接地。等电位接地不但可以使建筑物和其内部设备的避雷能力大大提高，而且由于等电位连接对建筑物接地电阻要求比较严格，也可使得设备安全性得到可靠的保证。

> **小贴士**
>
> 设备间的防雷设计与施工一定要交给具有资质的单位或公司去做；否则一旦防雷设计达不到效果，会给设备的安全带来极大的隐患。地方气象局一般有专业的防雷设计与施工工作人员。

任务 7.4 处理设备间光缆网络故障

任务目标

掌握设备间光缆网络故障的处理方法。

任务说明

在设备间或配线间，光缆网络故障时有发生。对故障点迅速准确定位并采取正确的处理解决方法，可以降低网络故障带来的麻烦和损失。

实现步骤

01 检查光缆收发器或光模块的指示灯和网线端口指示灯是否亮。

1）如果光缆收发器的光口（FX）指示灯亮，需要确定光缆链路是否交叉连接，此时可将光缆收发器的光缆路线对调，观察指示灯有无反应。

2）如果 A 端光缆收发器的光口（FX）指示灯亮，B 端光缆收发器的光口（FX）指示灯不亮，则故障出在 A 端。一种可能是 A 端光缆收发器（TX）光信号发送端口已坏，因为 B 端光缆收发器的光口（RX）接收不到光信号；另一种可能是 A 端光缆收发器（TX）光信号发送端口的这条光缆链路有问题（光缆或光缆跳线可能断了）。此时应用好的光缆收发器和光缆跳线分别替换相应的光缆收发器和跳线，检查问题出在哪里。现实中光缆断裂的可能性不大，如果使用所有方法都不能解决问题，再考虑光缆断裂的可能性。

02 检查双绞线（TP）指示灯是否亮。

双绞线指示灯不亮，需要检查双绞线是否有错或连接有误（有些收发器的双绞线指示灯需要等光缆链路接通后才亮）。

03 检查光缆收发器端口。

有的光缆收发器有两个 RJ-45 端口：（To HUB）表示连接交换机的连接线是直通线；（To Node）表示连接交换机的连接线是交叉线。

04 检查光缆收发器侧面开关。

有的光缆收发器侧面有 MPR 开关，表示连接交换机的连接线是直通线方式。

有的光缆收发器侧面有 DTE 开关，表示连接交换机的连接线是交叉线方式。

05 检查光缆、光缆跳线是否已断。

1）光缆通断检测方法。用激光手电、太阳光、发光体对着光缆接头或耦合器的一头照光，在另一头看是否有可见光，如有可见光则表明光缆没有断。

2）光缆跳线通断检测方法。用激光手电、太阳光等对着光缆跳线的一头照光，在另一头看是否有可见光，如有可见光则表明光缆跳线没有断。

06 检查半/全双工方式是否设置有误。

有的光缆收发器侧面设置了 FDX 开关，表示全双工。

有的光缆收发器侧面设置了 HDX 开关，表示半双工。

07 用光功率计仪表检测。

光缆收发器或光模块在正常情况下的发光功率如下。

多模为-18～-10dB。

单模 20km 为-15～-8dB。

单模 60km 为-12～-5dB。

如果光缆收发器的发光功率为-45～-30dB，则可以判断这个光缆收发器有问题。

08 检查网络丢包是否严重，网速是否较以前慢。

1）检查光缆跳线与耦合器连接是否松动。

2）检查光缆跳线是否过度缠绕弯曲，是否小于光缆最小弯曲半径。

3）检查跳线本身质量是否有问题或跳线受损。

4）检查光缆收发器是否工作温度过高或不同光缆收发器之间兼容性差。

任务 7.5 设备间布线施工

任务目标

了解设备间布线施工的实际过程。

任务说明

本任务主要介绍设备间实际施工实例，从而使学生加深对设备间的设计方法、布线方案的理解和应用。

实现步骤

01 了解设备间接入概貌。

设备间子系统由设备间中的线缆、连接器和有关的支撑硬件组成。它的作用是把公共系统的各种不同设备互连起来。该子系统将中继线交叉连接处和布线交叉连接处与公共系统设备连接起来。设备间子系统还包括设备间和邻近单元（如建筑物的入口区）中的导线。这些导线将设备或避雷装置连接到有效建筑物接地点。设备间接入图如图 7-1 所示。

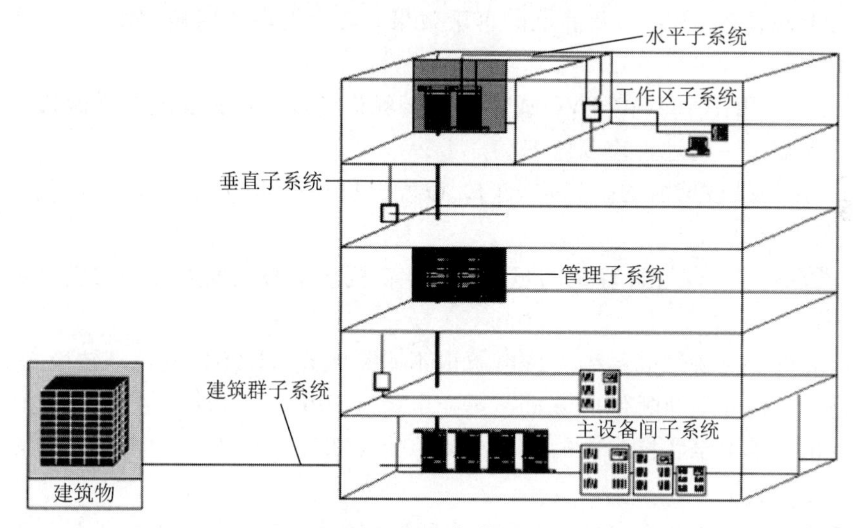

图 7-1 设备间接入图

02 确定设备间的布线方案。

1）确定设备间的位置。根据实际情况和实地考察，将学校的网络中心设置在行政大楼的第三层作为学校的主设备间。当然每一栋大楼都应有设备间，应当根据实际情况在合理位置设置设备间。整个主设备间子系统包括位于行政大楼三层的网络总配线间，总配线间向各大楼星形敷设室外单模光缆，同时也管理连到本座楼各楼层的数据光缆主干。

2）确定设备间的材料及设备。室内外光缆全部采用光纤配线架管理，可以通过相应的光纤跳线接到光交换机上，并且可以安装在 19 英寸（48.26cm）的机架上。数据总配线间机柜采用 19 英寸标准 42U 型机柜安装，并配有网络设备专用配电电源及风扇，可将设备间网络设备一同放置其中。此种安装模式具有整齐美观、可靠性高、防尘、保密性好、安装规范的优点。

03 确定设备间的装修方案。

1）装饰部分。

装饰材料应符合计算机机房设计规范的要求，选用气密性好、不起尘、易清洁，并经长期使用变形小的材料，平面布置应满足计算机工艺要求，工艺流程应合理，具体设计如下。

① 天花板：计算机网络中心机房天花板统一采用 600mm×600mm 铝合金微孔天花板以轻钢龙骨安装，龙骨架构由槽形镀锌主骨及 T 形龙骨两层组成，槽形主骨由可调螺杆与建筑物楼板连接，承载整个天花板的重量，并起到精确调整天花板的作用。T 形龙骨由专用挂件固定于槽形主骨上，用于夹紧天花板。此种天花板安装工艺适用于对平面一致性要求高、需要装拆检修以及对气密性、隔音效果等有较高要求的场合。

② 地板：机房选用防静电活动地板，配以带可调风量格栅的风口板。地板下进线，走线槽、线管，需要增减线缆时可方便操作。

③ 墙面：主机房室内墙身采用铝塑板材料，该装饰材料美观耐用、防火、便于清洁。铝塑板以轻钢龙骨-石膏板结构作衬底安装，铝塑板金属面全部由导线连接到接地点，以达到良好的电磁辐射（EMI）及静电的屏蔽效果。其他机房选用轻钢龙骨-石膏板结构外涂防静电漆。

④ 脚线：采用 100mm 高 PVC 或铝塑板脚线作装饰，其底部应有微微弧度，使其不易藏尘，并且周边活动地台容易打开。

⑤ 门：采用带玻璃窗的金属防火门，以配合机房整体防火指标。

2）电气部分。

① 主电源：为了保证计算机的可靠运行，在机房中必须建立良好的供电系统。本工程供电分两部分。

- 计算机主设备供电系统。该电源由不间断电源（UPS）及自动转换开关（ATS）提供，建立不间断供电方式，主配电柜（MPB）、UPS 及 ATS 设在配电室，由专用线缆引至各机房内的电源分配单元（PDU），供连接计算机主设备的专用插座使用。
- 计算机辅助设备供电（如空调、照明维修等），由主配电柜分别引至各机房内的高压配电柜（PDG），供机房空调、照明及其他插座用。另预留三路 30A/380V/50Hz 开关作备用。

② 配电：本工程 380/220V 50Hz 的低压配电系统采用 TN-S 系统（即三相五线制/单相三线制）以实现强弱电设备无电流安全保护接地。电气部分是计算机机房的核心部分，直接关系到计算机设备能否安全可靠地运行，因此本设计中全部动力开关及用电插座均选用可靠的品牌产品，共设主配电柜 1 个，电源分配单元及高压配电柜各 1 个。

3）机房配电系统。

- 机房照明及其他办公设备预计共 5kW。
- 计算机设备用电 5kV · A。
- 消防设备和其他设备用电 3kW。

本工程需要建设单位提供三相 30kW（供电作为本项目机房的运行电源）。

① 灯具：机房照明采用国产不锈钢格栅灯具，配某品牌灯管，嵌入式安装；监控机房采用嵌入式筒灯配某品牌节能灯管。这类灯具功率因数可以达到 0.95，耗电少、散热好、寿命长，且发光效率高、美观大方。主机房照度为 400～500lx，监控室照度约为 300lx。另设有自带逆变器的事故照明灯盘，保证在出事故时有 5lx 左右的照度为停机及疏散用。

② 接地：机房专用接地装置，必须符合计算机设备的使用要求（在计算机房楼下安装一组专用接地装置，要求其接地电阻小于 1Ω）。另外，在计算机房活动地板下面安装一个接地网，接地网采用一条 30mm×3mm 的铜带安装（对中性线电压 0.1V）。至于安全保护地，可利用大楼本身的保护接地。

③ 材料：机房计算机主设备供电采用金属镀锌电线槽及专用钢塑电力线缆安装，其他电气设备均采用难燃电线安装，并安装镀锌电线槽及镀锌金属电线管。计算机房的其他线槽，要严格执行电气安装有关规定，不同回路、不同电压的线种安装在不同的金属线槽及专用的电线管道上。

4）空调系统。

计算机房场地要达到恒温恒湿 [(22℃ ±2℃) /RH (50%±10%)] 及洁净度（尘埃个数少于 100000 粒/m^3）的要求。

根据本项目情况，总机房内已安装有中央空调，所以总机房内就不再加装独立空调，但应经常对中央空调主机进行清理，对总机房温度进行调节，提高可靠性。

5）设备防雷。

考虑到设备用电安全，在设备配电前端加装防雷器一个，可防止部分直击雷击和间接雷击及感应雷的破坏。在网络系统交换机处安装一台网络专用浪涌保护器。

PROTEC B2 防雷器：用于 OB-1 或 1-2 防雷区的保护。安装于主配电屏或分配电屏中，尽可能靠近被保护的设备。插拔式结构，一旦损坏可保留底座，只需更换模块。可选配遥控信号触点，快速响应时间，低残压等级。

LZ24NET19 网络专用浪涌保护器：用于单台或多台计算机网络的过电压信号浪涌保护器，防止静电、闪电产生的过电压及来自电源开关转换和大电流消耗的高电压。

设备间施工时，应按照设备间施工图对设备间施工。施工时应该结合设备间的各间走线进行综合考虑，如图 7-2 和图 7-3 所示。

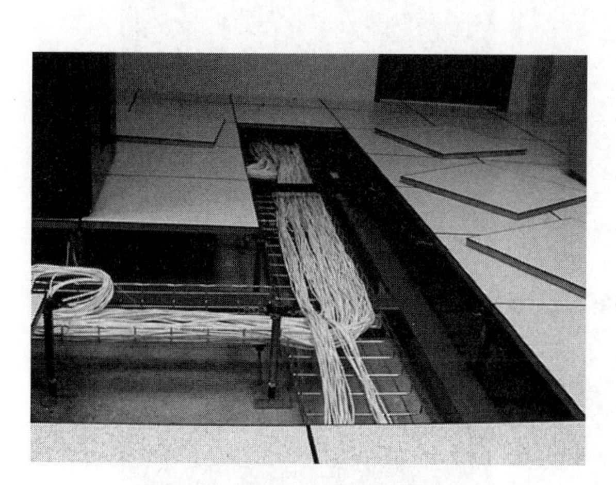

图 7-2 地板下线缆走线

图 7-3 线缆布线施工

04 设备间的安装。

在完成设备间的布线和设备间的装修后，接着完成设备间的设备上架、线缆的端接等工作。施工过程如下。

1）根据机架安装大样图，将各种配线架和网络设备安装到机柜中，如图 7-4 所示。

图 7-4 设备上架

2）各种配线架和设备安装到机柜之后，将线缆端接到配线架中，并且规范地做好机柜内线缆的走线和理线，如图 7-5 所示。

图 7-5 线缆端接和理线

3）线缆端接完成后，必须保持设备间的干净整洁，各种线缆扎线要整齐。设备间最终安装效果如图 7-6 所示。

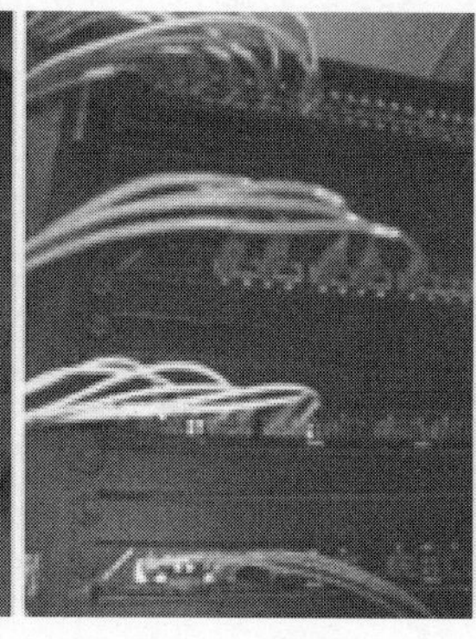

图 7-6 设备间最终安装效果

小 结

设备间是集中安装网络设备、通信设备和主配线架，并进行网络管理和布线维护的场所。本项目主要让学生了解设备间的设计原则和要求、设备间的布线方案、设备间的防护系统设计及光缆网络故障排除方法，最后通过设备间的施工实例及现场布线实施加深对此部分内容的理解和认识。

实 训

1. 学习设备间的布线施工方法

1）察看设备间的位置情况。
2）亲身感受设备间的环境。
3）学习设备间的布线方案。

2. 思考与练习

1）设备间位置的选择要考虑哪些因素？
2）对设备间环境的要求有哪些？
3）对设备间大小和楼板负荷的要求有哪些？
4）设备间布线方案有哪几种？
5）设备间的防护内容有哪些？

8 项目　测试与验收综合布线工程

项目背景

综合布线工程的竣工验收必须经过严格的测试。测试也是鉴定综合布线工程各建设环节质量的重要手段，其相关的测试结果、测试资料也将作为验收文档保存。实践统计分析表明，网络系统发生故障时，约 70%是布线工程的质量问题。工程质量是否达到了设计要求，必须通过测试检验，施工项目的测试结果是评价工程质量好坏的唯一标准。施工项目测试的主要内容是检查工程施工是否达到工程设计的预期目标，网络线路的传输能力是否符合标准。只有通过专业的测试设备和检测方法得到合格的专业测试数据，才能说明项目合格。

项目说明

以综合布线链路标准为依据，对校园网络综合布线系统的布线链路进行测试。目前，综合布线系统中主要是 5e 类布线系统和 6 类布线系统。本项目以永久链路与信息通道链路两种测试方法完成现场认证测试。主要利用 FLUKE 网络测试仪进行永久链路测试、通道测试、光缆链路测试，然后对网络布线工程进行验收。

能力目标

1）了解测试的类型。

2）熟悉测试过程与验收标准。

3）掌握测试中应注意的问题和测试工具的使用。

4）掌握永久链路和通道链路两种测试方法。

5）掌握光缆链路测试的主要方法。

6）掌握网络布线工程验收的主要项目及验收要求。

任务 8.1 永久链路测试

任务目标

掌握永久链路测试的场合、测试步骤及测试结果的处理方法。

任务说明

永久链路一般是在建筑物的主体工程完工后第一个开始施工的项目，在室内装修工程开始前要求全部完成并通过竣工验收测试。在测试的过程中，要重点关注选取的测试标准、线缆的安放位置、两端模块的施工质量等。由于永久链路的特殊性，所以测试的严格度及施工工艺要求都非常高。

在永久链路的测试标准中，重点关注的参数有接线图、插入损耗、NEXT、RL 等。

相关知识

1. 永久链路

当工程集成商（工程施工方）进行综合布线系统工程施工时，通常安装的都是模块到模块的传输链路。也就是从机房的配线架后引一条线缆，走天花板、墙孔或者地槽等路径，最终到达用户区的信息面板上。这样的链路在后期的实际使用过程中，甚至整个布线系统的寿命终结时，通常都不会有人对此进行改动，因此被称为永久链路。

2. 接线图

综合布线工程中的线缆通常也被称为双绞线，是由 8 根细线（4 个线对）所组成。这 8 根细线由不同的颜色进行标识，为白橙、橙、白绿、绿、白蓝、蓝、白棕、棕。而且这 8 根细线只能按照两种次序进行排列，分别如下。

1）EIA/TIA T568-A：1-白绿、2-绿、3-白橙、4-蓝、5-白蓝、6-橙、7-白棕、8-棕。

2）EIA/TIA T568-B：1-白橙、2-橙、3-白绿、4-蓝、5-白蓝、6-绿、7-白棕、8-棕。

这样的接线次序称为接线图。

如果不按照这种标准的接线次序，则无法统一参与施工人员的接线工程，最终使得整个布线系统根本无法被使用。即使所有的工程都是由一个人完成，也会直接导致整个工程在验收测试时不合格。

3. 插入损耗

信号在线缆中传输时，线缆本身会对电信号起到一个逐渐衰减的作用，传输的距离越长，电信号衰减的幅度越大。这样的现象叫插入损耗。

当电信号传输到线缆两端的接头或者模块上时，同样会发生信号的衰减，也属于输入损耗。

当插入损耗过大时，电信号在传输的过程中会被直接衰减到消失，或者在传输到终点时无法被设备所识别，线缆无法完成信号的传输功能。

4. NEXT（近端串扰）

线缆中的 8 根细线距离非常近，这样，当电信号在其中任意一根上传输时，由于物理学上的电磁感应现象，电信号会泄漏到其他的细线中，这种现象称为串扰。如果在发射端收集泄漏过来的电信号，则是“NEXT”，中文名称是“近端串扰”。

当 NEXT 过大时，会对相邻细线的传输造成干扰，甚至在相邻的细线中凭空产生一个无用的信号，这样必然会对正常电信号的传输造成非常大的干扰，严重时将导致线缆本身不可用。

5. RL（回波损耗）

线缆本身的电感、电容、电阻的大小等因素对电信号传输的影响称为特性阻抗。当以上这些因素保持不变时，则特性阻抗的数值也将保持不变，这称为阻抗一致或者匹配。而当发生改变时，特性阻抗的数值也将变化，这称为阻抗不一致或者不匹配。

电信号在线缆中沿着一个方向传输到阻抗不一致或者不匹配的位置点时，一部分电信号将会沿反方向进行传输，必然会对正常方向传输的电信号产生干扰，这种现象称为回波损耗。

RL 过大时，电信号无法被对端的设备识别，甚至被干扰消失。

6. 认证测试

在布线工程中，用户要求整个通信链路均合格。工程验收的一项重要内容就是要以链路标准对布线链路进行测试，符合标准的工程合格，不符合标准的不合格，并将这种测试称为认证测试。

实现步骤

01 首先明确所测试的链路是否为永久链路，然后选用 FLUKE 网络永久链路测试适配器，并将该适配器插在 FLUKE 机器上，打开电源，如图 8-1 和图 8-2 所示。

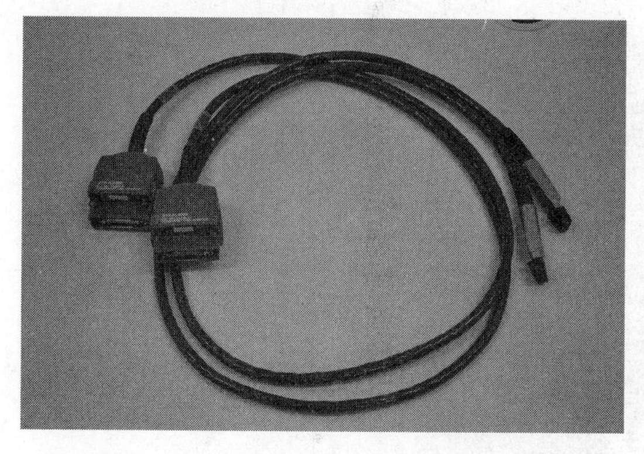

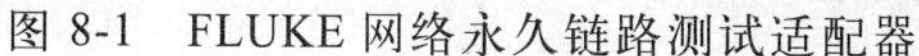

图 8-1 FLUKE 网络永久链路测试适配器

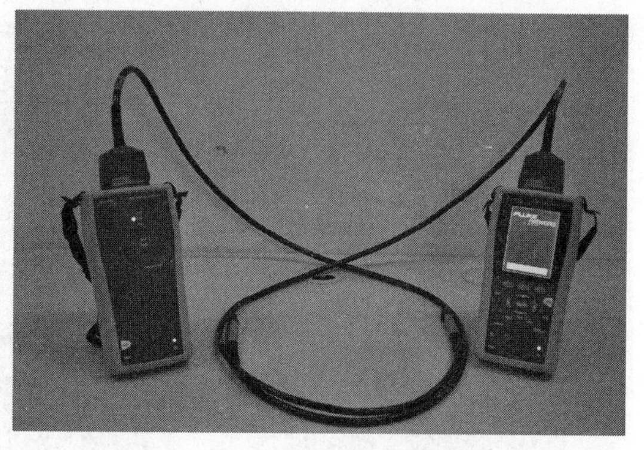

图 8-2 插好永久链路适配器

02 在专业的认证测试仪上选取对应的测试标准。通常参照的标准有 EIA/TIA 568C、GB 50312—2007 等，如图 8-3 所示。

03 当标准确认后，还应选取与标准对应的线缆类型。例如，5e 类的永久链路测试标准应选取 5e 类的线缆类型。

04 按“TEST”键进行测试，如图 8-4 所示。

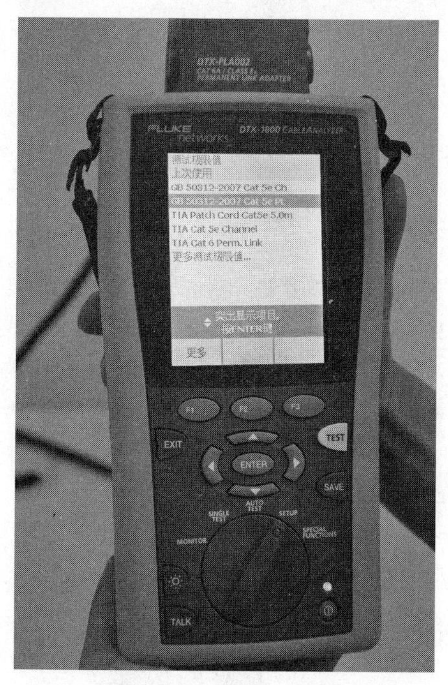

图 8-3 选用 GB 50312—2007 测试标准

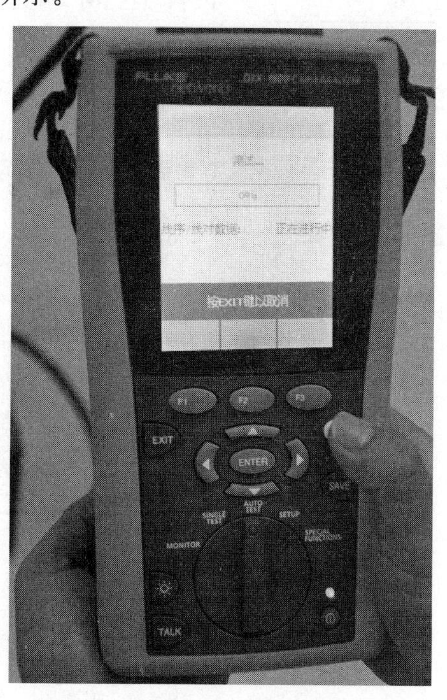

图 8-4 永久链路测试

05 当测试完成后，如果测试的结果优于所选取的测试标准，仪器将自动判断为“通过”，反之则为“失败”，如图 8-5 所示。

06 将显示为“通过”的结果进行保存，并在计算机上导出结果打印成报告，以备验收文档时提供或者竣工资料的整理，如图 8-6 所示。

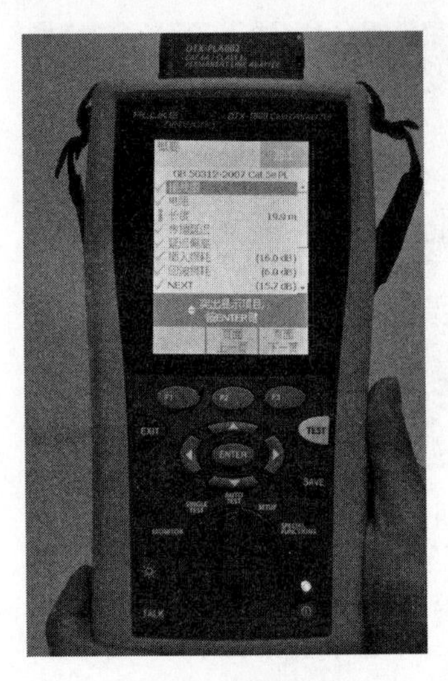

图 8-5 测试通过

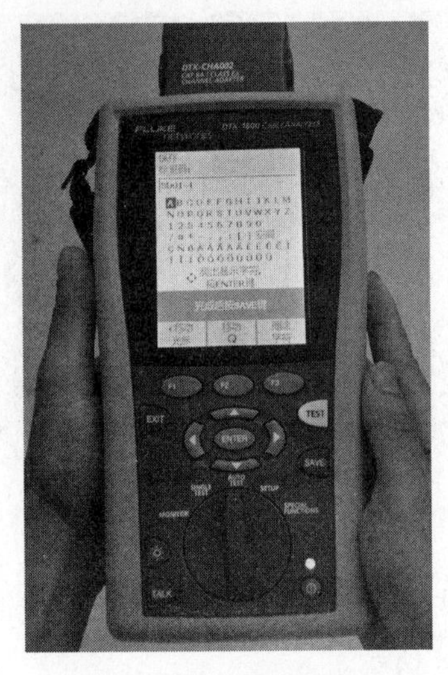

图 8-6 保存测试结果

小贴士

在本任务的实施过程中实现了永久链路的测试，在操作中应注意以下几点。

1）确认所测链路为永久链路。

2）测试标准、线缆类型和测试模块是否统一。

任务 8.2 工作区间通道链路测试

任务目标

掌握工作区间通道链路的测试方法。

任务说明

通道链路在 TIA 和 ISO 标准中是连接网络设备进行通信的完整链路，是包括配线间里连接网络设备的跳线，工作区中连接网络设备的跳线，以及连接配线架跳线的端到端的链路。如图 8-7 所示，在布线系统为网络应用提供服务时就需要端到端的性能保证，因此需要对整条布线链路进行端到端的通道（channel）认证测试。

➢ 实际使用中的链路

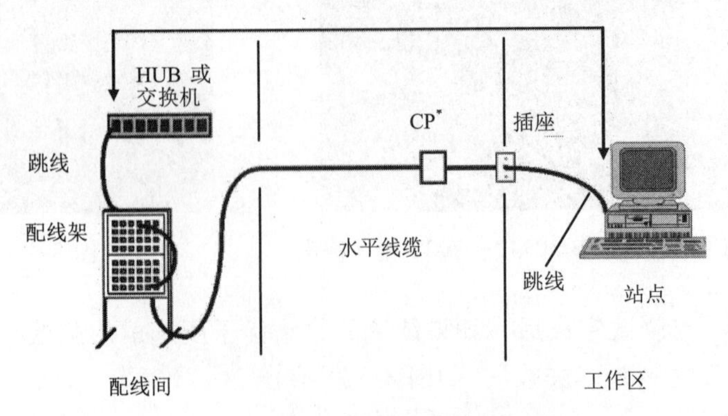

图 8-7 通道链路测试模型

* 固定连接点（可选的）。

相关知识

通道链路的故障类型及解决方法如下。

1. 线缆接线图未通过

线缆接线图的故障主要包括开路、短路、交叉等错误类型。开路、短路时，在故障点都会有很大的阻抗变化，对这类故障都可以利用 HDTDR 技术来进行定位。故障点会对测试信号造成不同程度的反射，并且不同故障类型的阻抗变化是不同的，因此测试设备可以通过测试信号相位的变化，以及信号的反射时延来判断故障类型和距离。当然，定位的准确与否还受设备设定的信号在该链路中的标称传输率影响。

2. 长度问题

长度问题的原因可能有：标称传输率设置不正确，可用已知长度的没有问题的线缆校准标称传输率；实际长度超长；设备连线及跨接线的总长过长。

3. 衰减

信号的衰减同很多因素有关，如现场的温度、湿度、频率、线缆长度和端接工艺等。在现场测试工程中，在线缆材质合格的前提下，信号衰减大多与线缆超长有关，通过前面的介绍很容易知道，对于超长链路可以通过 HDTDR 技术进行精确定位。

4. NEXT

产生原因：端接工艺不规范，如接头处双绞部分超过推荐的 13mm，造成了线缆绞结被破坏；跳线质量差；不良的连接器；线缆性能差；串绕；线缆间过分挤压；等等。无论它是发生在某个接插件还是某一段链路上，都可以利用 HDTDR 技术发现它们的故障位置。

5. RL

回波损耗是由于链路阻抗不匹配造成的信号反射。产生的原因：跳线特性阻抗不是 100Ω；线缆对因绞结而被破坏或存在扭绞；连接器不良；线缆和连接器阻抗不恒定；链路上线缆和连接器非同一厂家产品；线缆不是 100Ω 的线缆等。由于回波损耗产生的原因是由于阻抗变化而引起信号反射，所以可以利用针对这类故障的 HDTDR 技术（高精度时域反射技术）对故障进行精确定位。

实现步骤

01 安装 DTX 通道测试适配器（图 8-8），安装后的效果如图 8-9 所示。

02 连接被测链路。

通道测试使用原跳线连接仪表，将测试仪主机连接到配线架信息端口的跳线一端，远端主机连在被测链路工作区用户插座，如图 8-10 所示。

图 8-8 通道测试适配器

图 8-9 安装好通道测试适配器

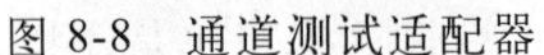

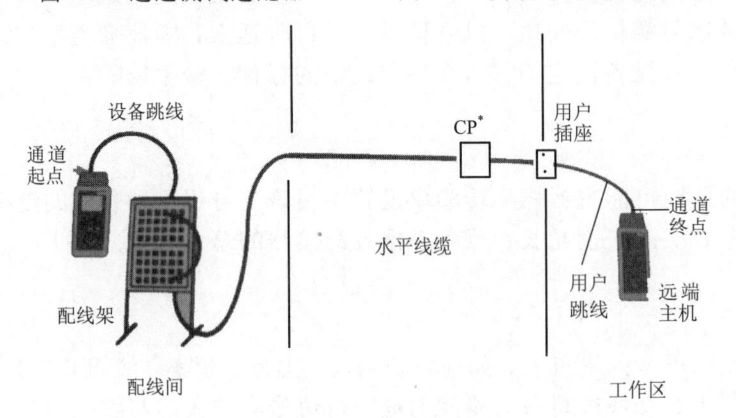

图 8-10 通道链路测试

* 固定连接点（可选的）。

03 设置 DTX 测试仪。

1）连接好测试仪后，按绿键启动 DTX，并选择中文或中英文界面。

2）设置测试仪的测试类型和标准。

① 将旋钮转至“SETUP”，如图 8-11 所示。

② 选择“Twisted Pair”。

③ 选择“Cable Type”。

④ 选择“UTP”。

⑤ 选择“Cat 5e UTP”，如图 8-11 所示。

⑥ 选择“GB 50312—2007 Cat 5e Ch 等”，如图 8-11 所示。

04 按“TEST”键进行测试，如图 8-12 所示。

05 当测试完成后，如果测试的结果优于所选取的测试标准，仪器将自动判断为“通过”，反之则为“失败”，如图 8-13 所示。

06 保存测试结果。在 DTX 测试中为测试结果规则命名，并保存结果。

1）通过 Link Ware 预先下载。

2）可以通过手动输入、自动递增、自动序列等方式命名。

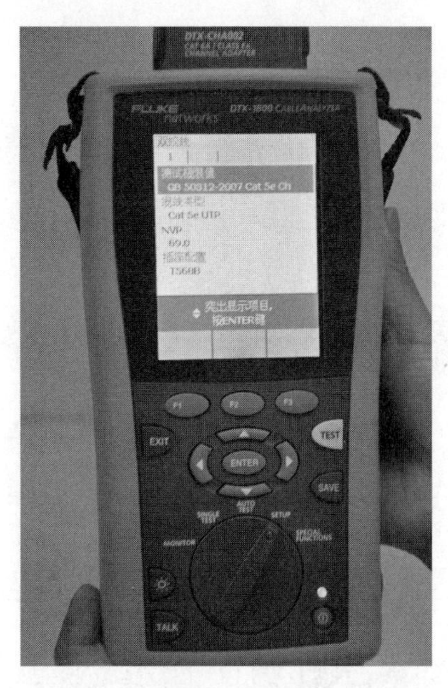

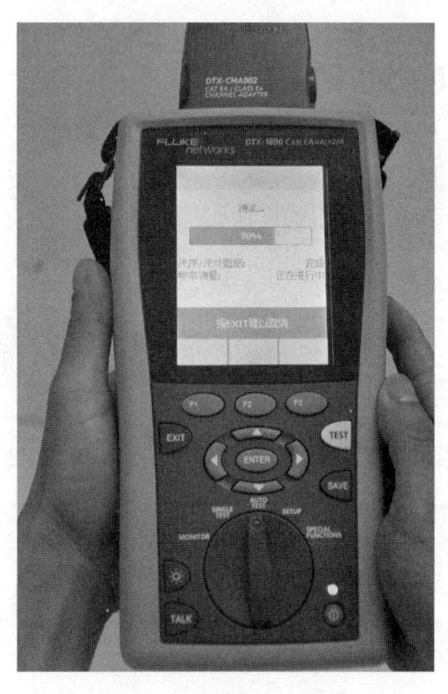

图 8-11　测试类型和标准设置　　　　图 8-12　通道测试

3）测试通过后，按“SAVE”键保存测试结果，结果可保存于内部存储器和 MMC 多媒体卡，如图 8-14 所示。

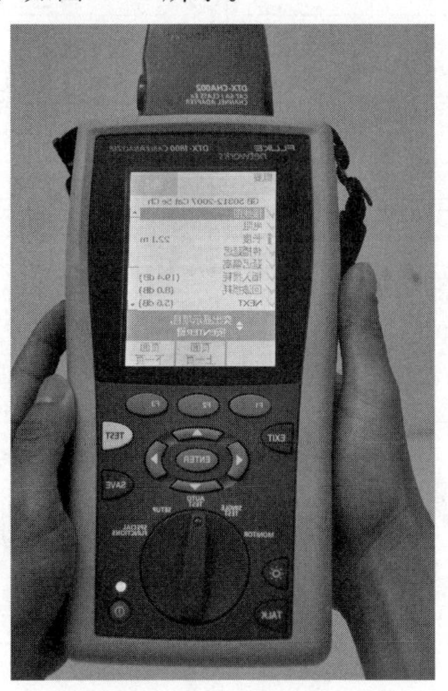

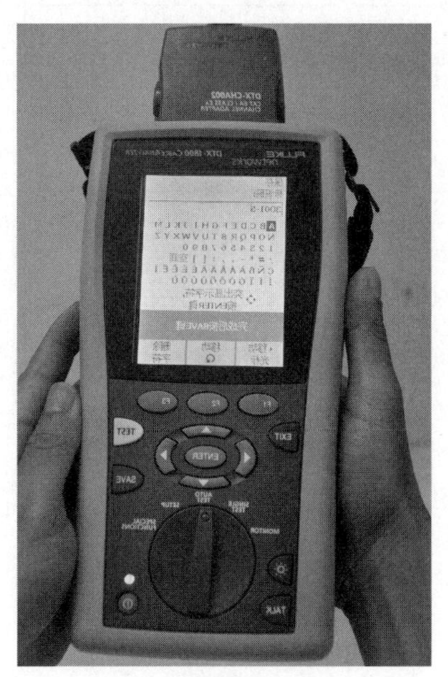

图 8-13　测试通过　　　　图 8-14　保存测试结果

07 将测试结果送管理软件 LinkWare。

当所有要测的信息点测试完成后，将移动存储卡上的结果送到安装在计算机上的管理软件 LinkWare 中进行管理分析。LinkWare 软件提供几种形式的用户测试报告，图 8-15 所示为其中一种。测试报告可从 LinkWare 打印输出，也可通过串口将测试主机直接连打印机打印输出。

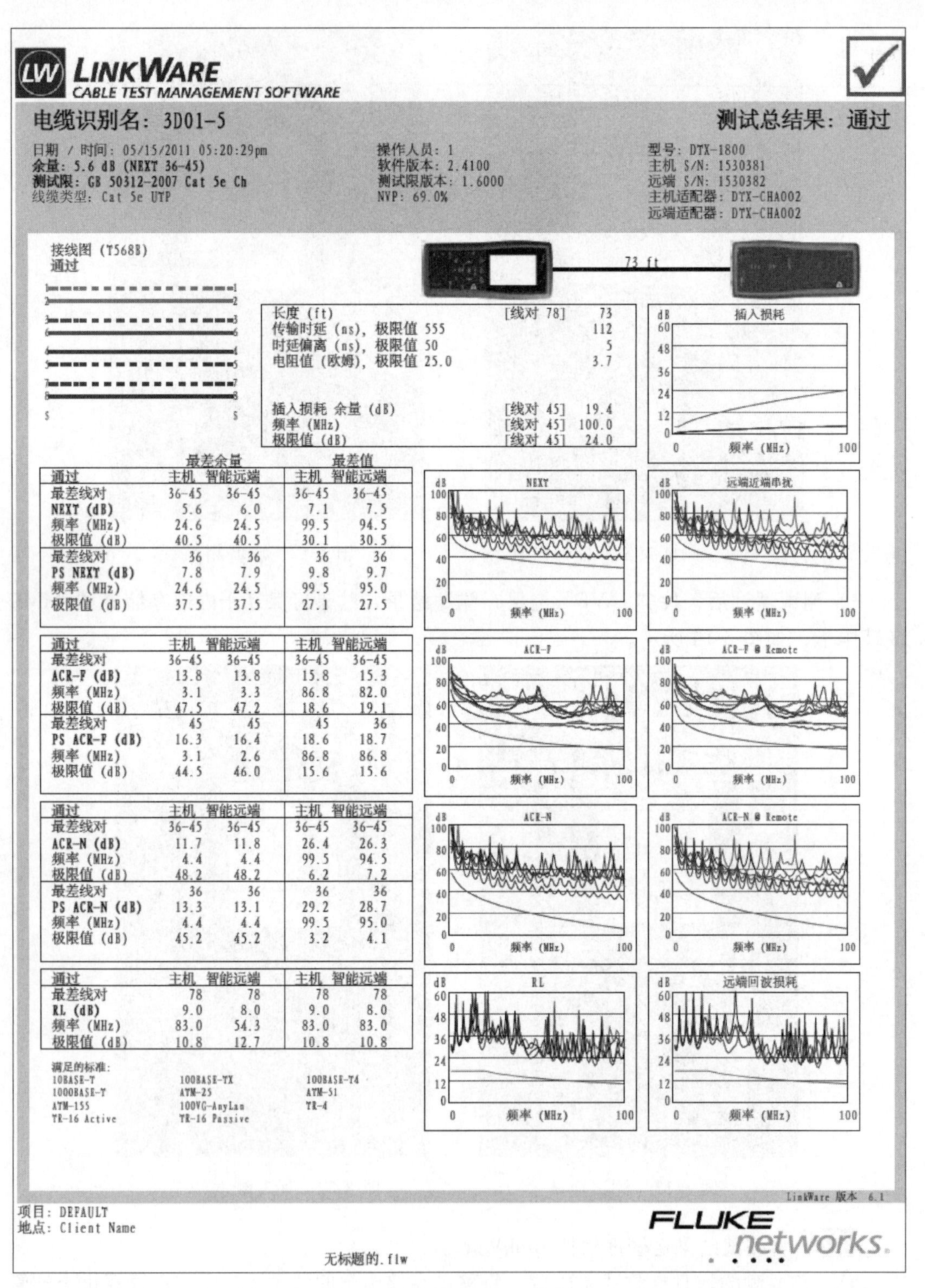

LINKWARE CABLE TEST MANAGEMENT SOFTWARE

电缆识别名：3D01-5　　测试总结果：通过

日期 / 时间：05/15/2011 05:20:29pm
余量：5.6 dB (NEXT 36-45)
测试限：GB 50312-2007 Cat 5e Ch
线缆类型：Cat 5e UTP

操作人员：1
软件版本：2.4100
测试限版本：1.6000
NVP：69.0%

型号：DTX-1800
主机 S/N：1530381
远端 S/N：1530382
主机适配器：DTX-CHA002
远端适配器：DTX-CHA002

接线图（T568B）
通过

73 ft

长度（ft）	[线对 78]	73
传输时延（ns），极限值 555		112
时延偏离（ns），极限值 50		5
电阻值（欧姆），极限值 25.0		3.7
插入损耗 余量（dB）	[线对 45]	19.4
频率（MHz）	[线对 45]	100.0
极限值（dB）	[线对 45]	24.0

	最差余量		最差值	
通过	主机	智能远端	主机	智能远端
最差线对	36-45	36-45	36-45	36-45
NEXT (dB)	5.6	6.0	7.1	7.5
频率（MHz）	24.6	24.5	99.5	94.5
极限值（dB）	40.5	40.5	30.1	30.5
最差线对	36	36	36	36
PS NEXT (dB)	7.8	7.9	9.8	9.7
频率（MHz）	24.6	24.5	99.5	95.0
极限值（dB）	37.5	37.5	27.1	27.5

通过	主机	智能远端	主机	智能远端
最差线对	36-45	36-45	36-45	36-45
ACR-F (dB)	13.8	13.8	15.8	15.3
频率（MHz）	3.1	3.3	86.8	82.0
极限值（dB）	47.5	47.2	18.6	19.1
最差线对	45	45	45	36
PS ACR-F (dB)	16.3	16.4	18.6	18.7
频率（MHz）	3.1	2.6	86.8	86.8
极限值（dB）	44.5	46.0	15.6	15.6

通过	主机	智能远端	主机	智能远端
最差线对	36-45	36-45	36-45	36-45
ACR-N (dB)	11.7	11.8	26.4	26.3
频率（MHz）	4.4	4.4	99.5	94.5
极限值（dB）	48.2	48.2	6.2	7.2
最差线对	36	36	36	36
PS ACR-N (dB)	13.3	13.1	29.2	28.7
频率（MHz）	4.4	4.4	99.5	95.0
极限值（dB）	45.2	45.2	3.2	4.1

通过	主机	智能远端	主机	智能远端
最差线对	78	78	78	78
RL (dB)	9.0	8.0	9.0	8.0
频率（MHz）	83.0	54.3	83.0	83.0
极限值（dB）	10.8	12.7	10.8	10.8

满足的标准：
10BASE-T　100BASE-TX　100BASE-T4
1000BASE-T　ATM-25　ATM-51
ATM-155　100VG-AnyLan　TR-4
TR-16 Active　TR-16 Passive

LinkWare 版本 6.1

项目：DEFAULT
地点：Client Name

无标题的.flw

FLUKE networks.

图 8-15　测试报告

任务 8.3 光缆链路测试

任务目标

掌握光缆链路性能测试。

任务说明

对安装好的光缆链路进行性能测试。光缆链路的性能测试包括连通性测试、衰减测试和故障定位测试。

对于光缆测试，分水平光缆链路与主干光缆链路两种情况进行测试。水平链路段中从设备间到工作区的光缆，根据 ANSI/TIA 568 B.1 标准的要求，应在一个方向使用 850nm 或 1300nm 的波长进行测试。不同设备间的主干光缆，根据 ANSI/EIA/TIA 568 B.1 标准的要求，应在一个方向使用 850nm 和 1300nm 两个波长进行测试。

同时，对于光缆链路测试，定义了两个级别的测试：Tire 1 测试长度与衰减，使用光损耗测试仪或 VFL 验证极性；Tier 2 为 Tier 1 再加上 OTDR，将链路的完好情况和故障状态以斜线或曲线的形式显示。这里只介绍用线缆分析仪进行一级测试的方法。

相关知识

1. 光时域反射计的工作原理

光时域反射计（OTDR3000）是通过被测光缆中产生的背向瑞利散射信号来工作的，测试的项目是光缆的长度、光缆衰耗、光缆故障点和光缆的接头损耗，它是检测光缆性能和故障的必备仪器。光缆自身的缺陷和掺杂成分的均匀性使它们在光子的作用下产生散射，如果光缆中（或接头处）有几何缺陷或断裂面，将产生菲涅尔反射，反射的强弱与通过该点的光功率成正比，这就反映了光缆各点的衰耗大小。

因散射光是向四面八方发射的，反射光也将形成比较大的反射角，即使只有微弱散射和反射光，它也能进入光缆的孔径角而反向传到输入端。假如光缆中断，就会从该点以后的背向散射光功率降到零。根据反向传输回来的散射光的情况，即可断定光缆的断点位置和长度。这就是光时域反射计的基本工作原理。

2. 测试光缆链路的 4 种方法

1）连通性测试。

2）端—端的损耗测试。端—端的损耗测试采取插入式测试方法，使用一台功率测量仪和一个光源，先将被测光缆的某个位置作为参考点，测试出参考功率值，再进行端—端测试并记录下信号增益值，两者之差即实际端—端的损耗值。

3）收发功率测试。收发功率测试是测定布线系统光缆链路的有效方法，使用的设备主要是光缆功率测试仪和一段跳接线。

4）反射损耗测试是光缆链路检修非常有效的手段。它采用光缆时间区域反射仪来完成测试，基本原理是利用导入光与反射光的时间差来测定距离，据此可以准确判定故障的位置。

3. 光缆链路测试标准

光缆链路布线标准对各种类型的光缆链路的长度和最大衰减、光缆连接点最大衰减给出了规定，测试时要根据被测光缆链路长度、光缆适配器个数和光缆熔接点的个数来测试和计算光缆链路是否符合标准，测试时每个测试点的衰减都必须符合标准。

（1）光缆

光缆每千米最大衰减（850nm 激光）	3.75dB
光缆每千米最大衰减（1300nm 激光）	1.5dB
光缆每千米最大衰减（1310nm 激光）	1.0dB
光缆每千米最大衰减（1550nm 激光）	1.0dB

连接器（双工 SC 或 ST）：

适配器最大衰减	0.75dB
熔接最大衰减	0.3dB

（2）链路长度（主干）

分段	TC-IC	IC-MC
6.25μm/125μm 多模光缆	300m	1700m
50μm/125μm 多模光缆	300m	1700m
8μm/125μm 单模光缆	300m	2700m

（3）1000Base-SX（850nm 激光）

	损耗	距离
62.5μm 多模光缆	3.2dB	220m
50μm 多模光缆	3.9dB	550m

（4）1000Base-LX（1300nm 激光）

	损耗	距离
62.5μm 多模光缆	4.0dB	550m
50μm 多模光缆	3.5dB	550m
8μm/125μm 单模光缆	4.7dB	5000m

实现步骤

按 Tier 1 级别对光缆链路进行衰减测试和光缆长度测试。衰减测试即光功率损耗测试。其步骤如下。

01 根据厂商的要求清洁测试跳线连接器和测试耦合器。

02 安装好单模或多模光缆测试模块，如图 8-16 所示。

03 根据测试设备厂商的要求对设备进行初始化调整，设置基准。

1）按图 8-17 所示连接光缆跳线。

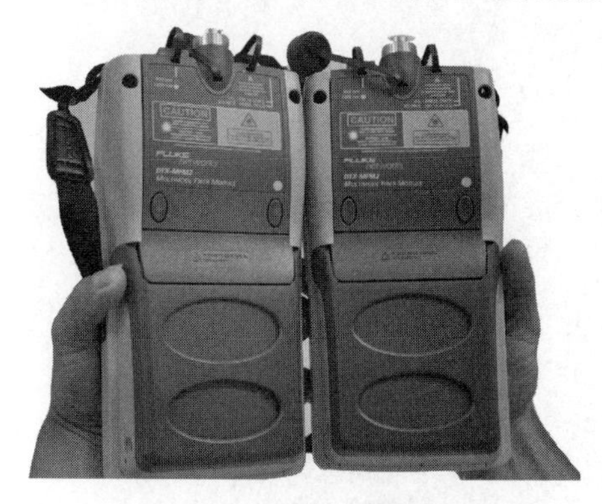

图 8-16　安装光缆测试模块

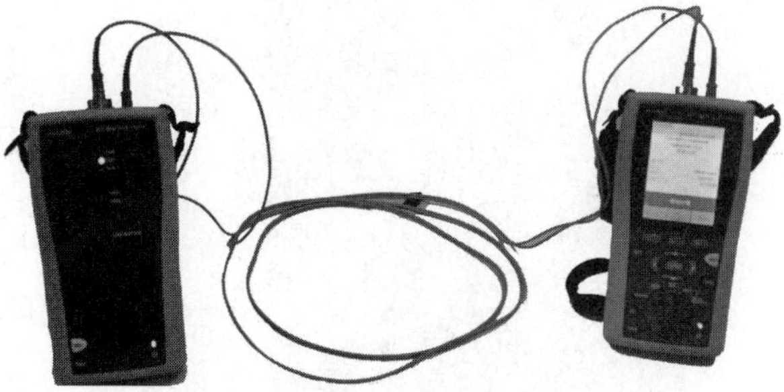

图 8-17　安装光缆跳线

2）将拨盘旋转至“SPECIAL FUNCTIONS”。

3）选择“设置基准”，如图 8-18 所示。

4）按“ENTER”键，然后查看连接，如图 8-19 所示。

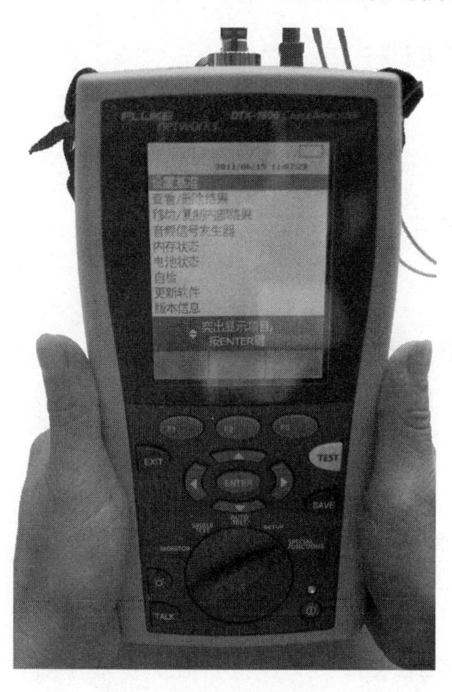

图 8-18　设置基准

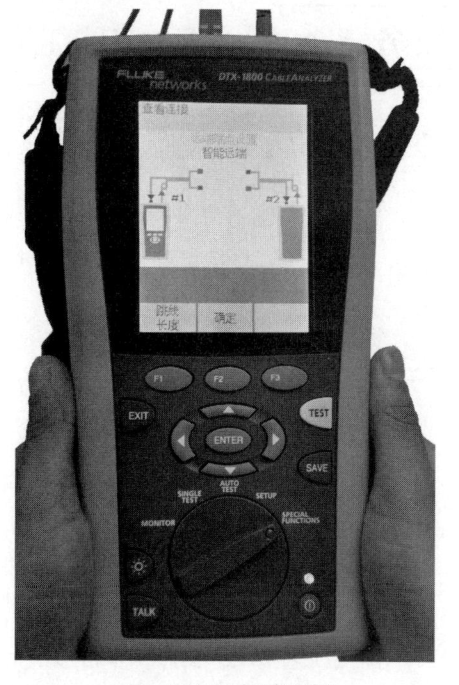

图 8-19　查看连接

5）启动自动测试 AUTOTEST，按“TEST”键，如图 8-20 所示。

6）查看 DTX 光缆测试结果，如图 8-21 所示。

图 8-20 开始测试

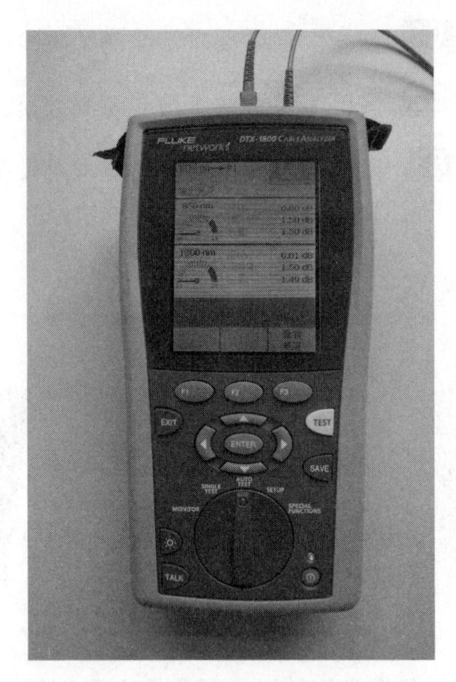

图 8-21 DTX 光缆测试结果

任务 8.4 网络布线工程的验收

任务目标

掌握网络布线工程验收的主要项目和各项目验收的主要要求。

任务说明

验收是用户对网络工程施工工作的认可，用户需要确认：工程是否达到设计目标？质量是否符合要求？有没有不符合原设计的有关施工规范的地方？本任务要求学习工程验收的内容与流程。

相关知识

1. 明确工程验收的主要项目

一个网络工程涉及的项目非常多，而且工期比较长，工程验收需要非常仔细，要将网络中存在的问题以及所采购设备的型号等内容核对清楚，以免给后期的网络维护带来不必要的麻烦。网络工程验收的主要项目有现场物理验收、检查设备安装、检查线缆的安装与布放、清点与验收设备、文档与系统测试验收等。

2. 现场物理验收

工程验收需要由甲、乙双方组成一个验收小组，由该小组对网络工程的情况进行验收，并签字确认，小组成员通常为双方的工程技术人员，也可以聘请第三方的相关人士参与。现场物理验收通常是按不同的工作进行验收的。

(1) 工作区子系统的验收

在网络综合工程中，工程区一般比较多，在工作区进行验收时，可以不按逐个工作区进行验收，而是随机选取一些工作区进行验收。验收的主要内容如下。

1) 线槽走向是否正确，布线是否美观大方和符合规范。

2) 信息插座是否按规范进行安装。

3) 信息插座是否做到等高、等平、牢固。

4) 信息面板是否都固定牢靠。

(2) 配线子系统的验收

配线子系统及较多的楼层验收的主要内容如下。

1) 线槽安装是否符合规范。

2) 槽与槽、槽与槽盖是否接合良好。

3) 托架、吊杆是否安装牢靠。

4) 水平干线与垂直干线、工作区交接处是否出现裸线。

5) 水平干线槽内的线缆是否固定好。

(3) 干线子系统的验收

干线子系统的验收内容类似于配线子系统的验收内容，此外要检查楼层与楼层之间的洞口是否封闭，线缆是否按间隔要求固定，拐弯线缆是否留有弧度。

(4) 配线间、设备间、进线间子系统的验收

验收时检查设备安装是否规范、整洁。

3. 检查设备安装

布线系统的设备安装主要涉及机柜的安装、配线架的安装和信息模块的安装等内容。

1) 在配线间或设备间内通常都安放有机柜（或机架），机柜内主要包括基本柜架、内部支撑系统、布线系统、通风系统。根据实际需要在其内部安装一些网络设备。配线架安装在机柜中的适当位置，一般为交换机、路由器的上方或下方，其作用是水平线缆首先连入配线架模块，然后通过跳线接入交换机。对于干线系统的光纤，要先连接到光纤配线架，再通过光纤跳线连接到交换机的光纤模块接口。

机柜和配线架的验收应按下面顺序进行。

① 在安装机柜时要检查机柜安装的位置是否正确，规格、型号、外观是否符合要求。

② 机柜内的网络设备安装是否有序合理。

③ 跳线制作是否规范，配线面板的界限是否美观、整洁。

④ 线序是否合理、清楚，标识是否清晰明了。

2）信息插座的安装。工作区的信息插座包括面板、模块、底盒，其安放的位置应当是用户认为使用最方便的位置，一般安放位置在距离墙角线 0.3m 左右，也可以安放在办公桌的相应位置。专用的信息插座可以安装在地板上或是大厅、广场的某一位置。

信息插座的验收应按下面顺序进行。

① 信息插座安装的位置是否规范。

② 信息插座、盖安装是否平、直。

③ 信息插座、盖是否已用螺钉拧紧。

④ 标识是否齐全。

4. 检查线缆的安装与布放

双绞线和光缆是网络布线中使用最多的传输介质，布线量非常大，所以在工程验收时是重点的检查项目，验收均在施工过程中由用户与督导人员随工检查。发现有不合格的地方时应做到随时返工，如果在布线工程完成后再检查，若出现问题再处理则会比较麻烦。

线缆的检查应按下面顺序进行。

1）桥架和线槽安装是否规范。

① 位置是否正确。

② 安装是否符合要求。

③ 接地是否正确。

2）线缆布线是否规范。

① 线缆的型号、规格是否与设计规定相符合。

② 线缆的标号是否正确，线缆两端是否贴有标签，标签书写是否清晰，标签是否选用不易损坏的材料，等等。

③ 线缆拐弯处是否符合规范。

④ 竖井的线槽、线固定是否牢固。

⑤ 是否存在裸线。

5. 清点与验收设备

1）明确任务目标。对照设备订货清单或者中标书来清点到货设备，确保到货设备与订货或中标型号一致，并做好必要的记录；若有必要，应将各设备号记录在册，使验货工作有条不紊地进行。

2）先期准备。由系统集成商负责人员在设备到货前根据订货单填写“到货设备登录表”的相应栏目，以便到货后进行验查、清点。“到货设备登录表”仅为方便工作而设定，所以不需任何人签字，只需由专人保管即可。

3）开箱检查、清点、验收。在一般情况下，设备厂商会提供一份验收单，可以设备厂商的验收单为准。仔细验收各设备的型号、数量、外观以及网络设备的附加模块、线缆等，并做好记录。妥善保存设备相关文档、质保单和说明书。软件和驱动程序应单独存放在安全的地方。

4）登记、贴标。设备验收后，就由本单位负全部责任，是本单位的固定资产。根据本单位的固定资产编号情况，将所有的设备进行登记造册，并归属不同的部门保管，贴上单位固定资产编号，请相关责任人签字认可。

6. 文档与系统测试验收

（1）网络系统的初步验收

对于网络设备，其测试成功的标准为能够从网络中任一机器和设备通过 Ping 及 Telnet 功能测度到（有 Ping 或 Telnet 功能）网络中其他任一机器或设备（同样拥有 Ping 或 Telnet 功能）。由于网内设备较多，不可能对全部设备进行测试，故可采用以下方式进行测试。

1）在每一个子网中随机选取两台机器或设备，进行 Ping 和 Telnet 测试。

2）测试每一对子网的连通性，即从两个子网中各选一台机器或设备进行 Ping 和 Telnet 测试。

3）在测试时，Ping 测试每次发送的数据包不应少于 300 个，Telnet 连通即可。Ping 测试的成功率在局域网内应达到 100%；在广域网内由于线路质量问题，则可视具体情况而定，一般不应低于 80%。

4）将测试所得具体数据填入验收测试报告。

（2）试运行网络系统

从初验结束时刻起，整个网络系统即进入为期 2～3 个月的试运行阶段。整个网络系统持续不断的试运行时间不应少于 2 个月。试运行由系统集成厂商代表负责，用户和设备厂商密切协调配合。在试运行期间要完成以下任务。

1）监视系统运行。

2）网络基本应用测试。

3）可靠性测试。

4）断电-重启测试。

5）冗余模块测试。

6）安全性测试。

7）网络负载能力测试。

8）系统最忙时访问能力测试。

（3）最终验收网络系统

各种系统试运行满 3 个月后，由用户对系统集成商所承做的网络系统进行最终验收。

1）检查试运行期间的所有运行报告及各种测试数据。确定各项测试工作已做得充分，所有遗留的问题都已解决。

2）验收测试。按照测试标准对整个网络系统进行抽样测试，将测试结果填入验收测试报告。

3）签署验收报告，该报告后附验收测试报告。

4）向用户移交所有技术文档，包括所有设备的详细配置参数、各种用户手册等。

（4）交接和维护

1）网络系统交接。交接时应该逐步使用户从熟悉系统，到掌握、管理、维护系统。交接包括技术资料交接和系统交接，系统交接一直延续到维护阶段。技术资料交接包括在实施过程中所产生的全部文件和记录，需要提交总体设计文档、工程实施设计、系统配置文档、各个格式报告、系统维护手册（设备随机文档）、系统操作手册（设备随机文档）、系统管理建议书等资料。

2）网络系统维护。在技术资料交接之后，进入维护阶段。系统的维护工作贯穿系统的整个生命期，用户方的系统管理人员将要在此期间内逐步培养独立处理各种事件的能力。

在系统维护期间，系统如果出现任何故障，都应详细填写相应的故障报告，并通知相应的人员（系统集成商技术人员）处理。

在合同规定的无偿维护期之后，系统的维护工作原则上由用户自己完成，对系统的修改，用户可以独立进行。为对系统的工作实施严格的质量保证，建议用户填写详细的系统运行记录和修改记录。

7. 召开工作鉴定会

（1）准备鉴定材料

一般情况下，网络工程结束后，用户方与施工方需要共同组织一个工程鉴定会，用户方聘请相关专家对工程施工情况、网络配置项目等进行鉴定，而施工方需要准备相应的鉴定材料。施工方为鉴定会准备的材料有网络工程建设报告、网络布线工程测试报告、网络工程资料审核报告、网络工程用户意见报告、网络工程验收报告。

1）网络工程建设报告：主要由工程概况、工程设计与实施、工程特点、工程文档等内容组成。

2）网络布线工程测试报告：主要包括检测的内容，如线缆的检测、桥架和线槽的查验、信息点参数的测试等。

3）网络工程资料审核报告：主要报告国内工程技术资料的审查情况、审查施工方为用户提供了哪些技术资料等。

4）网络工程用户意见报告：主要报告用户对工程的相关意见。

5）网络工程验收报告：主要报告对工程的综合评价。

（2）聘请领导、专家

聘请领导、专家的工作是由用户方完成的，具体聘请的人员由用户方自己确定。在通常情况下，聘请的专家最好是校园网络工程方面的专家，当然也可以聘请其他网络的工程技术人员。

（3）召开鉴定会

鉴定会一般是在网络工程的现场进行的，由用户方与施工方共同组织。施工方完成网络工程建设报告，用户方完成网络工程验收报告等工作。最后，多方在鉴定结论上签字认可。必要时，与会专家可以对施工方就网络施工、设计等方面的问题进行提问，由施工方给出相关的答复。

(4) 提交验收材料

在验收、鉴定会结束后，将施工方所交付的文档材料，验收、鉴定会上所使用的材料一起交给用户方的相关部门，由用户方的相关部门对材料进行整理。

小 结

本项目学习了综合布线工程相关测试与验收的知识，包括：如何利用 FLUKE 测试仪进行永久链路测试，如何进行通道测试和光缆链路测试，以及如何对布线工程进行验收。

实 训

1）完成 FLUKE 测试仪的相关设置。

2）使用 FLUKE 测试仪完成通道测试、永久链路测试及光缆测试。

3）查阅相关资料，完成一份网络综合布线竣工验收文档。

项目9 综合布线系统的维护和故障诊断

项目背景

对一个综合布线系统工程的质量除了要关注材料质量和施工人员技术水平外，还应重点关注对故障的排查。因为发生故障是不可避免的，这就要求我们能快速发现并解决问题。只有及时修复并不断地总结问题与故障发生的原因，才能在提高工程施工速度的同时保证质量能够合格。要达到这一目的，专业的测试设备和熟练的操作人员是不可缺少的，两者的相互配合才能发挥最大效率，为综合布线工程的顺利开展保驾护航。

项目说明

综合布线系统工程质量的好坏离不开快速地开展故障排查，而这又需要专业的测试设备和熟练的操作人员。操作人员故障排查能力的提高需要经历大量的实践操作训练和理论分析的学习。下面重点讲解如何对常见的故障进行分析，如何确认故障点的位置，以及如何利用测试设备的功能实现故障排查。

能力目标

1）掌握5e类、6类线缆测试相关标准。

2）掌握线缆的两种测试方法。

3）掌握网络听诊与诊断的方法。

4）掌握测试仪故障诊断功能的使用。

5）排查因设备精度、线缆质量、端接问题、接错线缆引起的故障。

任务 9.1 测试设备精度导致测试结果有误故障排查

任务目标

根据不同仪器的测试结果，及时发现仪器本身的问题。

任务说明

某大学教学楼6类线缆的综合布线项目完成后，在工程验收时出现了大量的PASS*测试结果，还有部分网络不通。测试所用的仪器是从校外租来的。

相关知识

1．PASS*

任何做测试的仪器都有一个无法判断的范围，这个范围称为“测试死区”。当测试结果落在“通过”的一侧，并且处于测试死区内时，仪器无法给出明确的“通过”判断，只能以 PASS*（通过*）来显示结果。测试精度越高的仪器，测试死区范围越小。这样的测试结果也是标准所允许的。

2. 余量

仪器测试结果与标准值的差值称为余量。当测试结果好于标准值时，余量为正数；反之为负数。正数余量越大，则代表所测试的链路质量越好。

实现步骤

01 由于测试仪器是从校外租来的，所以无法确定仪器本身是否存在问题。如果仪器本身存在问题，则所测试的结果也不可信。图9-1所示是租用仪器测试的结果。

02 再用一台有测试精度保证的仪器对同样的链路进行测试，发现结果很好，余量也很大。图9-2所示是精度有保证的仪器测试的结果。

03 至此，基本可以确认，租来的仪器本身存在问题，才导致测试结果也出现问题。

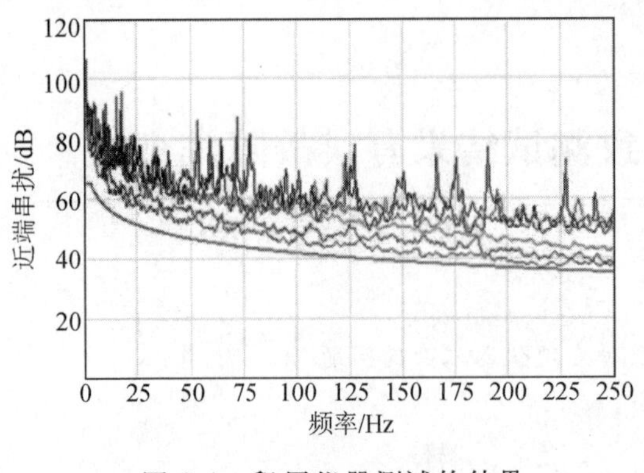

图 9-1 租用仪器测试的结果

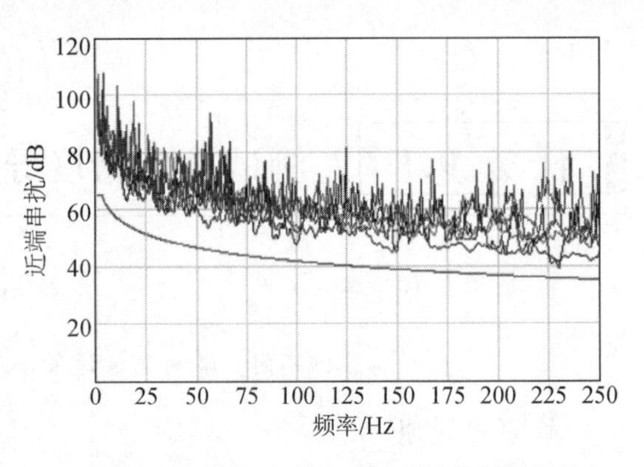

图 9-2 精度有保证的仪器测试的结果

小贴士

我们不仅要对布线系统工程进行验收，还要保证验收所用的测试仪是处于正常工作状态的，这就要求选用能够保证测试精度的仪器。

任务 9.2 线缆质量引起的 NEXT 失败故障排查

任务目标

了解工程中所用的材料不合格对测试结果的影响。

任务说明

某中央企业新大楼布设了 5e 类系统，在初期测试时发现所测数据全部不合格，全部 NEXT 测试参数失败。

相关知识

1．NEXT

NEXT 的中文名是“近端串扰”，在任务 8.1“相关知识”中已对其有所介绍。

2．HDTDX

HDTDX 的中文名称为“高精度时域串扰技术”，是 FLUKE 测试仪的专利。主要通过时域反射的原理，向线缆中发射脉冲信号，通过收集反射的信号来描绘线缆的内部干扰情况。主要用于对 NEXT 的故障分析定位。

实现步骤

01 首先确保测试仪器的精度处于正常范围。

02 对工程链路按照5e类永久链路标准进行测试，发现NEXT参数测试失败，而且这一故障存在于所有的链路中。

03 提取现场剩余线缆进行抽样测试，发现依旧是NEXT问题。

04 用仪器上自带的HDTDX故障排查功能进行故障分析，发现整条链路上的NEXT测试结果都有问题，如图9-3所示。

05 查看线缆外观，发现材质偏软，各线对的绞距相同，得出所使用的全部5e类线缆不合格的结论。

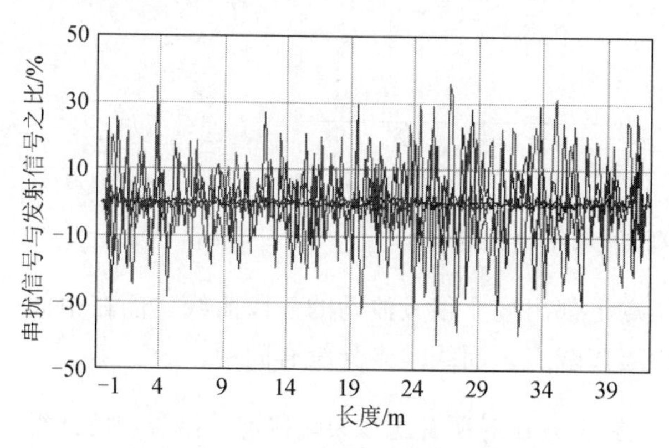

图 9-3　HDTDX 故障分析结果

> **小贴士**
>
> 由于NEXT参数反映的是线缆本身消除和抵御干扰（这里主要指线缆间的内部干扰）的能力，如果线缆在设计或生产的过程中绞距没有处理好，则很容易导致测试失败。
>
> 在此工程中所用的5e类线缆全部都是不合格的线缆，才导致这样的测试结果。所以，在工程中要选用合格的线缆。

任务 9.3　端接问题导致 NEXT 失败故障排查

任务目标

了解不合格的施工对测试结果的影响。

任务说明

某中学的网络机房在布线后进行测试，发现很多测试均不合格。主要出问题的参数是NEXT。

实现步骤

01 选取对应的标准对链路进行测试。

02 测试结果中显示 NEXT 和 RL 两个参数出现问题。

03 利用测试仪上自带的 NEXT 故障定位功能 HDTDX 进行分析，发现在链路的两个端点出现了很大的曲线波动。利用 HDTDX 进行分析后看到的图像如图 9-4 所示。

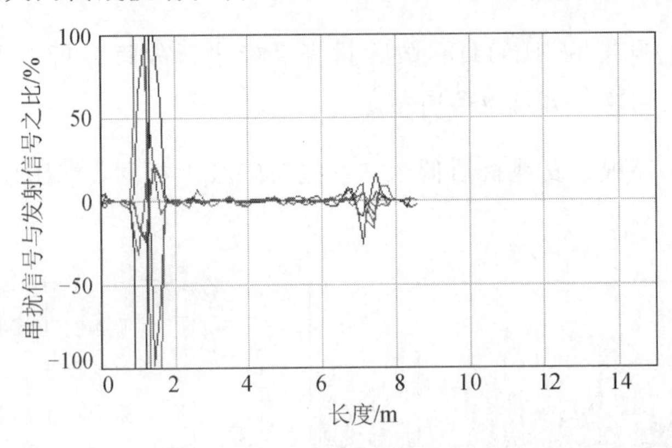

图 9-4　HDTDX 故障分析结果

从图 9-4 中可看到，在线缆的两个端点上都出现了很大波动的一段曲线，而在中间部分却没有。这说明网络问题出在线缆的连接端上，而线缆本身没有问题。

04 经过到现场位置点查看后发现，施工方在对所有配线架端接前，错误地将线缆的绞距完全打开后才进行端接，如图 9-5 所示，而正常绞距应如图 9-6 所示。

图 9-5　现场故障

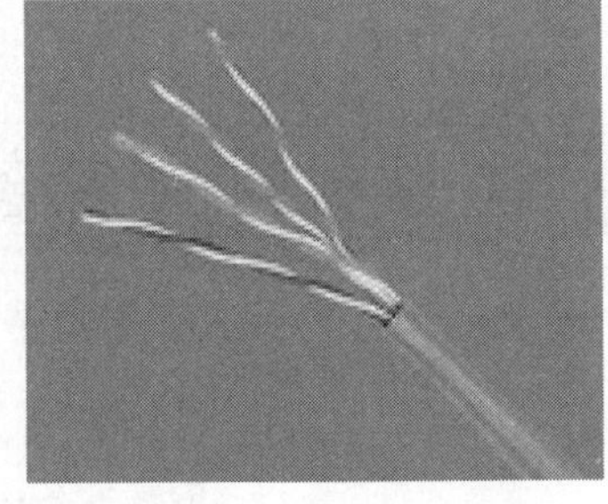

图 9-6　正常绞距

小贴士

NEXT 测试失败最有可能的原因就是绞距出现问题。在对线缆进行加工或者安装时，应做到尽量少地去破坏线缆原有的绞距结构，这样才能保证 NEXT 参数在测试时的合格率。因此，布线施工时要按照布线施工规范正确端接。

任务 9.4 接续线缆引起回波损耗参数异常故障排查

任务目标

了解不合格的施工对测试结果的影响。

任务说明

某大学宿舍楼布线工程验收，整体工程质量还可以，初次测试失败率仅为 1%，提示有问题的参数为 RL（回波损耗）。

实现步骤

01 选取相应的标准对链路进行测试。

02 在测试的结果中发现 RL 参数出现异常。

03 采用测试仪上自带的 RL 故障定位功能 HDTDR（高精度时域反射技术）进行分析，发现在距配线架约 1m 内出现了一个很大的曲线波动，如图 9-7 所示。

04 经过询问布线工人，得知工人在布线时发现线缆长度不够，只好续接了一段线，如图 9-8 所示。

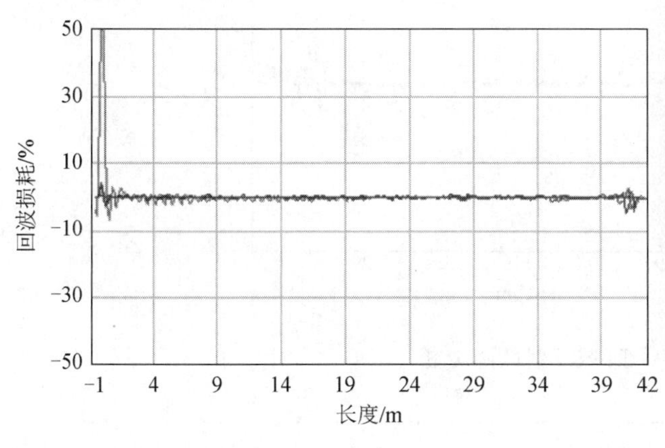

图 9-7 时域反射故障分析

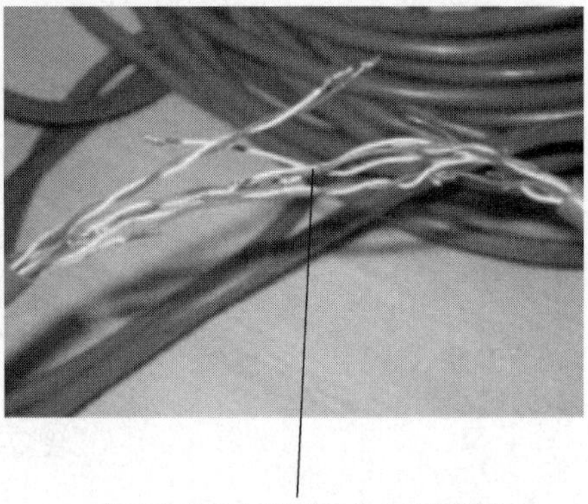

剥开表皮发现线对上有多处焊接点

图 9-8 故障现场

小贴士

布线工程中的线缆不同于电线，要保证有良好的数据传输能力，线缆本身的特性阻抗必须保持一致；否则极有可能导致 RL 参数出现异常。

任务 9.5 线缆进水导致回波损耗失败故障排查

任务目标

了解外部环境对链路测试结果的影响。

任务说明

某机场的 6 类布线工程验收，在部分区域发现大量的 RL 故障，通过率仅为 20%。

实现步骤

01 选取对应的标准对链路进行测试。

02 在测试结果中发现 RL 参数出现异常，并且位于 25～36m 一段区域内。

03 经过仪器自带的 HDTDR 分析后，发现故障点位置正好曾经大量进水，导致线缆被水浸泡过。HDTDR 分析的图形如图 9-9 所示。

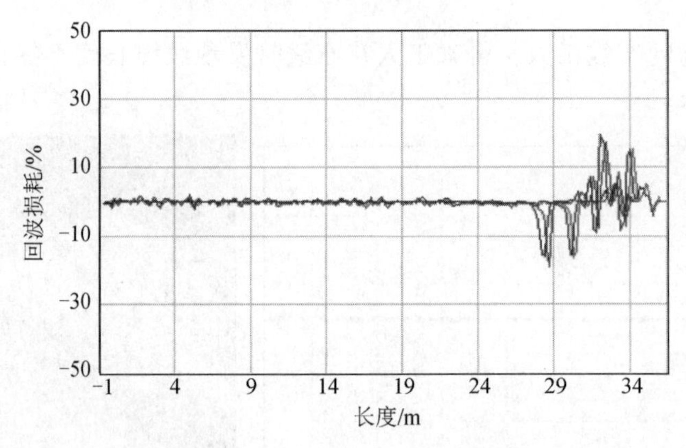

图 9-9 时域反射故障分析

小贴士

特性阻抗处理得好与坏是关系到线缆质量是否合格的一个非常重要的因素，而回波损耗测试的结果与之也是相对应的。由于线缆被水浸泡过，线缆材质和线对间介质发生改变，导致特性阻抗发生改变，电信号传输到此位置点时就会产生非常大的回波损耗，最终的测试结果也证明了这一点。因此，要及时更换遭到水浸等外部因素破坏的线缆。

任务 9.6 器件不兼容导致 NEXT 失败故障排查

任务目标

了解组成链路的不同器件间的匹配问题对测试结果的影响。

任务说明

在某个布线工程的验收过程中，出现了大量的失败结果，最主要的异常参数为 NEXT。

实现步骤

01 选取对应的标准对链路进行测试。

02 从测试结果来看，发现大量的 NEXT 参数出现异常，如图 9-10 所示。

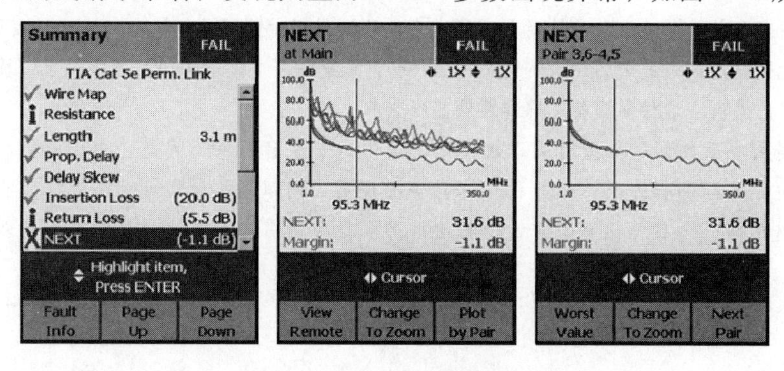

图 9-10 NEXT 参数异常显示

03 针对 NEXT 参数，利用 HDTDX 进行分析，如图 9-11 所示，发现故障的位置都处于链路的两端。

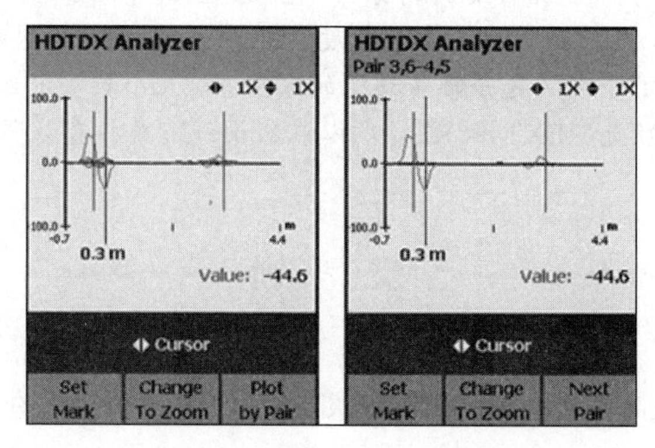

图 9-11 HDTDX 分析结果

04 对链路两端的端接进行重新处理，再次测试的结果依旧如故。于是换上不同品牌的配线架重新进行端接，接下来的测试结果全部合格，NEXT 测试结果也得到明显改善，从-1.1 dB 提高到 7.0 dB，如图 9-12 所示。

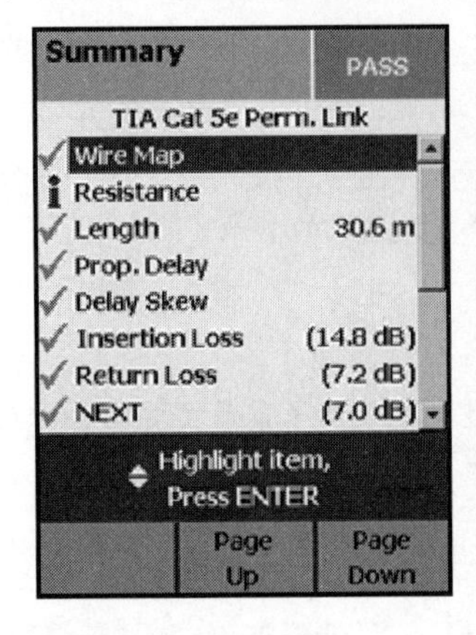

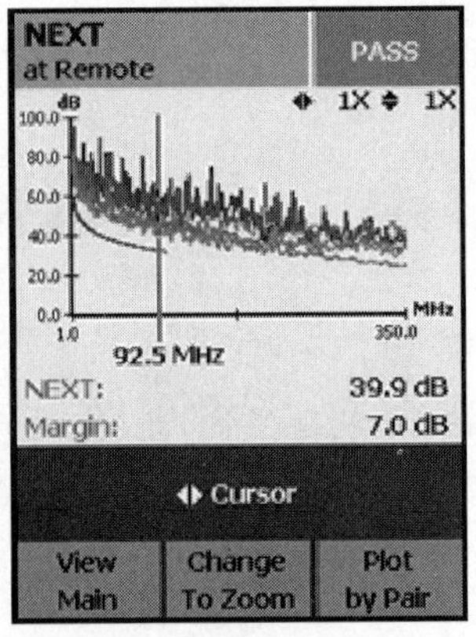

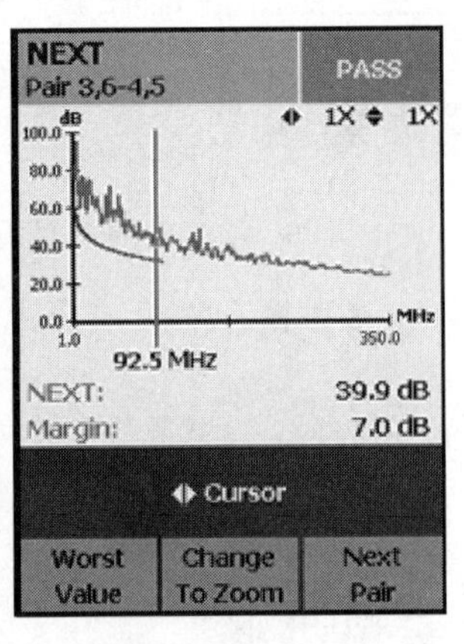

图 9-12 NEXT 参数改善

小贴士

器件间的匹配：一条链路通常是由线缆和两端的连接器所组成，有时线缆和连接器采购于不同的厂家，而各个厂家在做开发时通常只针对自己所生产的不同材料做兼容性测试，这样就导致不同品牌的器件不能很好地匹配，最终影响到测试的结果。在 5e 类系统中，这种影响还不是很明显；而到了 6 类系统，由于频率的提高，这种影响就变得非常突出了。

本例中是配线架的问题导致近端串扰失败，而不是安装者的施工问题。由于各个厂家在研发过程中相对独立，不同品牌的产品搭配在一起时会出现很大问题，所以在设计或者安装布线系统工程时，应尽量选用同一个品牌甚至是同一个批次的产品，或者需要在搭建仿真的链路实验后再进行最后的施工。

小　结

本项目主要通过对一些故障案例的分析、确认过程，介绍了在综合布线系统工程中常见的几种故障类型，包括测试仪本身的精度、线缆的质量好坏、两端连接的处理等问题。针对不同的故障讲述了分析问题并修复故障的方法。从几个典型的故障中可看出，工程中最容易出现异常的参数是 NEXT 和 RL，所以在布设线缆及排查故障时应对它们给予重点关注。

实　训

1. 通过模拟的故障箱熟悉常见的故障类型，并用仪器自带的分析功能进行故障排查

1）各种接线图故障。

2）NEXT 故障，用 HDTDX 进行故障排查。
3）RL 故障，用 HDTDR 进行故障排查。

2. 思考与练习

1）简述常见的故障类型。
2）熟悉与各个故障对应的排查方法。

10 项目 综合实训

项目说明

综合布线系统是智能化办公室建设数字化信息系统的基础设施，是将所有语音、数据等系统进行统一规划设计的结构化布线系统，为办公提供信息化、智能化的物质介质，支持语音、数据、图文、多媒体等综合应用。通过综合实训能全面提高施工者的团队合作能力及技术水平。

能力目标

1）培养团队协作能力。
2）掌握文档编辑能力。
3）掌握综合布线系统及其子系统的施工。
4）具备故障分析能力。
5）学会对项目进行管理，保证安全文明施工。

网络布线综合实训 1

一、网络布线系统工程项目设计（15 分）

依据图 10-1，模拟给定的综合布线系统工程项目，要求实训人员按照要求完成模拟楼宇两个楼层网络布线工程项目设计；所有文件保存在计算机桌面上指定文件夹内，且仅以该指定文件夹中打印的纸质文档作为评分依据。

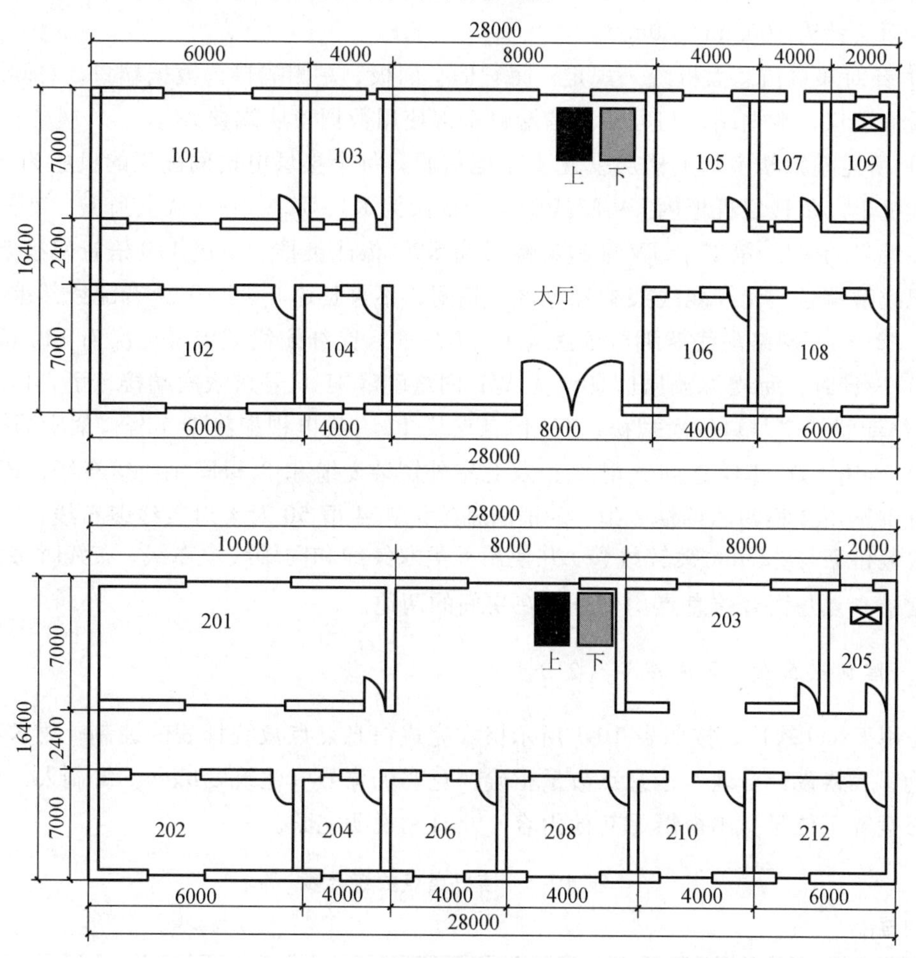

图 10-1　模拟楼宇平面图

本设计针对模拟楼宇两个楼层网络布线系统工程项目，参照图 10-1 所示，依据《综合布线系统工程设计规范》（GB 50311—2016），具体要求如下。

1）所述对象为一模拟楼宇两个楼层网络布线系统工程项目，项目名称统一规定为“实训模拟楼宇网络布线工程+工位号（工位号取 2 位数字，不足 2 位前缀补 0）”。

2）图 10-1 所示 101、102、103……212 为房间编号，其中 102、103、104、105、106、108 以及 202、203、204、206、208、210、212 为双人办公室，201 为教师办公室，可容纳 10 人办公。双人办公室按照每人 1 个语音信息点、1 个数据信息点和每个房间 1 个 TV 信息点、1 个无线信息点配置；教师办公室按每人 1 个数据信息点和每个房间 1 个无线信息点、1 个语音信息点、1 个 TV 信息点配置；107 房间为建筑物设备间，109、205 为楼层管理间。

3）假设模拟楼层每层高度为 3.2m，水平桥架架设距地面高度为 2.8m，信息底盒距地面高度 0.3m，绘图设计时，走廊宽度 2.4m，所述水平配线桥架主体应位于走廊上方，桥架截面尺寸为 100mm × 60mm。

4）针对双口信息面板统一规定：面对信息面板，左侧端口为数据端口，右侧端口为电话通信端口，数据端口与电话通信端口全部使用数据模块端接。

5）所述模拟楼宇每个楼层设置 1 个电信间，每个楼层电信间配置的机柜为 32U 国标交换机柜。每楼层机柜内 TV 配线架编号依次为 K1、K2……（从上到下，第一个 TV 配线架编号为 K1，第二个 TV 配线架编号为 K2，依此类推。下述 110 语音配线架编号、网络配线架编号、光纤配线架编号等含义相同，不再赘述），110 语音配线架编号依次为 Z1、Z2……，网络配线架编号依次为 L1、L2……，光纤配线架编号依次为 T1、T2……。

6）设计时，每楼层数据信息点从 W1 网络配线架 1 号口依次端接，语音信息点从 W2 网络配线架 1 号口依次端接，TV 信息点从 T1 有线电视配线架 1 号口依次端接。

7）所述 CD—BD 之间选用 5 根双芯室外铠装光缆和 3 根同轴线缆布线；BD—FD 之间分别选用 2 根四芯单模光缆、3 根同轴线缆和 4 根 50 对大对数线缆布线；FD—TO 之间安装桥架与 ϕ25mm 镀锌线管，并使用 6 类双绞线和同轴线缆布线，布线时每个房间的数据信息点与语音信息点均匀分布在房间的两边。

1. 信息点点数统计表编制（2 分）

使用 Excel 软件，按照表 10-1 所示格式完成信息点点数统计表的编制，要求项目名称正确，表格设计合理，信息点数量正确，竞赛工位号（建筑物编号、编制人、审核人均填写竞赛工位号，不得填写其他内容）及日期说明完整。

表 10-1 信息点点数统计表

项目名称：＿＿＿＿＿＿ 建筑物编号：＿＿＿＿＿＿

楼层编号	信息点类别	房间编号				楼层信息点类别合计				楼层信息点合计
		101	102	103	…	数据	语音	TV	无线	
一层	数据									
	语音									
	TV									
	无线									

续表

楼层编号	信息点类别	房间编号				楼层信息点类别合计				楼层信息点合计
		201	202	203	…	数据	语音	TV	无线	
二层	数据									
	语音									
	TV									
	无线									
总计：										

编制人签字：____________ 审核人签字：____________ 日期： 年 月 日

2. 网络布线系统施工图设计（10分）

按照图10-1所示，使用Microsoft Office Visio或者AutoCAD软件绘制平面施工图。要求施工图中的文字、线条、尺寸、符号描述清晰、完整。竞赛设计突出链路路由、信息点、电信间机柜设置等信息的描述，针对水平配线桥架仅需考虑桥架路由及合理的桥架固定支撑点标注。文字描述合理（包括项目名称、图纸类别、楼层、编制人、审核人和日期，其中编制人、审核人均填写竞赛工位号），施工图以文件名“施工图”保存到指定文件夹。根据以上要求及条件，绘制布线系统施工图，要求包括以下内容。

1）FD—TO布线路由、设备位置和尺寸正确。

2）机柜和网络插座位置、规格正确。

3）图面布局合理，位置尺寸标注清楚、正确。

4）图形符号规范，说明正确和清楚。

5）标题栏完整，签署竞赛工位号等基本信息。

3. 信息点端口对应表编制（3分）

使用Excel软件，按照表10-2所示格式完成信息点端口对应表的编制。要求严格按下述设计描述：项目名称正确，表格设计合理，端口对应编号正确，相关含义说明正确完整，竞赛工位号（建筑物编号、编制人、审核人均填写竞赛工位号，不得填写其他内容）及日期说明完整，编制完成后保存到指定文件夹，保存文件名为“信息点端口对应表”。

信息点端口编号编制规定：楼层机柜编号—配线架编号—配线架端口编号—房间编号—插座插口编号。

说明：

1）楼层机柜编号按楼层顺序依次为V1、V2。

2）每楼层机柜内网络配线架编号依次为L1、L2、L3……，TV配线架编号依次为K1、K2、K3……。数据信息点从L1网络配线架1端口开始端接，语音信息点从L2网络配线架1端口开始端接，TV信息点从TV配线架1端口开始端接。

3）配线架端口号取2位数字，配线架端口从左至右编号依次为01、02、03……。

4）房间编号=楼层序号+本楼层房间序号，其中：楼层序号取1位数字，本楼层房间序号取2位数字。房间编号按照图10-1所示，分别为101、102……212。

5）插座插口编号取 2 位数字+1 位说明字母，1 位说明字母为数据信息点取字母“D”；语音信息点取字母“P”，TV 信息点取字母“T”。每个楼层内数据信息点插口编号依次为 01D、02D、03D……，语音信息点插口编号依次为 01P、02P、03P……，数据信息点插口编号依次为 01T、02T、03T……，无线信息点插口编号依次为 01W、02W、03W……。

例如，101 房间第 1 个数据信息点、语音信息点、TV 信息点和无线信息点对应的信息点端口对应表（表 10-2）编号分别为 V1-L1-01-101-01D、V1-L2-01-101-01P、V1-K1-01-101-01T、V1-L3-01-101-01W。

表 10-2　信息点端口对应表

项目名称：＿＿＿＿＿＿　　建筑物编号：＿＿＿＿＿＿

序号	信息点端口对应表编号	楼层机柜编号	配线架编号	配线架端口编号	房间编号	插座插口编号
1						
2						

编制人签字：＿＿＿＿＿＿　审核人签字：＿＿＿＿＿＿　日期：　年　月　日

二、项目施工安装（75 分）

1. 施工内容及要求

1）对实训现场提供的机架、模拟实训墙体、线材管槽及综合布线产品进行综合布线工程施工，施工内容包括敷设模拟楼层的水平工作区信息点、设备管理间机柜及其设备和线缆安装、水平及垂直线缆（光纤、5e 类双绞线、6 类非屏蔽双绞线、有线电视及语音线缆）敷设、视频监控链路和系统软件的安装与调试等。

2）网络双绞线以 T568B/B 线序端接，光纤线缆按照标准排列纤芯顺序，网络和光纤配线架的端接次序均以正面从左至右的端口 1 开始端接，同一配线架的端接顺序以先主干链路后水平工作区信息点链路；语音主干采用国际标准（主色：白、红、黑、黄、紫；副色：蓝、橙、绿、棕、灰；主色在前）端接，端接在 110 配线架底层的 1～25 线对（配线架左上位置）。

3）实训现场已提供满足“素材 1.jpg”和“素材 2.jpg”要求敷设所用的 PVC 管槽和配件，各实训组自行选择合理的管槽敷设线缆，模拟实训墙上敷设的管槽必须包括如下 5 种工艺：成型配件和 39mm × 19mm PVC 线槽；自制弯角和 39mm × 19mm PVC 线槽；自制弯角和 24mm × 14mm PVC 线槽；成型配件和 ϕ20mm PVC 线管；自制弯角和 ϕ20mm PVC线管。

4）线缆标识管理。项目实施部分水平工作区信息点编号规则是：工位号（2 位）+机柜名称（1 位）+楼层号（1 位）+信息点用途（1 位，D 表示数据、P 表示语音、W 表示无线、T 表示有线电视、V 表示视频监控）+信息点序号（2 位）。

例如，1 号实训组的机柜名为“A”，在第 1 层的网络信息点中的第 2 个，则编号应为“01A1D02”。

光纤主干线缆及光纤跳线统一采用“G+线缆序号（2 位）”标识。

网络双绞线垂直主干线缆统一采用“ZD+线缆序号（2 位）”标识。

机柜内双绞线跳线的标识必须与配线架端口线缆标识一致。

水平工作区双绞线跳线的标识必须与工作信息点标识一致。

电话跳线及鸭嘴线都使用电话号码做标签。

要求链路光缆、线缆（含双绞线、有线电视线缆、视频监控链路等）两端、配线架端口位及所有跳线均须做好编号标识（数据链路的跳线标识以就近原则与配线架端口标识或信息点标识相同，语音链路的跳线标识与电话号码一致），标识标签书写应清晰、端正，线缆标识采用标签书写，配线架采用纸质标签书写；配线架和线缆标识必须与链路测试的结果一致。

2. 安装与调试

（1）管理间子系统安装

按照“素材 1.jpg”（图 10-2）的要求，端接各类线缆连接网络机架、语音机架及模拟实训墙上的 6U 机柜，并安装各机柜内的设备。

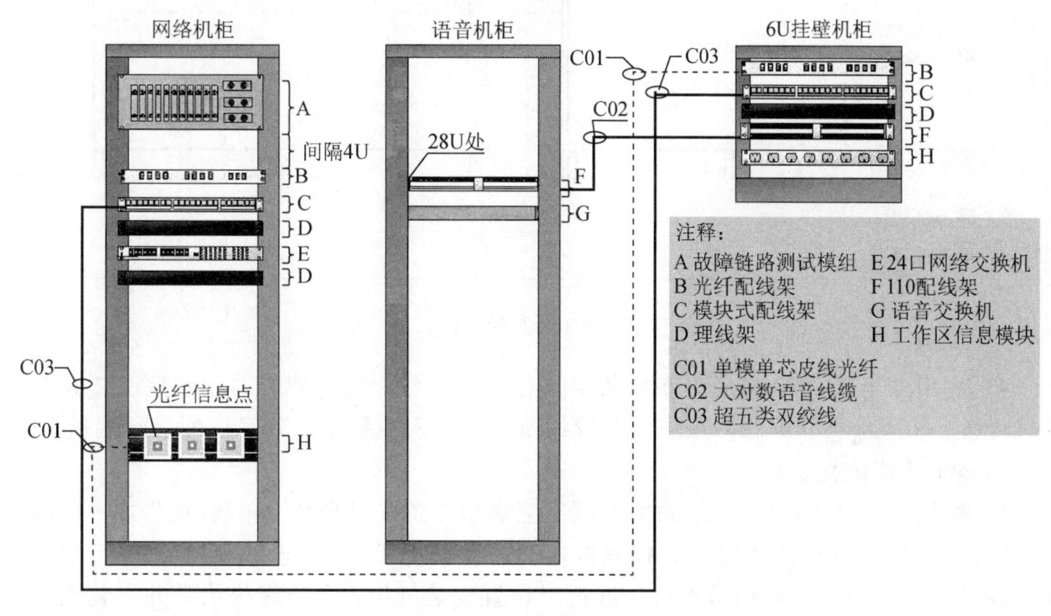

图 10-2 素材 1.jpg

（2）工作区及水平子系统安装

按照“素材 2.jpg”（图 10-3）的要求，完成各水平工作区网络插座底盒、模块、面板的安装和线缆端接，安装合理规范、牢固美观，使用适当管槽和配件，并敷设规范、牢固、整齐、美观。

1）底盒 1 和底盒 4 安装单口有线电视模块信息点，并使用规格 ϕ20mm 线管及相同工艺敷设到 6U 挂壁机柜内的有线电视配线架上。

2）底盒 2 和底盒 3、底盒 5～底盒 8 均端接 5e 类网络信息点模块，底盒 9 和底盒 10 端接 6 类网络信息模块，敷设至实训墙上 6U 机柜网络配线架内，并使用 T568B 线序。

3）底盒 2 和底盒 3、底盒 5～底盒 8 使用 39mm×19mm PVC 线槽并采用两种工艺进行敷设，要用到内角、水平三通和至少 2 个端头配件；底盒 9 和底盒 10 使用规格为 24mm×14mm PVC 线槽及相同工艺敷设至 6U 机柜网络配线架内，至少使用 2 个端头配件。

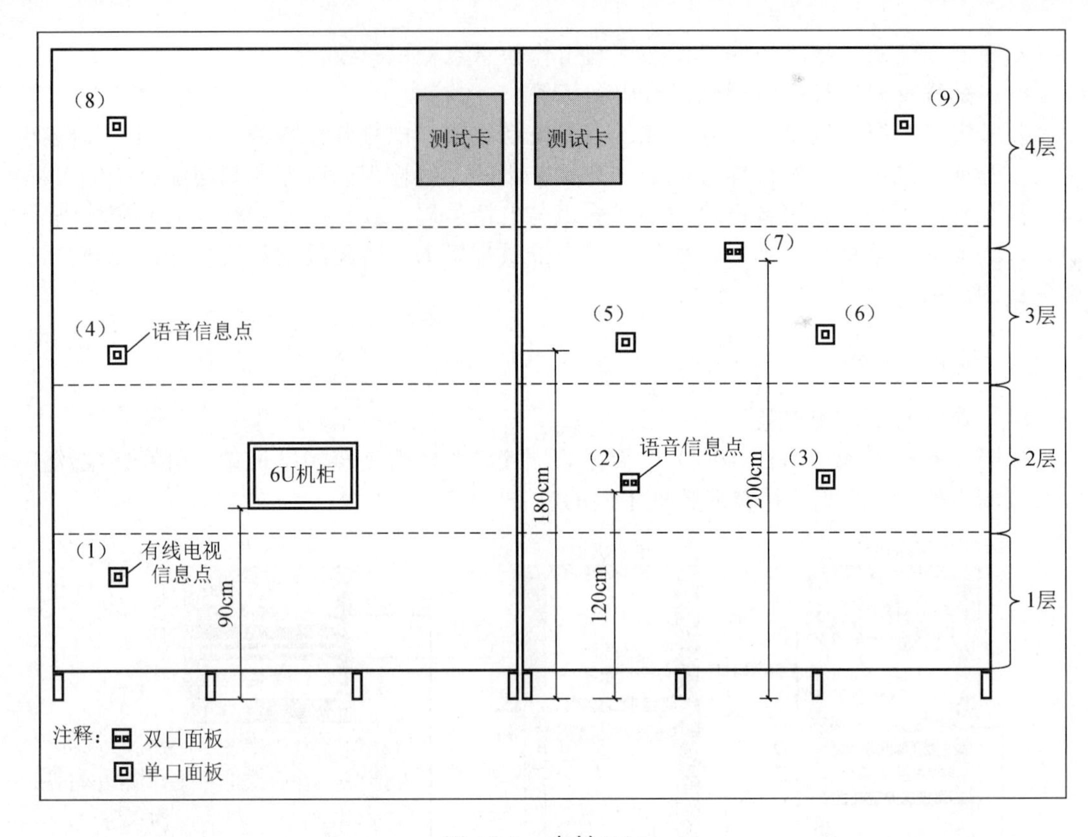

图 10-3 素材 2.jpg

4）使用若干条 PVC 线管及黄蜡管沿墙体固定敷设和沿机架旁的地面敷设 2 条单模皮线光纤、4 条 6 类非屏蔽网络主干双绞线及 1 条大对数线缆，并完成配线架端接。

（3）光纤端接及安装

1）按照“素材 1.jpg”所示采用冷压工艺端接 2 条皮线光纤（单模/双芯）；把端接完好的光纤整齐盘绕及固定在 6U 挂壁机柜的光纤配线架内，并与 SC 耦合器进行牢固端接，编扎整齐光缆；在网络数据机柜底适当位置安装机柜式工作区模块，并安装光纤信息点面板；采用冷接工艺端接双芯皮线光缆（单模/双芯），一端端接在网络数据机柜光纤配线架主干端口之后，另一端端接在机架式工作区模块光纤信息面板内，并与 SC 耦合器进行牢固端接。

2）使用冷压工艺制作 6 条 SC-SC 光纤跳线（皮线光缆，单模/双模），每条制作完成跳线长度要求均为 80cm；在网络数据机架上，用 2 条光纤跳线分别端接光纤配线架主干端口及另外 2 条光纤端口，形成 2 条光纤环路；在机架式工作区光纤信息面板安装一个光纤收发器，用 2 条光纤跳线连接光纤收发器与光纤配线架光纤端口；在 6U 挂壁机柜内，安装另一个光纤收发器，用 2 条光纤跳线连接光纤收发器与光纤配线架光纤端口。光纤收发器接通电源后，2 个光纤收发器（光纤收发器放置在网络机架上和 6U 机柜内）的光纤链路指示灯正常亮灯表示 2 条光纤环路连通。

（4）语音系统安装

1）把竞赛使用的大对数线缆的全部线芯按国际标准色标的颜色编排规范端接在挂

壁机柜和语音机架的110语音配线架并安装连接块。

2）安装2个电话机及连接语音链路。按照“素材2.jpg”所示在模拟墙底盒2和底盒5端接语音信息点链路旁各安装一台电话机，自行制作RJ11语音跳线把电话机与信息点连接起来，信息点通过主干双绞线及语音机架110配线架，利用鸭嘴跳线连接语音交换机（接放端口602和603），确保电话机能按照电话机上粘贴的分机号码（901和909）互拨通话。

（5）视频监控系统安装

1）制作2条80cm长的6类双绞线跳线，将模拟墙上网络摄像机与视频监控信息点连接；制作2条80cm长的6类非屏蔽双绞线跳线，在模拟墙6U挂壁机柜内，连接视频监控信息点端口与用于视频监控的主干双绞线端口；在网络数据机架上制作2条80cm长5e类双绞线跳线，将视频监控主干端口跳接到网络交换机端口的1号端口、2号端口。

2）自制5e类非屏蔽双绞线跳线并敷设在线管内，连接计算机与网络交换机3号端口，以计算机作为视频监控服务器管理和监控实训墙的摄像机。

3）按照“素材2.jpg”所示在钢结构实训墙两侧墙体位置安装视频测试卡，要求视频测试卡的中心点与摄像机成水平直线。

4）在模拟墙上的视频监控电源线缆、电源插座线缆以及长的网络跳线均须使用管槽或线码钉固定在墙体上，做到牢固、垂直、水平、整齐、美观。

（6）视频监控平台软件调试

要求：必须完成两个摄像机安装、形成完整链路（包括完成管槽盖及信息点面板）、自行安装监控软件并调试出两个摄像机的监控画面，提示评委裁判检查符合要求后才能下发“重要说明”，按要求调试和配置视频监控系统软件，如果摄像机没有安装好及没有形成链路（包括相关链路管线槽盖及信息点面板），则这部分不计成绩。所有视频监控系统软件配置操作按照赛场提供的要求进行，需要配置的参数均须采用截图的方式，并以JPG格式文件保存在计算机操作系统桌面指定的文件夹（提醒：检查计算机的时间是否准确）。

（7）链路和信息点测试（按国家标准《综合布线系统工程验收规范》（GB 50312—2016）执行）

1）对网络机架与接入挂壁机柜间的4条双绞线主干链路以永久模式进行测试。

2）对实训墙水平工作区的10条信息点链路（含语音及视频监控用途的5e类信息点和六类信息点）以永久模式进行测试。

3）将测试结果按照信息点端口对应表的“信息点编号或链路号”格式保存至测试仪中，并在计算机中导出作为竣工材料打印出来（没有导出并打印出来记为0分）。

4）光纤链路和跳线测试由竞赛评委进行测试评分，只有按照链路标签相邻两条纤芯测试合格才能算一条完整光纤测试合格，无张贴光纤链路标签的扣该链路所占成绩的50%。

3. 现场环境规范、安全及安装质量要求

1）竞赛过程操作规范性：现场设备、材料、工具、包装材料堆放整齐、有序，文明、安全、规范施工。

2）竞赛完成后现场环境清理、工具还原。

3）安装工艺规范：IDC 端接点至线对缠绕处距离不能大于 5mm，双绞线外皮剥离不能过长；信息模块端接时线缆外皮需压在免打模块顶盖里面。弯曲半径要符合国家标准《综合布线系统工程设计规范》（GB 50311—2016）要求，线缆扎线整齐、美观。

4）偏差标准：墙体挂壁机柜及所有管槽的安装高度允许与试题要求参数有 10cm 的偏差。

5）裸露或交接位的线缆需使用护套管保护；所在双绞线跳线均使用跳线护套保护。

6）模拟墙体管槽、线路及信息点安装敷设规范牢固、美观，按相关要求使用配件，机柜（机架）内线缆预留至少一圈并盘扎美观，机柜门板复原，线缆标识清晰、美观。

三、故障分析（5 分）

1）使用 FLUKE 测试仪，按国家标准《综合布线系统工程验收规范》（GB 50312—2016）5e 类线缆标准以永久链路模式对 VS802A 网络机架综合布线故障箱 5 个网络链路（第 4～8 个端口）进行测试，根据测试结果制作并完成“链路电气性能故障分析表”（表 10-3），并以 A4 幅面打印出来作为竣工材料之一（没有打印出来记为 0 分）。

表 10-3 链路电气性能故障分析表

链路号	故障名称	故障参数及现象	描述造成故障的主要原因

参赛组号：

2）将测试结果按照“15DG 组号-链路号”格式保存至测试仪中，并在计算机中导出到指定文件夹，作为竣工材料打印出来（没有导出并打印出来记为 0 分）。

四、项目文档（5 分）

1）设计文档：以 A4 幅面分别按照设计内容打印 1 张综合布线系统图、楼宇两层的综合布线平面图、信息点对应表等。

2）竣工文档：以 A4 幅面分别打印竣工文档封面（含工程名称、竞赛组号、日期等信息）、每条链路的测试报告、故障分析表、故障链路测试报告。

3）文档装订：把所有打印出来的图纸、表格等装订起来并加封面，装订资料顺序为封面（含工程名称、竞赛组号、日期等信息）、布线系统图（打印成一张 A4 幅面）、施工平面图（一层和二层）、信息点端口编号对应表、信息点统计表、每条链路测试报告、故障分析表、故障链路测试报告；并把原始资料保留在计算机操作系统桌面指定文件夹内。

网络布线综合实训 2

一、网络布线系统工程项目设计（110 分）

依据图 10-4 所示平面图，模拟给定的综合布线系统工程项目，要求实训组按照试卷要求完成模拟楼宇 3 个楼层网络布线系统工程项目设计；所有文件保存在计算机桌面上指定文件夹内，且仅以该指定文件夹中指定文件作为裁判评分依据。

本设计针对模拟楼宇 3 个楼层网络布线系统工程项目，参照图 10-4 所示，依据《综合布线系统工程设计规范》（GB 50311—2016），具体要求如下。

1）所述对象为一模拟楼宇 3 个楼层网络布线系统工程项目，项目名称统一规定为“竞赛模拟楼宇网络布线工程+机位号（机位号取 2 位数字，不足 2 位前缀补 0）”。

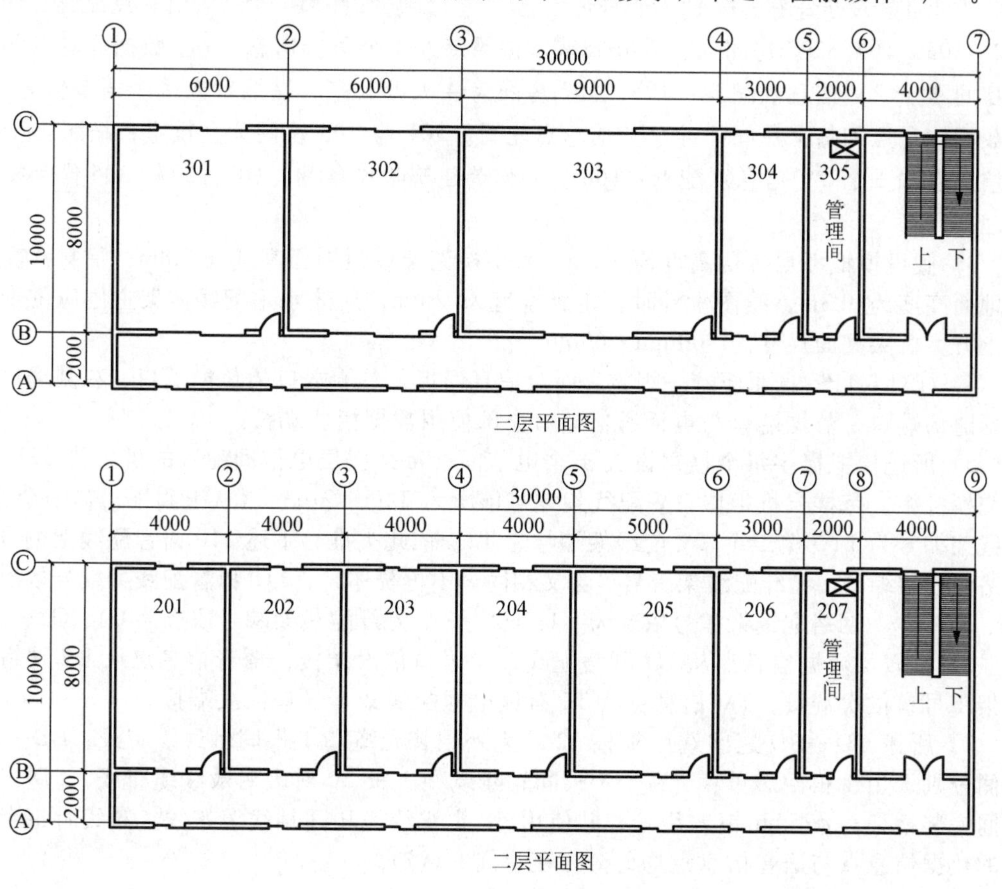

图 10-4　模拟楼宇平面图

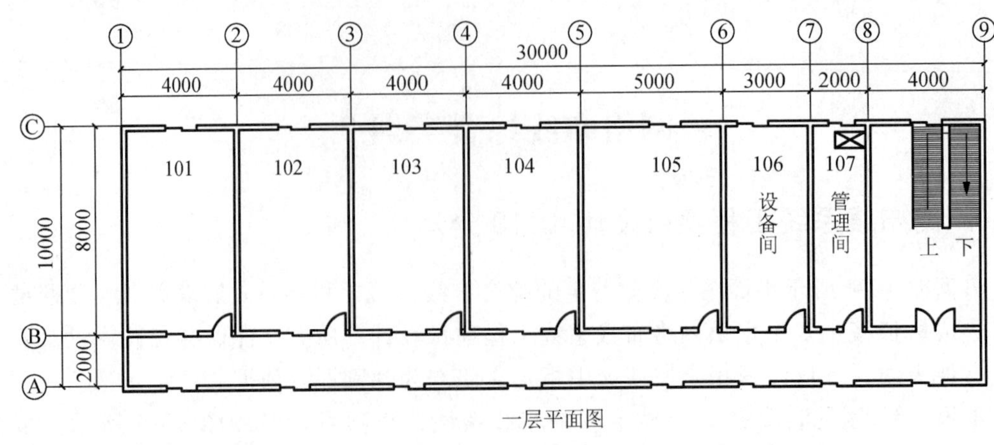

一层平面图

图 10-4（续）

2）图 10-4 中 101、102、103……305 为房间编号。其中：201、202、203、204、206、304 房间为单人办公室，按照 2 个语音信息、2 个数据信息和 1 个 TV 信息点配置；101、102、103、104、205 房间为双人办公室，按照每人 1 个语音信息、1 个数据信息点和每个房间 1 个 TV 信息点配置；105、302 房间为 4 人办公室，按照每人 1 个语音信息、1 个数据信息点和每个房间 1 个 TV 信息点配置；301 与 303 房间为会议室，按照 2 个数据信息点和 1 个 TV 信息点配置；106 房间作为建筑物设备间，107、207、305 作为楼层管理间。

3）假设模拟楼层每层高度为 3.2m，水平桥架架设距地面高度为 2.8m，信息盒高度距地面高度为 0.3m，绘图设计时，走廊宽度为 2.0m，所述水平配线桥架主体应位于走廊上方，桥架截面尺寸为 100mm × 60mm。

4）针对双口信息面板统一规定，面对信息面板，左侧端口为数据端口，右侧端口为电话通信端口，数据端口与电话通信端口全部使用数据模块端接。

5）所述模拟楼宇每个楼层设置 1 个电信间，每个楼层电信间配置的机柜为 32U 国标交换机柜。每楼层机柜内 TV 配线架编号依次为 T1、T2……（从上到下，第一个 TV 配线架编号为 T1，第二个 TV 配线架编号为 T2，依此类推。下述 110 语音配线架编号、网络配线架编号、光纤配线架编号等含义相同，不再赘述），110 语音配线架编号依次为 Y1、Y2……，网络配线架编号依次为 U1、U2……，光纤配线架编号依次为 G1、G2……。

6）每楼层数据信息点从 U1 网络配线架 1 号口依次端接，语音信息点从 U2 网络配线架 1 号口依次端接，TV 信息点从 T1 有线电视配线架 1 号口依次端接。

7）所述 CD—BD 之间选用 1 根 12 芯室外铠装光缆和 1 根同轴线缆布线；BD—FD 之间分别选用 1 根四芯单模光缆、1 根同轴线缆和 1 根 50 对大对数线缆布线；FD—TO 之间安装桥架与 ϕ25mm 镀锌线管，并使用 5e 类双绞线和同轴线缆布线，布线时每个房间的数据信息点与语音信息点均匀分布在房间的两边。

1. 网络布线系统图设计（10 分）

使用 AutoCAD 软件，完成 CD—TO 网络布线系统拓扑图的设计绘制，要求概念清晰、图面布局合理、图形正确、符号标记清楚、连接关系合理、说明完整、标题栏合理（包括项目名称、图纸类别、编制人、审核人和日期，其中编制人、审核人均填写竞赛机位号），设计图以文件名“系统图.dwg”保存到指定文件夹，且生成一份JPG格式文件。生成文件的系统选项以系统默认值为主，要求图片颜色及图片质量清晰、易于分辨。

2. 网络布线系统施工图设计（40分）

按照图10-4所示，使用AutoCAD软件绘制平面施工图。要求施工图中的文字、线条、尺寸、符号描述清晰完整。竞赛设计突出：链路路由、信息点、电信间机柜设置等信息的描述，针对水平配线桥架仅需考虑桥架路由及合理的桥架固定支撑点标注。标题栏合理（包括项目名称、图纸类别、编制人、审核人和日期，其中编制人、审核人均填写竞赛机位号），施工图以文件名“施工图”保存到指定文件夹，且在该指定文件夹中以文件名为“施工生成图 *n*”（*n* 为楼层号）生成（另存）一份JPG格式文件（即每楼层生成一个JPG格式文件）。根据以上要求及条件，绘制网络布线系统施工图，要求包括以下内容。

1）FD—TO布线路由、设备位置和尺寸正确。

2）机柜和网络插座位置、规格正确。

3）图面布局合理，位置尺寸标注清楚、正确。

4）图形符号规范，说明正确、清楚。

5）标题栏完整，签署竞赛机位号等基本信息。

3. 信息点点数统计表编制（10分）

使用Excel软件，按照表10-4所示格式完成信息点点数统计表的编制，要求项目名称正确，表格设计合理，信息点数量正确，竞赛机位号（建筑物编号、编制人、审核人均填写竞赛机位号，不得填写其他内容）及日期说明完整。编制完成后将文件保存到指定文件下，保存文件名为“信息点点数统计表”。

说明：图10-4中，房间编号=楼层序号+本楼层房间序号。其中，楼层序号取1位数字，本楼层房间序号取2位数字。

表10-4　信息点点数统计表

项目名称：＿＿＿＿＿＿　　　　建筑物编号：＿＿＿＿＿＿

楼层编号	信息点类别	房间序号				楼层信息点合计			信息点合计
		01	02	…	*nn*	数据	语音	TV	
一层	数据								
	语音								
	TV								
…	数据								
	语音								
	TV								
N 层	数据								
	语音								
	TV								
信息点合计									

编制人签字：＿＿＿＿＿＿　　审核人签字：＿＿＿＿＿＿　　日期：　年　月　日

4. 信息点端口对应表编制（20分）

使用Excel软件，按照表10-5所示格式完成信息点端口对应表的编制。

表10-5 信息点端口对应表

项目名称：______ 建筑物编号：______

序号	信息点端口对应表编号	楼层机柜编号	配线架编号	配线架端口编号	房间编号	插座插口编号
1						
2						

编制人签字：______ 审核人签字：______ 日期： 年 月 日

要求严格按下述设计描述，项目名称正确，表格设计合理，端口对应编号正确，相关含义说明正确、完整，竞赛机位号（建筑物编号、编制人、审核人均填写竞赛机位号，不得填写其他内容）及日期说明完整。编制完成后将文件保存到指定文件下，保存文件名为“信息点端口对应表”。

信息点端口对应表编号编制规定如下：

房间编号—插座插口编号—楼层机柜编号—配线架编号—配线架端口编号

1）楼层机柜编号按楼层顺序依次为FD1、FD2、FD3。

2）每楼层机柜内网络配线架编号依次为U1、U2、U3……，TV配线架编号依次为T1、T2、T3……。数据信息点从U1网络配线架1端口开始端接，语音信息点从U2网络配线架1端口开始端接，TV信息点从TV配线架1端口开始端接。

3）配线架端口号取2位数字，配线架端口从左至右编号依次为01、02、03……。

4）房间编号=楼层序号+本楼层房间序号。其中：楼层序号取1位数字，本楼层房间序号取2位数字。房间编号按照图10-4所示，分别为101、102……307。

5）插座插口编号取2位数字+1位说明字母。1位说明字母为：数据信息点取字母“D”，语音信息点取字母“P”，TV信息点取字母“T”。每个楼层内数据信息点插口编号依次为01D、02D、03D……，语音信息点插座插口编号依次为01P、02P、03P……，数据信息点插口编号依次为01T、02T、03T……。

例如，101房间第1个数据信息点、语音信息点和TV信息点对应的信息点端口对应表编号分别为FD1-U1-01-101-01D、FD1-U2-01-101-01P、FD1-T1-01-101-01T。

5. 材料统计表编制（20分）

按照图10-4所示，参照表10-6所示格式，完成BD—TO材料统计表的编制。

要求：材料名称和规格/型号正确，数量符合实际并统计正确，辅料合适，竞赛机位号（建筑物编号、编制人、审核人均填写竞赛机位号，不得填写其他内容）和日期说明完整。编制完成后将文件保存到指定文件夹下，保存文件名为“材料统计表”。

表10-6 材料统计表

项目名称：______ 建筑物编号：______

序号	材料名称	材料规格/型号	单位	数量

编制人签字：______ 审核人签字：______ 日期： 年 月 日

6. 竣工报告（10分）

按照图10-4所示模拟楼宇3个楼层网络布线系统工程的设计和安装施工过程，编写工程项目竣工报告，具体内容包括项目名称、设计依据、项目概况、项目施工内容与团队合作情况（团队名称以机位号代替）、编制人、审核人及日期等。要求报告名称正确，内容清楚完整，版面美观，编写完成后以文件名“竣工报告”保存到指定文件夹内。

二、网络布线系统工程项目施工（850分）

根据大赛组委会指定设备，网络布线工程施工安装针对上海企想网络综合布线实训装置进行，每个竞赛队1个U形区域，U形半封闭区域宽度约3.6m，深度约1.2m。竞赛操作区域以该U形区域为基准，竞赛操作不得跨区作业、跨区走动及跨区放置材料。

竞赛过程中，不得对仿真墙体、模拟CD机柜装置、模拟BD装置进行位置移动操作，具体链路施工路由要求，请按试题题目要求及和图10-5中描述的位置进行。具体要求如下。

1）图10-6中101、102……313为信息盒编号。

2）针对双口信息面板统一规定，面对信息面板，左侧端口为数据端口，右侧端口为电话通信端口，数据端口与电话通信端口全部使用数据模块端接。

3）FD机柜内放置设备/器材（由上至下）为TV配线架、网络配线架、110跳线架、光纤配线器。

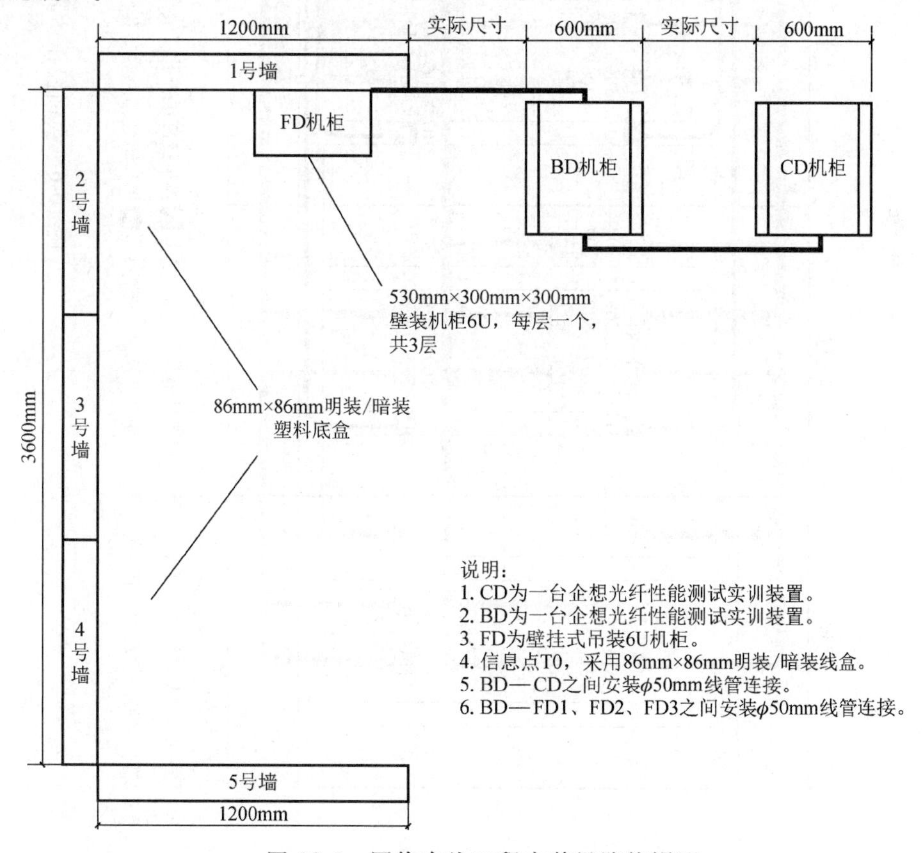

图10-5 网络布线工程安装链路俯视图

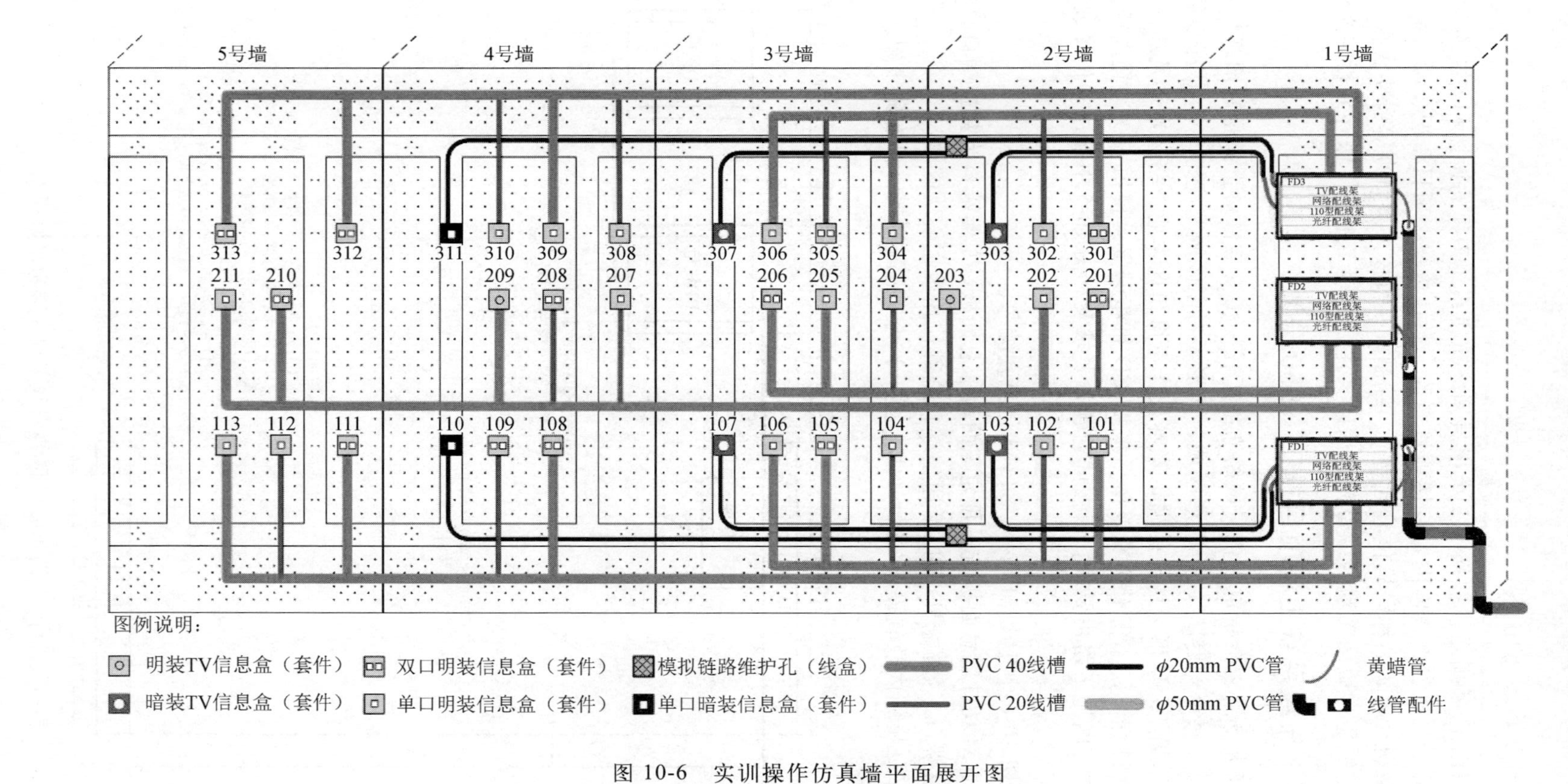

图 10-6 实训操作仿真墙平面展开图

1. 光纤跳线和线缆跳线制作（36分）

1）使用冷压方式制作 4 条 SC-SC 单模光纤跳线，每条制作完成跳线的长度均为500mm；要求光纤跳线长度误差在指定长度±10mm以内，插入损耗小于0.5dB，制作的光纤跳线在光纤熔接测试平台上通过检测测试，标签正确合理。跳线使用P形线缆标签纸进行标签标识，第一根线缆两端均标识为“GL1”，第二根线缆两端均标识为“GL2”，第三根线缆两端均标识为“GL3”，第四根线缆两端均标识为“GL4”。

2）选用5e类非屏蔽双绞线及水晶头，按照T568B标准，现场制作3条双绞线跳线，长度为500mm的直通线；跳线长度误差控制在指定长度的±10mm以内，压接护套到位，标签正确合理。跳线使用 P 形线缆标签纸进行标签标识，第一根线缆两端均标识为“XL1”，第二根线缆两端均标识为“XL2”，第三根线缆两端均标识为“XL3”。

3）使用同轴线缆和英制F头，制作2根有线电视跳线，长度为600mm。要求跳线长度误差控制在指定长度的±10mm以内，英制F头压接正确到位，无屏蔽层裸露，标签正确合理。跳线使用P形线缆标签纸进行标签标识，第一根线缆两端均标识为“TL1”、第二根线缆两端均标识为“TL2”。

2. 测试链路端接（84分）

在企想网络跳线测试仪的实训装置上完成6个回路测试链路的布线和模块端接，路由按照图10-7所示位置，每个回路链路由3根跳线组成（每个回路3根跳线结构如图10-7中侧视图所示，图中的“X”表示1～6，即第1～6条链路），端/压接6组线束。要求链路端接正确，每段跳线长度合适，端接处拆开线对长度合适，端接位置线序正确，剪掉多余牵引线，线标正确。

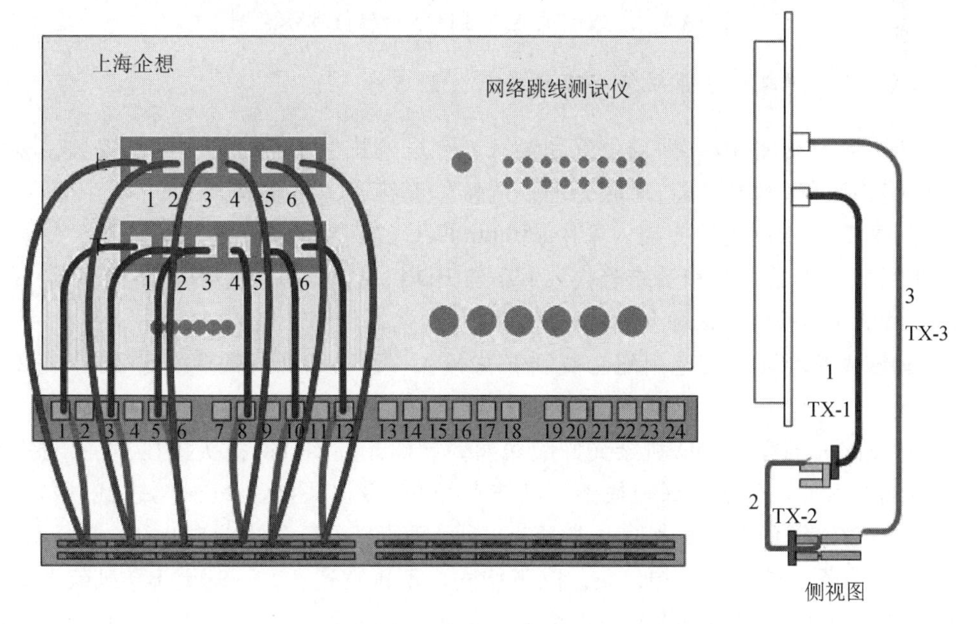

图10-7 跳线测试链路端接路由与位置示意图

3. 复杂永久链路端接（84 分）

在企想网络压线测试仪的实训装置上完成 6 个复杂永久链路的布线和模块端接，路由按照图 10-8 所示位置，每个回路由 3 根跳线组成（每回路 3 根跳线结构如图 10-8 中侧视图所示，图中的“X”表示 1～6，即第 1～6 条链路），端/压接 6 组线束。要求链路端/压接正确，每段跳线长度合适，端接处拆开线对长度合适，端接位置线序正确，剪掉多余牵引线，线标正确。

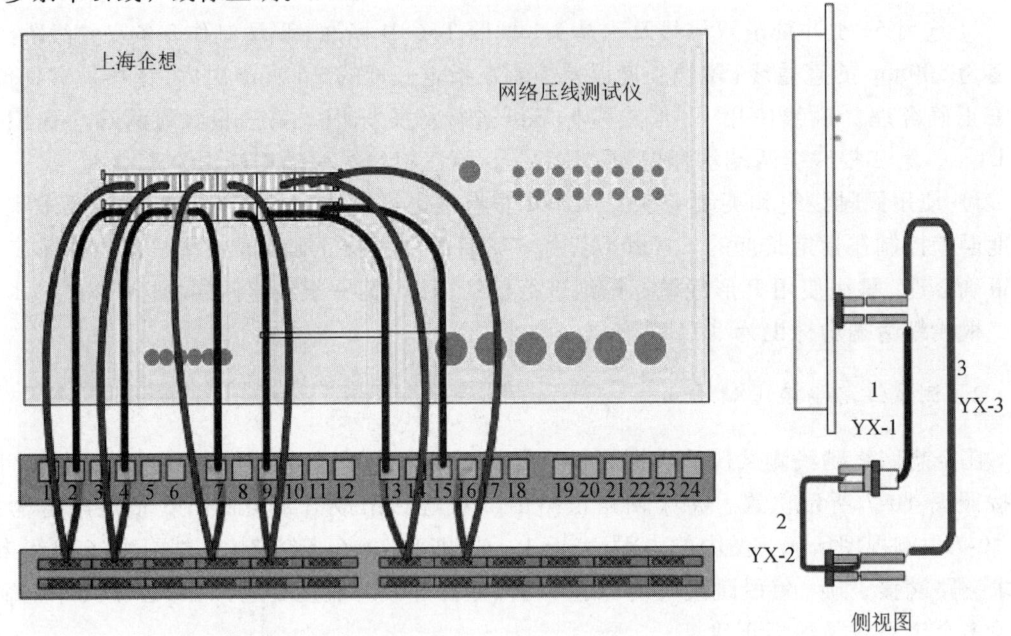

图 10-8 压线测试链路端接路由与位置示意图

4. CD—BD 建筑群子系统链路布线安装（72.5 分）

按照图 10-5 及图 10-6 所示位置和要求，完成建筑群子系统的布线与安装。要求：主干链路路由正确，端接端口对应合理，端接位置符合下述要求。

1）完成 CD—BD 线管安装，采用 ϕ50mm PVC 线管沿地面敷设方式安装，安装中线管两端使用配套成品弯头和黄蜡管接入 CD 与 BD 机架内，并在管内布 2 根同轴线缆、4 根单芯皮线光缆和 1 根 25 对大对数线缆。

2）同轴线缆两端分别选用配套英制 F 头接入 CD 与 BD 机架 TV 配线架 1～2 号进线端口。

3）光缆的一端穿入 BD 机架光纤配线架，制作光纤 SC 冷接头接在 1～4 号进线端口；另一端穿入 CD 机架光纤配线架，制作光纤 SC 冷接头接在 1～4 号进线端口。

4）大对数线缆依据色标线序压接所有 25 对线缆（主色依次为白、红、黑、黄、紫；次/辅色依次为蓝、橙、绿、棕、灰。以下相同，不再赘述），一端至 BD 机架上 110 配线架底层的 1～25 线对（配线架左上位置），另一端压接至 CD 机架上 110 配线架底层的 1～25 线对，并正确安装顶层的端接连接模块。

5. BD—FD 建筑物子系统布线安装（142.5 分）

按照图 10-5 和图 10-6 所示位置和要求，完成建筑物子系统布线安装。要求：主干链路路由正确，端接端口对应合理，端接位置符合下述要求。

1）完成 FD1、FD2、FD3 网络机柜的安装，要求位置正确、固定牢固。

2）从标识为 BD 的模拟设备向模拟 FD1～FD3 机柜外侧安装 1 根 ϕ50mm PVC 线管，采用沿地面和沿墙体凹槽敷设方式，使用管卡固定，安装中线管使用配套成品弯头、三通和黄蜡管接入 FD1～FD3 机柜内。模拟管路内需布放 3 根同轴线缆、6 根单芯皮线光缆和 3 根 25 对大对数线缆，分别接入 FD1～FD3 机柜内（各 FD 机柜进线类型、数量相同，每个模拟 FD 机柜进线分别是 1 根同轴线缆、2 根单芯皮线光缆和 1 根 25 对大对数线缆），要求此机柜内所有缆线从该管路中布放。

3）3 根同轴线缆选用配套英制 F 头连接，一端在 BD 机架 TV 配线架上依次接入 3～5 号进线端口，另一端分别对应接入 FD1、FD2、FD3 机柜内 TV 配线架 1 号进线端口。

4）6 根单芯皮线光缆的一端穿入 BD 机架光纤配线架，制作光纤 SC 冷接头接在 5～10 号进线端口；相对应的另一端分别穿入 FD1、FD2、FD3 光纤配线架，制作光纤 SC 冷接头分别对应接入 1～2 号进线端口。

5）3 根 25 对大对数线缆依据色标端接。其中，第 1 根一端端接在 BD 机架上 110 配线架底层的 26～50 线对（配线架右上位置）上，另一端端接在 FD1 机柜内 110 配线架底层的 1～25 线对上；第 2 根一端端接在 BD 机架上 110 配线架底层的 51～75 线对（配线架左下位置）上，另一端端接在 FD2 机柜内 110 配线架底层的 1～25 线对上；第 3 根一端端接在 BD 机柜上 110 配线架底层的 76～100 线对（配线架右下位置）上，另一端端接在 FD3 的 110 配线架底层的 1～25 线对上，并正确安装各顶层的端接连接模块。

6. FD1 配线子系统 PVC 线槽/线管安装和布线（144 分）

按照图 10-6 所示位置，完成底盒、模块、面板、网络配线架与 TV 配线架的安装以及以下指定路由的线槽/线管安装布线与端接。要求设备安装位置合理、剥线长度合适、线序和端接正确，预留缆线长度合适，剪掉多余牵引线。具体包括以下任务。

1）101、105、108、109、111 信息盒为双口信息点，信息盒（面板）左边为数据信息点，右边为语音信息点；102、106、110、113 信息盒为单口数据信息点；104、112 信息盒为单口语音信息点；103、107、110 信息盒为 TV 信息点。

2）101、105、106、108、111、113 信息点通过 PVC 40 线槽连接到本楼层机柜，所述线槽连接配件均须通过线槽切割拼接自制完成。

3）102、104、109、112 信息点通过 PVC 20 线槽连接到 PVC 40 线槽，共链路连接到本楼层机柜，所述线槽连接配件均须通过线槽切割拼接自制完成。

4）103、107、110 信息点通过 ϕ20mm PVC 线管连接到本楼层机柜，且在链路分支点设置链路维护孔。所述线管进入机柜时，可通过黄蜡管外套保护或 ϕ20mm PVC 线管连接进入本楼层机柜 FD1，完成安装与布线。

5）101 数据、102 数据、105 数据、106 数据、108 数据、109 数据、110 数据、111 数据、113 数据信息点均使用 5e 类双绞线按指定路由连接到本层 FD1 中，并从网络配线架上端口 1 开始依次端接。

6）101 语音、104 语音、105 语音、108 语音、109 语音、111 语音、112 语音信息点均使用 5e 类双绞线按指定路由连接到本层 FD1 中，并从网络配线架上端口 12 开始依次端接。

7）103、107 信息（电视）插座的同轴线缆压接完成后，将线缆另一端压接到 FD1 机柜内 TV 配线架第 2、第 3 进线端口上。

7. FD2 配线子系统 PVC 线槽/线管安装和布线（120 分）

按照图 10-6 所示位置，完成底盒、模块、面板、网络配线架与 TV 配线架的安装以及以下指定路由的线槽/线管安装布线与端接。要求设备安装位置合理、剥线长度合适、线序和端接正确，预留线缆长度合适，剪掉多余牵引线。具体包括以下任务。

1）201、206、208、210 为双口信息点，信息盒（面板）左边为数据信息点，右边为语音信息点；202、204、207、211 信息盒为单口数据信息点；205 信息盒为单口语音信息点；203、209 信息盒为 TV 信息点。

2）202、205、206 信息点通过 PVC 40 线槽连接到本楼层机柜，所述 PVC 40 线槽阴角、直角等连接配件均须通过配套辅材组合安装完成。

3）209、210、211 信息点通过 PVC 40 线槽连接到本楼层机柜，所述 PVC 40 线槽连接配件均须通过线槽切割拼接自制完成。

4）201、203、204、207、208 信息点通过 PVC 20 线槽连接到 PVC 40 线槽共链路连接到本楼层机柜，所述 PVC 20 线槽连接配件均须通过线槽切割拼接自制完成。

5）201 数据、202 数据、204 数据、206 数据、207 数据、208 数据、210 数据、211 数据信息点均使用 5e 类双绞线按指定路由连接到本层 FD2 中，并从网络配线架上端口 1 开始依次端接。

6）201 语音、205 语音、206 语音、208 语音、210 语音信息点均使用 5e 类双绞线按指定路由连接到本层 FD2 中，并从网络配线架上端口 12 开始依次端接。

7）203、209 信息（电视）插座的同轴线缆压接完成后，线缆另一端压接到 FD2 机柜内 TV 配线架第 2、第 3 进线端口上。

8. FD3 配线子系统 PVC 线槽/线管安装和布线（136 分）

按照图 10-6 所示位置，完成底盒、模块、面板、网络配线架与 TV 配线架的安装以及以下指定路由的线槽/线管安装布线与端接。要求设备安装位置合理、剥线长度合适、线序和端接正确，预留线缆长度合适，剪掉多余牵引线。具体包括以下任务。

1）301、305、312、313 为双口信息点，信息盒（面板）左边为数据信息点，右边为语音信息点；302、304、306、309 信息盒为单口数据信息点；308、310 信息盒为单口语音信息点；303、307 信息盒为 TV 信息点。

2）301、304、306 信息点通过 PVC 40 线槽连接到本楼层机柜。所述 PVC 40 线槽阴角、直角等连接配件均须通过配套辅材组合安装完成。

3）309、312、313 信息点通过 PVC 40 线槽连接到本楼层机柜。所述 PVC 40 线槽阴角、直角等连接配件均须通过线槽切割拼接自制完成。

4）302、305、308、310 信息点通过 PVC 20 线槽连接到 PVC 40 线槽共链路连接到本楼层机柜，所述 PVC 20 线槽连接配件均须通过线槽切割拼接自制完成。

5）303、307、311 信息点通过ϕ20mm PVC 线管连接到本楼层机柜，且在信息点链路分支点设置链路维护孔。所述线管进入机柜时，可通过黄蜡管外套保护或ϕ20mm PVC 线管连接进入本楼层机柜 FD3，完成安装与布线。

6）301 数据、302 数据、304 数据、305 数据、306 数据、309 数据、311 数据、312 数据、313 数据信息点均使用 5e 类双绞线按指定路由连接到本层 FD3 中，并从网络配线架上端口 1 开始依次端接。

7）301 语音、305 语音、308 语音、310 语音、312 语音、313 语音信息点均使用 5e 类双绞线按指定路由连接到本层 FD3 中，并从网络配线架上端口 12 开始依次端接。

8）303、307 信息（电视）插座的同轴线缆压接完成后，将线缆另一端压接到 FD3 机柜内 TV 配线架第 2、第 3 进线端口上。

9. 标签（31 分）

1）3 个楼层所有信息面板均需使用信息面板标签纸标签标识（信息盒中，数据信息点插座插口编号取字母“D”，语音信息点插口编号取字母“P”，TV 信息点插座插口编号取字母“T”。信息面板每个信息点标签由插座底盒编号与插座插口编号组成，如 101-D、101-P、103-T 等），标签贴于网络插口上方中央位置，要求标签尺寸裁剪适中、美观。

2）CD—BD 之间单模皮线光缆使用标签扎带进行标签标识，光缆两端均需设置该标识，第一根光缆两端均标识为“CB-G1”、第二根光缆两端均标识为“CB-G2”，第三根光缆两端均标识为“CB-G3”，第四根光缆两端均标识为“CB-G4”。

3）CD—BD 之间同轴线缆两端使用 P 形线缆标签纸进行标签标识，两端均需设置该标识，第一根同轴线缆两端均标识为“CB-T1”，第二根同轴线缆两端均标识为“CB-T2”。

三、综合布线系统工程项目管理（50 分）

1）现场设备、材料、工具堆放整齐、有序。

2）安全施工、文明施工、合理使用材料。

网络布线综合实训 3

网络布线系统安装施工说明如下：

实训过程中，不得对仿真墙体、模拟 CD、BD 机架装置进行位置移动操作。具体链路施工路由要求，请按实训要求及图 10-9 所示的模拟 CD、BD 机架装置设备安装位置图，图 10-10 所示的网络布线工程安装链路俯视图，图 10-11 所示的竞赛操作仿真墙正平面展开图中描述的位置进行。具体要求如下。

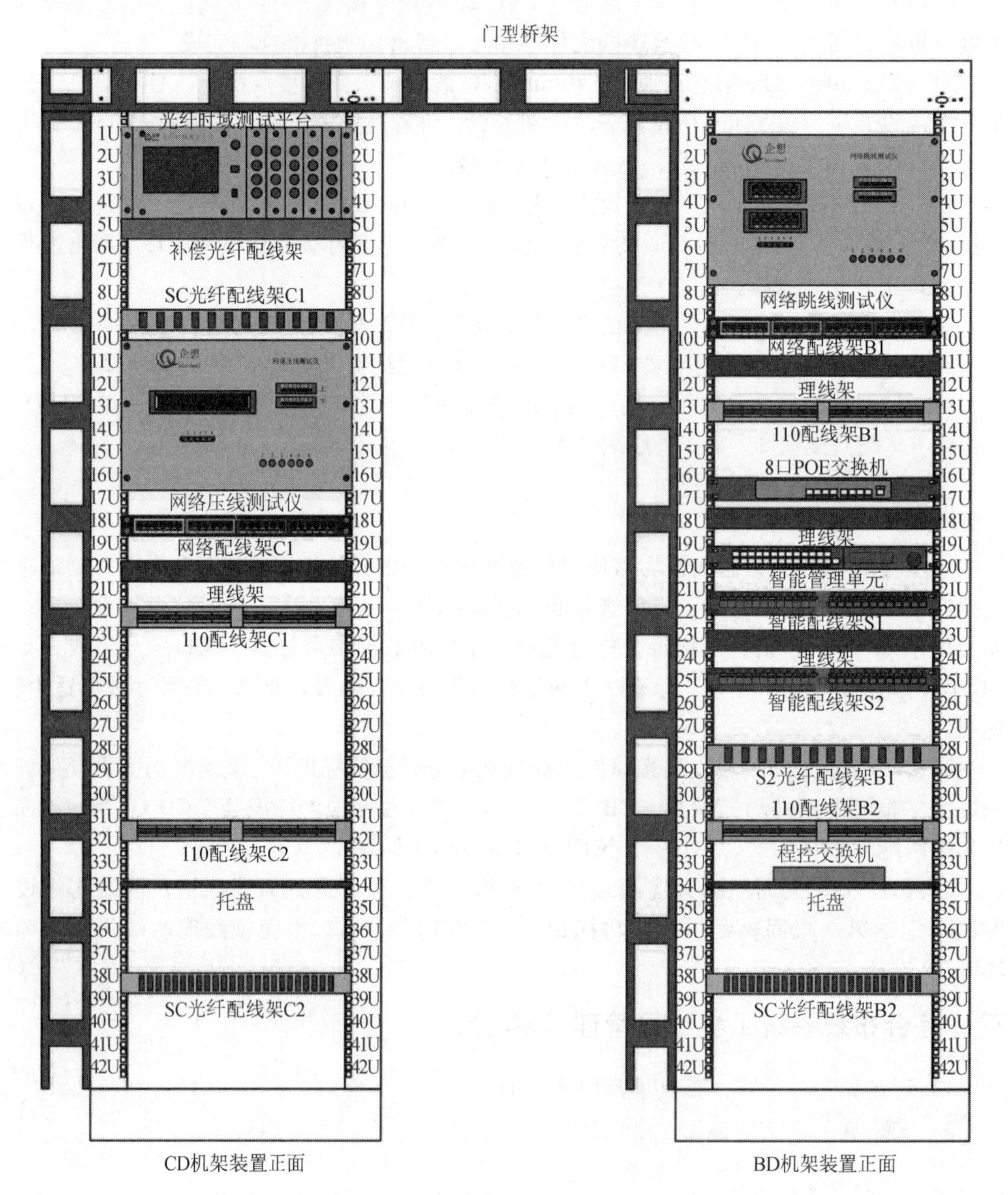

图 10-9 模拟 CD、BD 机架装置设备安装位置图

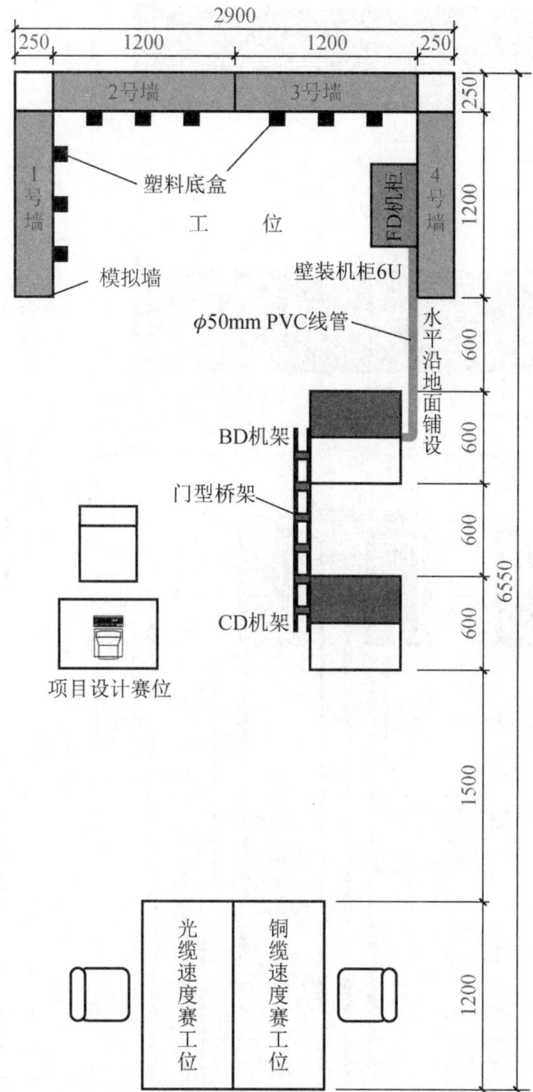

说明：
1. CD为1台光缆配线端接实训装置。
2. BD为1台网络配线实训装置。
3. FD为壁挂式吊装6U机柜。
4. 信息点T0，采用86mm×86mm塑料底盒。
5. CD—BD之间预装门型桥架连接。
6. BD—FD1、FD2、FD3之间安装φ50mm线管连接。
7. 其余按照《综合布线系统工程设计规范》(GB 50311—2016) 执行。

图 10-10 网络布线工程安装链路俯视图

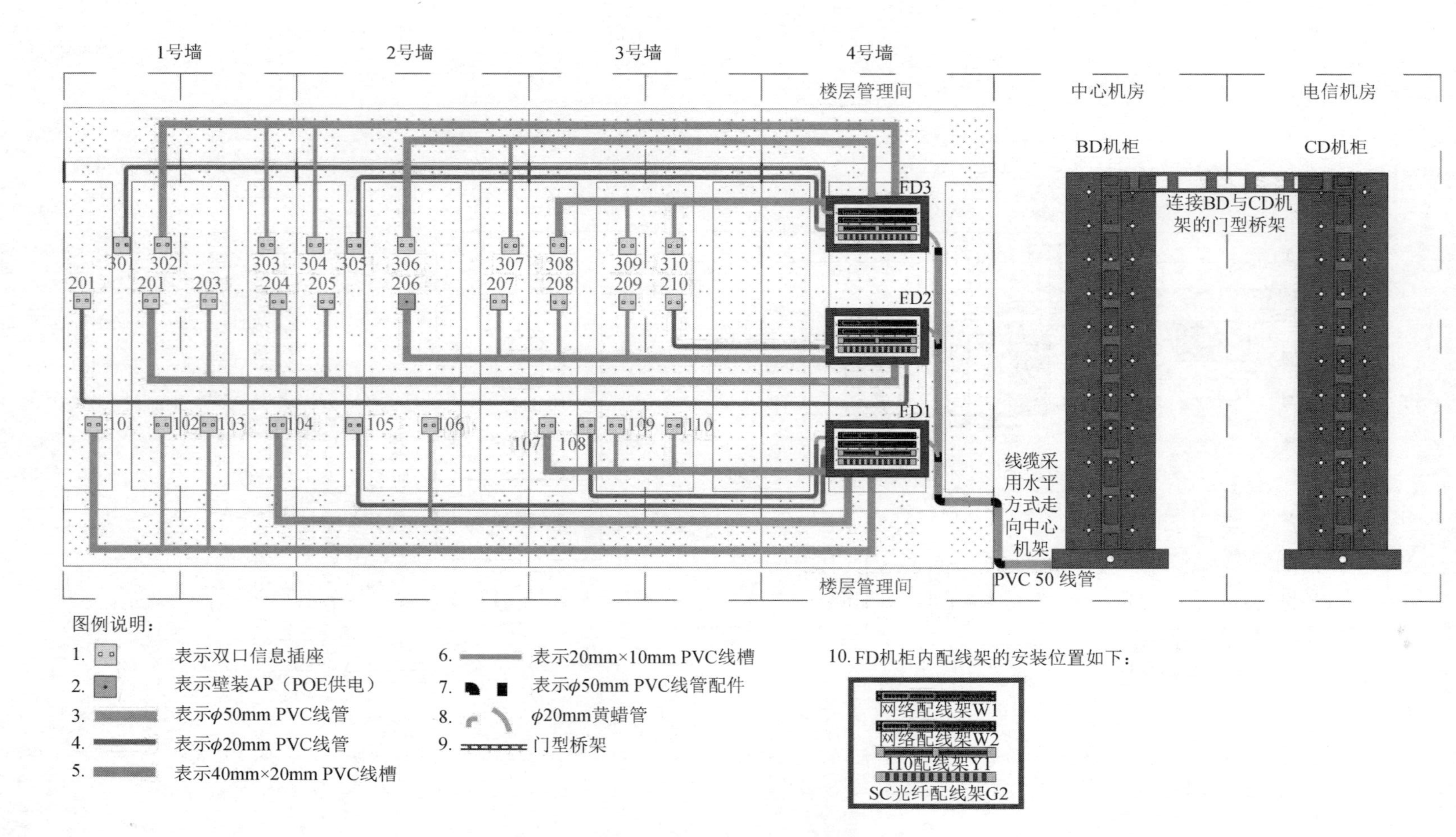

图 10-11　竞赛操作仿真墙正平面展开图

1）图 10-11 中 101、102……310 为信息插座编号。

2）针对双口信息插座统一规定：面对信息面板，左侧端口为数据信息点，右侧端口为语音信息点，数据信息点与语音信息点均使用数据模块端接。

3）RJ-45 水晶头按照 T568B 线序端接。4 对双绞线线缆端接 110 配线架 5 对连接模块时按照线序（白蓝、蓝、白橙、橙、白绿、绿、白棕、棕）端接。RJ-11 水晶头按照线序（白绿、蓝、白蓝、绿）制作。25 对大对数线缆按照主次线序（主色依次为白、红、黑、黄、紫；次/辅色依次为蓝、橙、绿、棕、灰）端接。

4）FD 机柜内放置设备/器材（由上至下）为网络配线架 W1、网络配线架 W2、110 配线架 Y1、光纤配线架 G2。

模块 A：网络布线速度竞赛（45 分钟）（100 分）

网络布线赛项首先进行网络布线速度竞赛，时间为 45min。包括铜缆端接速度竞赛和光纤熔接速度竞赛，由参赛队的 2 名选手分别独立完成，选手分工由各参赛队自行决定。

网络布线速度竞赛阶段，选手只能在图 10-10 所示的速度竞赛赛位进行网络布线速度竞赛，不得进行任何不相关操作，也不得离开速度竞赛赛位，竞赛过程中不允许相互交流。

网络布线速度竞赛为定时竞速比赛，到达规定时间后，必须立即停止操作，不得再进行任何与网络布线速度竞赛相关的操作。

1. 铜缆端接速度竞赛（45min）（50 分）

（1）竞赛准备

准备阶段时间计算在比赛时间内。竞赛准备内容和方法如下。

1）检查竞赛材料的数量和质量。准备和检查超 5 类水晶头 58 个，超 5 类模块 58 个，根据选手需要和本竞赛要求（见下文）裁剪数量合适、长度适中的超 5 类非屏蔽双绞线线缆，保证数量正确和质量合格，并且在台面摆放到顺手位置。

2）检查工具。准备和检查所使用的工具、测线器等，并且在台面摆放到顺手位置。

3）根据需要制作 1 根长度适中的 RJ-45 水晶头—RJ-45 水晶头跳线作为测试跳线，一端插入测线器，摆放在后续测试比较合适的位置。

（2）铜缆端接速度竞赛

按图 10-12 所示，制作 320mm 长 RJ-45 水晶头—RJ-45 水晶头跳线和 320min 长 RJ-45 模块—RJ-45 模块跳线两类，并且串联在一起。最终评价链接的数量和质量。要保证所有链接的节点都能够导通，按照符合链接标准、质量合格的节点计算完成的数量。同时评判端接的外观质量、操作规范和环境卫生等。

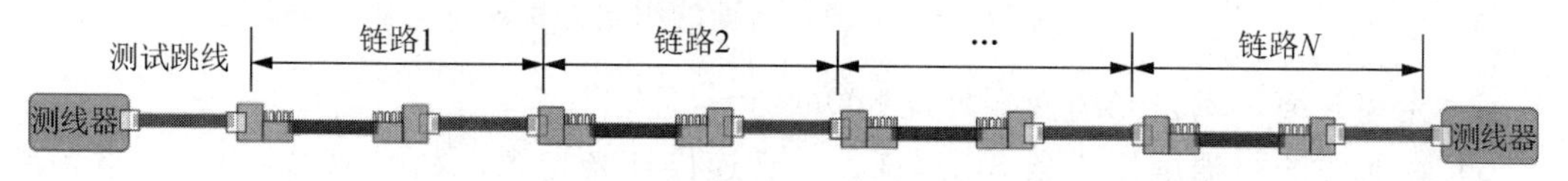

图 10-12 铜缆端接速度竞赛串联图

具体要求如下。

1）首先制作RJ-45模块—RJ-45模块跳线，并且插入准备阶段制作的RJ-45水晶头—RJ-45水晶头跳线，然后再制作RJ-45水晶头—RJ-45水晶头跳线、RJ-45模块—RJ-45模块跳线。按此循环制作，边做边串联和测试。

2）必须保证每根跳线合格，不合格跳线不得串联，多根跳线串联后通断测试合格，允许使用测线器进行测试。

3）必须保证线序正确，水晶头按照T568B线序压接，模块按照色标规定的T568B线序制作。

4）要求全部跳线剥除护套长度合适，剪掉撕拉线，水晶头护套压接到位，模块剪掉线头、压接到位、盖好压盖。

【特别说明】铜缆端接速度竞赛时间结束后，必须立即停止操作。分别将主测线器和远端测试端连接到整条链路两端，测线器保持开通且指示灯一侧向上，连同铜缆端接速度竞赛作品一起存放在蓝色收纳箱里，并将收纳箱摆放在铜缆速度竞赛赛位的椅子上，测线器的指示状态作为整条链路连通性的评分依据。然后将铜缆速度竞赛工作台移动到布线安装区域，作为施工操作台使用。

2. 光纤熔接速度竞赛（45min）（50分）

（1）竞赛准备

准备阶段时间计算在比赛时间内。竞赛准备内容和方法如下。

1）准备5m长24芯单模室内光缆2根，如图10-13所示，用尼龙扎带和黏扣固定在台面，同时考虑熔接机和工具等位置，方便快速操作。

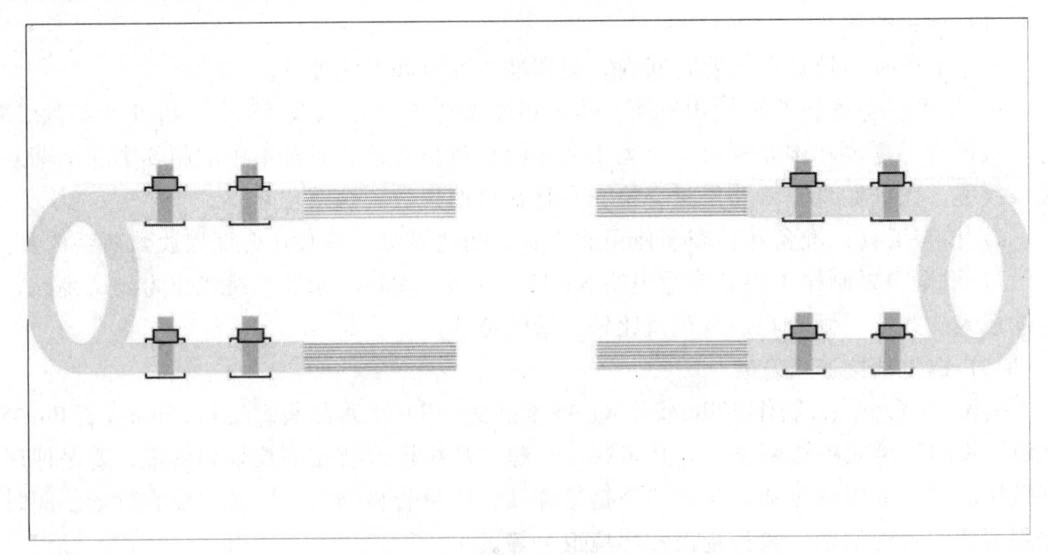

图10-13　光缆在台面的固定方式

2）光缆开缆，剥去光缆两端外皮800mm。

3）在光缆的一端熔接1条SC尾纤，并且连接红光光源，如图10-14所示。准备酒精和无尘纸等器材。

（2）光纤熔接速度竞赛

要求将两根光缆环形接续，将光缆按照光纤的色谱顺序，依次熔接，连接串成一条通路。如图 10-14 所示，将熔接好的光纤整齐放在台面，不要放在熔接机托盘中。在保证通断测试合格的前提下，记录熔接点的个数。同时评判熔接点外观质量、操作规范、是否有戴护目镜等劳动保护、环境是否卫生等。

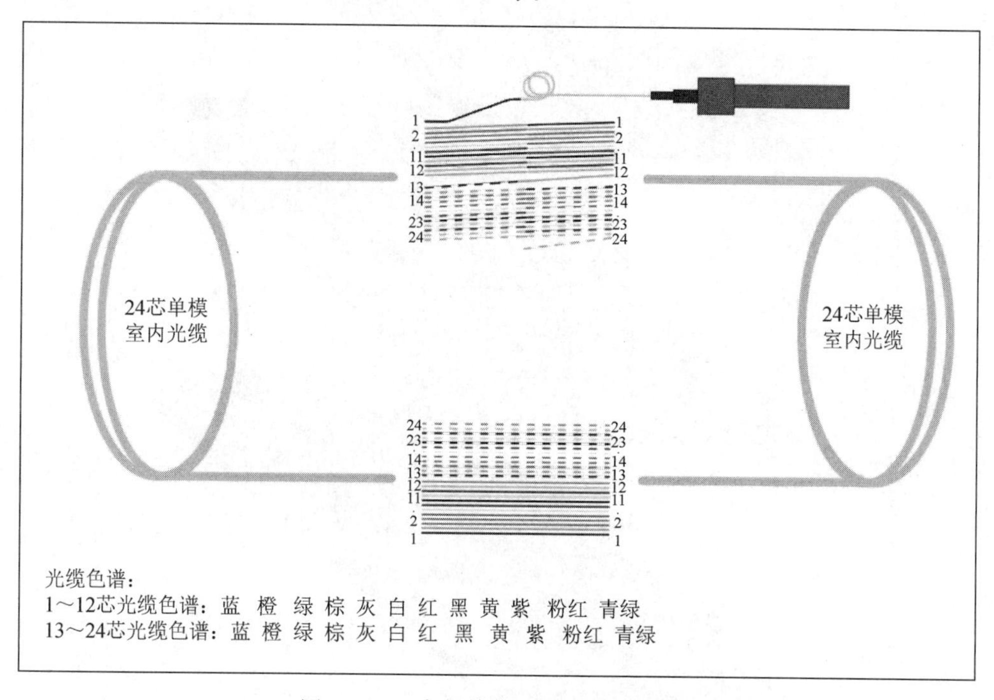

图 10-14 光纤熔接速度竞赛连接图

具体操作技术要求和注意事项如下。

1）使用熔接机熔接光纤，及时清洁熔接机，保证熔接合格。

2）每个熔接点必须安装 1 个热收缩保护管，调整加热时间正确，套管收缩合格并且居中。

3）必须去除光纤外皮和树脂层，每芯光纤至少清洁 3 次。

4）光纤剥线钳每次使用后必须及时清洁，去除剥线钳刀口上面黏留的树脂或杂物。

5）正确使用和清洁光纤切割刀。

6）选手只能使用竞赛规定的设备和器材，不允许自己创建任何特殊夹具。

7）竞赛结束后，请保持图 10-14 中红光笔的连接状态，关闭红光光源。

模块 B：网络布线工程设计（80 分）

根据图 10-15 所示，模拟给定的综合布线系统工程项目，按照赛卷要求和《综合布线系统工程设计规范》（GB 50311—2016）完成网络布线工程设计。具体要求如下。

1）该建筑模型为模拟楼宇 3 个楼层网络布线系统工程项目。项目名称统一规定为“网络布线工程”+赛位号（赛位号取 2 位数字，不足 2 位前缀补 0）。

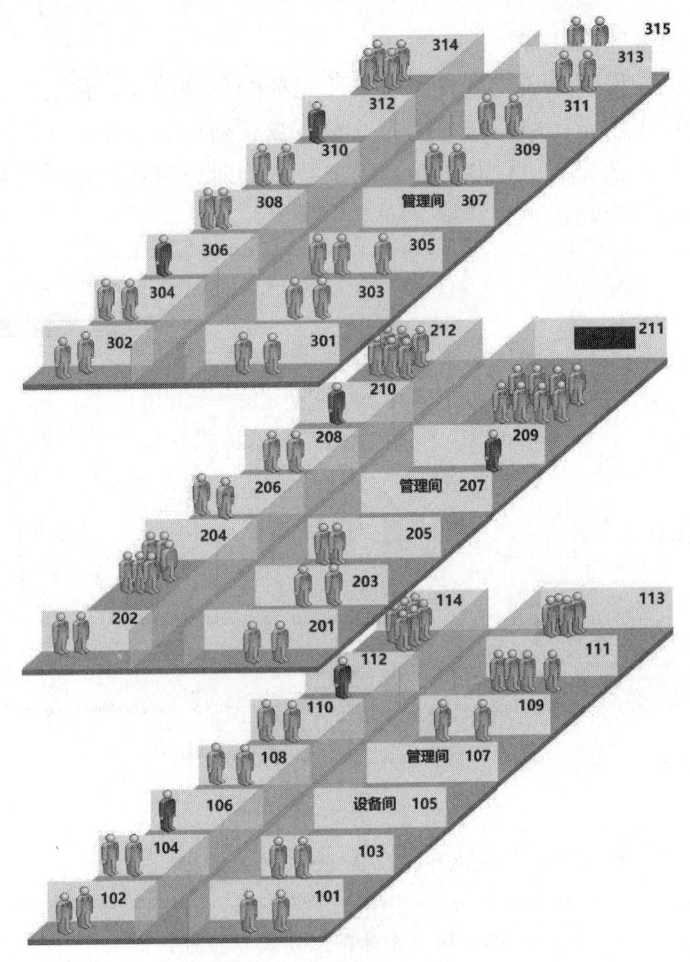

图 10-15　建筑模型立体图

2）该建筑模型 3 个楼层房间区域内卡通人物代表房间的用途。其中，1 个人物表示领导办公室，按照 2 个语音、2 个数据信息点配置；2～4 个人物表示集体办公室，按照每人 1 个语音、1 个数据信息点配置；6 个人物表示会议室，按照 2 个数据信息点配置；8 个人物表示教室，按照 2 个数据信息点配置；设备间和管理间按照每个房间 1 个语音、1 个数据信息点配置。

3）该建筑模型 3 个楼层中会议室、教室为单口信息插座，每个单口信息插座 1 个数据信息点。其余房间均为双口信息插座，每个双口信息插座 1 个数据信息点、1 个语音信息点。

4）针对双口信息插座统一规定，面对信息插座，左侧端口为数据信息点，右侧端口为语音信息点，数据信息点与语音信息点均使用数据模块端接。

5）该建筑模型 CD—BD 之间选用 1 根 4 芯单模室外光缆布线。BD—FD 之间分别选用 1 根 4 芯多模室内光缆和 1 根 50 对大对数线缆布线。FD—TO 之间选用超 5 类非屏蔽双绞线线缆布线。

6）该建筑模型 CD—BD 为室外埋管布线。BD—FD1 为地下埋管布线，BD—FD2、BD—FD3 为沿墙体垂直桥架（200mm×100mm）布线。FD—TO 为明槽暗管布线，楼道为明装桥架（100mm×80mm），室内沿隔墙暗管（ϕ20mm PVC管）布线到TO。设备间、管理间、领导办公室信息插座分布在房间的一边，集体办公室、会议室信息插座分布在房间的两边；教室信息插座分布在讲台的两边。

7）图10-15中101、102、103……315为房间编号。

8）该建筑模型楼层每层高度为3.3m，水平桥架距地面高度为2.9m，信息插座距地面高度0.3m。1～3人办公室、设备间、管理间面积为28m^2（4m×7m），4人办公室面积为42m^2（6m×7m，其中314房间除外），314房间面积为56m^2（8m×7m），会议室面积为56m^2（8m×7m），教室面积为84m^2（12m×7m）。楼道宽度为3m。

9）该建筑模型107、207、307房间为楼层管理间，每个楼层管理间配置的机柜为32U标准机柜。每个楼层机柜内网络配线架编号依次为W1、W2……（从上到下，第一个网络配线架编号为W1，第二个网络配线架编号为W2。依此类推，下述语音配线架编号、光纤配线架编号等含义相同，不再复述），语音配线架编号依次为Y1、Y2……，光纤配线架编号依次为G1、G2……。每个房间信息插座顺时针编号，编号从小到大依次为01、02、03……。

10）按照房间编号从小到大、信息插座编号从小到大的顺序，每楼层数据信息点全部端接在网络配线架W1、W2上，且从网络配线架W1的1号端/压接模块依次端接；语音信息点全部端接在网络配线架W3、W4上，且从网络配线架W3的1号端/压接模块依次端接。

根据以上描述，完成以下设计任务。

1. 信息点点数统计表编制（8分）

使用WPS表格软件，按照表10-7所示格式完成信息点点数统计表的编制。要求：项目名称正确，表格设计合理，信息点数量正确，赛位号（建筑物编号、编制人、审核人均填写赛位号，不得填写其他内容）及日期说明完整。编制完成后文件保存到“工程设计成果-*n*”文件夹下，保存文件名为“信息点点数统计表”。

说明：图10-15中，房间编号=楼层序号+本楼层房间序号。

表10-7 信息点点数统计表

项目名称：__________ 建筑物编号：__________

楼层序号	信息点类别	房间序号				楼层信息点合计		信息点合计
		1	2	…	*n*	数据	语音	
1层	数据							
	语音							
⋮	数据							
	语音							
*N*层	数据							
	语音							
信息点合计								

编制人签字：__________ 审核人签字：__________ 日期： 年 月 日

2. 网络布线系统图设计（16 分）

使用 Microsoft office Visio 或者 AutoCAD 软件，参照图 10-15 完成 CD—TO 网络布线系统图的设计绘制。要求概念清晰、图面布局合理、图形正确、符号及缆线类型标记清楚、连接关系合理、说明完整、标题栏合理（包括项目名称、图纸类别、编制人、审核人和日期，其中编制人、审核人均填写赛位号，不得填写其他内容）。设计图以文件名“系统图.vsd/系统图.dwg”保存到“工程设计成果-*n*”文件夹下，并生成一份 JPEG 格式文件。要求图片颜色及质量清晰易于分辨。

3. 信息点端口对应表编制（16 分）

使用 WPS 表格软件，按照图 10-16 和表 10-8 所示格式完成图 10-15 所示建筑模型第二层信息点端口对应表的编制。要求严格按下述设计描述，项目名称正确，表格设计合理，端口对应编号正确，相关含义说明正确完整，赛位号（建筑物编号、编制人、审核人均填写赛位号，不得填写其他内容）及日期说明完整。编制完成后文件保存到“工程设计成果-*n*”文件夹下，保存文件名为“信息点端口对应表”。

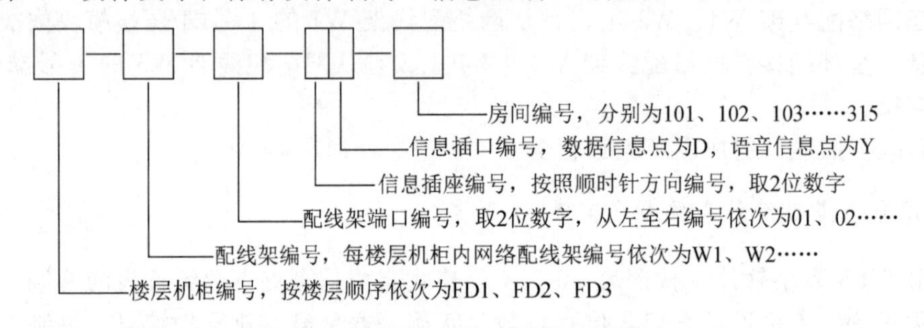

图 10-16 信息点端口编号编制规定

表 10-8 信息点端口对应表

项目名称：__________ 建筑物编号：__________

序号	信息点端口对应表编号	楼层机柜编号	配线架编号	配线架端口编号	房间编号	插座插口编号
1						
2						

编制人签字：__________ 审核人签字：__________ 日期： 年 月 日

例如，第三层第 1 个数据信息点和语音信息点对应的信息点端口对应表编号分别为 FD3-W1-01-01D-301、FD3-W3-01-01Y-301。

4. 网络布线系统施工图设计（24 分）

使用 Microsoft office Visio 或者 AutoCAD 软件绘制图 10-15 所示建筑模型第三层的平面施工图。要求施工图中的文字、线条、尺寸、符号描述清晰完整。竞赛设计突出链路路由、信息点、楼层管理间机柜设置等信息的描述，针对水平配线桥架仅需考虑桥架路由及合理的桥架固定支撑点标注。标题栏合理（包括项目名称、图纸类别、编制人、审核人和日期，其中编制人、审核人均填写赛位号，不得填写其他内容）。设计图以文件名“施工图.VSD/施工图.DWG”保存到“工程设计成果-n”文件夹下，且生成一份JPEG格式文件。其他要求如下。

1）FD—TO布线路由、敷设规格正确，安装方法标注正确。

2）配线设备和信息插座位置、规格正确，安装方法标注正确。

3）缆线规格标注正确。

4）图面布局合理、简洁，位置尺寸标注清楚正确。

5）图形符号规范，说明正确和清楚。

6）标题栏基本信息填写完整。

5. 材料统计表编制（16分）

使用WPS表格软件，按照表10-9所示格式，完成图10-15所示建筑模型第一层的网络布线系统材料统计表的编制。

要求：材料名称和规格/型号正确，数量符合实际并统计正确，辅料合适，赛位号（建筑物编号、编制人、审核人均填写赛位号，不得填写其他内容）和日期说明完整。编制完成后文件保存到“工程设计成果-n”文件夹下，保存文件名为“材料统计表”。

表10-9 材料统计表

项目名称：__________ 建筑物编号：__________

序号	材料名称	材料规格/型号	单位	数量

编制人签字：__________ 审核人签字：__________ 日期： 年 月 日

模块C：网络布线配线端接工程技术（130分）

按照图10-9所示位置，完成复杂链路端接、测试链路端接和光纤链路长度测试。RJ-45水晶头按照T568B线序端接。4对双绞线线缆端接110配线架5对连接模块时按照白蓝、蓝、白橙、橙、白绿、绿、白棕、棕的线序端接。

1. 复杂链路端接（60分）

在CD机架装置上完成6个回路复杂链路的布线和模块端接，路由按照图10-17所示的网络压线测试链路端接路由与位置示意图，每个回路链路由3根跳线组成（每回路3根跳线结构如图10-17中侧视图所示，图中的X表示1～6，表示第1～6条链路），端/压接6组线束。要求链路端/压接正确，每段跳线长度适中，端接处拆开线对长度适中，端接位置线序正确，剪掉多余牵引线，线标正确（跳线两端使用扎带式标签进行标识，如第1条链路的3根跳线两端均标识为“Y1-1”“Y1-2”“Y1-3”）。端接110配线架B1时，每根双绞线线缆使用1个5对连接模块，端接在蓝、橙、绿、棕色标的对应端口。

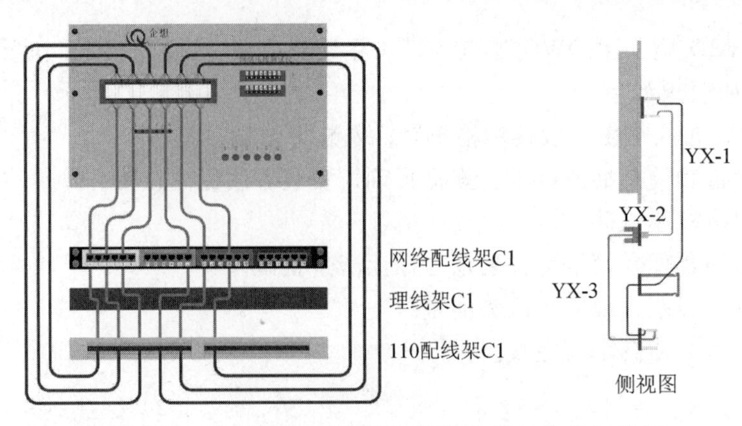

图 10-17　网络压线测试链路端接路由与位置示意图

2. 测试链路端接（40 分）

在 BD 机架装置上网络跳线测试仪完成 4 个回路测试链路的布线和模块端接，路由按照图 10-18 所示的网络跳线测试链路端接路由与位置示意图，每个回路链路由 3 根跳线组成（每回路 3 根跳线结构如图 10-18 侧视图所示），端/压接 4 组线束。要求链路端接正确，每段跳线长度适中，端接处拆开线对长度适中，端接位置线序正确，剪掉多余牵引线，线标正确（跳线两端使用扎带式标签进行标识，如第 1 条链路的 3 根跳线两端均标识为“T1-1”“T1-2”“T1-3”）。端接 110 配线架 C1 时，每根双绞线线缆使用 1 个 5 对连接模块，端接在蓝、橙、绿、棕色标的对应端口。

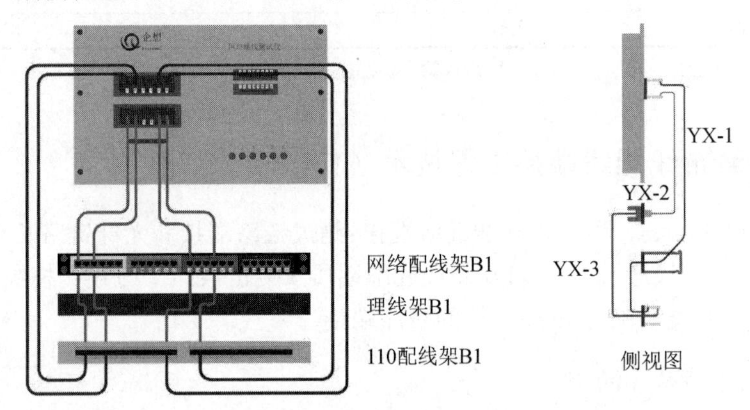

图 10-18　网络跳线测试链路端接路由与位置示意图

3. 光纤链路长度测试（30 分）

在 CD 机架装置上完成 3 个光纤链路的制作和测试。制作 3 根单芯皮线光缆跳线，长度分别为 5m、6m、8m；两端分别制作 SC 冷接头，并使用扎带式标签进行标识。5m 光缆跳线两端均标识为“of5”，6m 光缆跳线两端均标识为“of6”，8m 光缆跳线两端均标识为“of8”。

将制作好的 5m 光缆跳线的两端分别接入光纤配线架 C1 的 1 号和 6 号进线端口；6m 光缆跳线的两端分别接入光纤配线架 C1 的 2 号和 7 号进线端口；8m 光缆跳线的两端分

别接入光纤配线架 C1 的 3 号和 8 号进线端口，并将 3 根光缆跳线余长盘在光纤配线架 C1 内。

按照图 10-19 所示方法，分别测试 3 个光纤链路的长度。将 2 根 30m 长测试补偿单模光纤跳线的一端分别连接在光纤配线架 C1 的 1 号和 6 号出线端口，另一端分别入光纤时域测试平台脉冲发送端口与脉冲接收端口，进行第 1 个光纤链路长度测试。使用 1 号 U 盘插入光纤时域测试平台，保存第 1 个光纤链路的测试报告，5m 光纤链路测试报告文件名为“of5”。

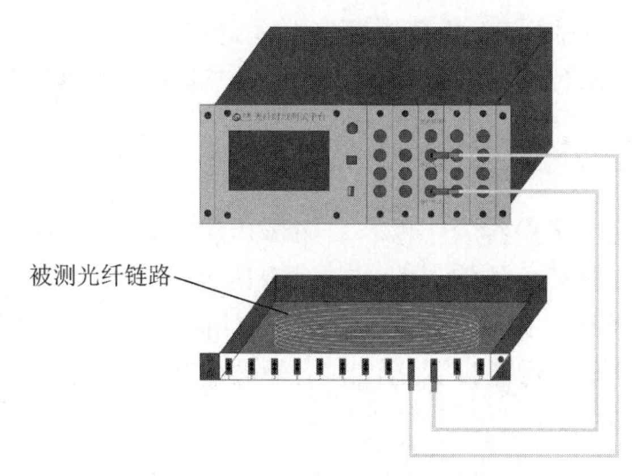

图 10-19 光纤链路长度测试原理

将 2 根 30m 长测试补偿单模光纤跳线的一端分别连接在光纤配线架 C1 的 2 号和 7 号出线端口，另一端分别入光纤时域测试平台脉冲发送端口与脉冲接收端口，进行第 2 个光纤链路长度测试。使用 1 号 U 盘插入光纤时域测试平台，保存第 2 个光纤链路的测试报告，6m 光纤链路测试报告文件名为“of6”。

将 2 根 30m 长测试补偿单模光纤跳线的一端分别连接在光纤配线架 C1 的 3 号和 8 号出线端口，另一端分别入光纤时域测试平台脉冲发送端口与脉冲接收端口，进行第 3 个光纤链路长度测试。使用 1 号 U 盘插入光纤时域测试平台，保存第 3 个光纤链路的测试报告，8m 光纤链路测试报告文件名为“of8”。

每个光纤链路只能有一个测试报告，裁判只依据 1 号 U 盘中保存的测试报告进行评分。

模块 D：建筑群子系统布线安装（160 分）

按照图 10-10 和图 10-9 所示，完成建筑群子系统布线安装，包括：缆线布放、理线、绑扎、固定，室外光缆开缆、固定、熔接、盘纤，光纤配线架安装，大对数线缆端接，链路标识。要求：主干链路路由正确，理线美观，固定牢固，预留缆线长度适中，端接端口对应合理，端接位置符合下述要求。

24 芯室外单模光缆按照色谱顺序（松套管色谱依次为蓝、橙、绿、棕；光纤色谱依次为蓝、橙、绿、棕、灰、白）熔接。25 对大对数线缆按照主次线序（主色依次为白、红、黑、黄、紫；次/辅色依次为蓝、橙、绿、棕、灰）端接。

1）完成室外光缆、大对数线缆布线、理线、绑扎、固定。在 CD—BD 之间的门型桥架上布放 1 根 24 芯室外单模光缆和 1 根 25 对大对数线缆，全部缆线在两端机架和梯形桥架的布放必须保持平整、绑扎规范和美观。缆线与梯形桥架的所有接触点必须捆扎固定。缆线两端必须合理预留未来设备安装与调试等多种需要，预留缆线整理平整，放在 CD、BD 机架底座上。

2）一根 24 芯室外单模光缆的一端穿入 CD 机架光纤配线架 C2，另一端穿入 BD 机架光纤配线架 B2，完成室外光缆开缆、清洁和固定，将 24 芯光纤与尾纤熔接，两端共熔接 48 芯，尾纤另一端插接在对应的耦合器上，要求熔接合格，剥除护套长度合理，热缩管排列整齐，盘纤平整、规范和美观。CD 机架光纤配线架 C2 和 BD 机架光纤配线架 B2 的端口对应关系为：按照光缆的色谱顺序一一对应。

3）按照图 10-9 所示位置完成 CD 机架光纤配线架 C2 和 BD 机架光纤配线架 B2 安装。

4）1 根 25 对大对数线缆一端穿入 CD 机架，端接在 110 配线架 C2 的 1-25 线对（110 配线架左上位置）；另一端穿入 BD 机架，端接在 110 配线架 B2 的 1-25 线对（110 配线架左上位置）。并正确安装各顶层的 5 对连接模块。

5）CD—BD 之间所有链路使用扎带式标签进行标识，缆线两端，CD、BD 机架入口处，桥架两端，桥架转弯处均需设置标识。室外光缆链路标识为“C-B-G1”，大对数线缆链路标识为“C-B-Y1”。

模块 E：干线子系统布线安装（110 分）

按照图 10-9～图 10-11 所示完成干线子系统布线安装，包括 FD 机柜、网络配线架、光纤配线架、110 配线架、线管的安装，缆线布放、端接、链路标识。要求：主干链路路由正确，预留缆线长度适中，端接端口对应合理，端接位置符合下述要求。

1）完成 FD1、FD2、FD3 机柜及配线架安装。

2）完成 BD-FD 线管安装，线管采用沿地面和墙面敷设方式安装，使用ϕ50mm PVC 线管及配件（成品弯头、三通等）接入 BD 机架与 FD 机柜内，并将线管用管卡固定在 BD 机架底座和仿真墙上。线管内布放 6 根单芯皮线光缆、3 根 25 对大对数线缆和 6 根超 5 类非屏蔽双绞线线缆。分别穿入 FD1、FD2、FD3 机柜内（各 FD 机柜布线类型、数量相同，每个 FD 机柜进线分别为 2 根单芯皮线光缆、1 根 25 对大对数线缆、2 根超 5 类非屏蔽双绞线线缆）。要求此间所有缆线从该管路中布放。

3）6 根单芯皮线光缆的一端穿入 BD 机架光纤配线架 B2，制作光纤 SC 冷压接头接在光纤配线架 B1 的 3～8 号进线端口；相对应的另一端分别制作光纤 SC 冷压接头接入 FD1、FD2、FD3 机柜内光纤配线架 G2 的 1～2 号进线端口。端口对应关系为：BD 机架光纤配线架 B1 的 3 号进线端口-FD1 机柜光纤配线架 G2 的 1 号进线端口，BD 机架光纤配线架 B1 的 4 号进线端口-FD1 机柜光纤配线架 G2 的 2 号进线端口，BD 机架光纤配线架 B1 的 5 号进线端口-FD2 机柜光纤配线架 G2 的 1 号进线端口，BD 机架光纤配线架 B1 的 6 号进线端口-FD2 机柜光纤配线架 G2 的 2 号进线端口，BD 机架光纤配线架 B1 的 7 号进线端口-FD3 机柜光纤配线架 G2 的 1 号进线端口，BD 机架光纤配线架 B1 的 8 号进线端口-FD3 机柜光纤配线架 G2 的 2 号进线端口。

4）3 根 25 对大对数线缆端接方式为：第 1 根一端端接在 BD 机架 110 配线架 B2 的

26-50 线对（110 配线架右上位置），另一端端接在 FD1 机柜内 110 配线架 Y1 的 1-25 线对（110 配线架左上位置）；第 2 根一端端接在 BD 机架 110 配线架 B2 的 51-75 线对（110 配线架左下位置），另一端端接在 FD2 机柜内 110 配线架 Y1 的 1-25 线对（110 配线架左上位置）；第 3 根一端端接在 BD 机架 110 配线架 B2 的 76-100 线对（110 配线架右下位置），另一端端接在 FD3 机柜内 110 配线架 Y1 的 1-25 线对（110 配线架左上位置）。并正确安装各顶层的 5 对连接模块。

5）制作 3 根长度适中的铜缆跳线。其中：第 1 根一端端接在 BD 机架 110 配线架 B2 的 51-54 线对（110 配线架左下位置）5 对连接模块上层，另一端制作 RJ-11 水晶头接入程控交换机的 801 号分机端口；第 2 根一端端接在 BD 机架 110 配线架 B2 的 55-58 线对（110 配线架左下位置）5 对连接模块上层，另一端制作 RJ-11 水晶头接入程控交换机的 802 号分机端口；第 3 根一端端接在 BD 机架 110 配线架 B2 的 59-62 线对（110 配线架左下位置）5 对连接模块上层，另一端制作 RJ-11 水晶头接入程控交换机的 803 号分机端口。具体如图 10-20 所示。

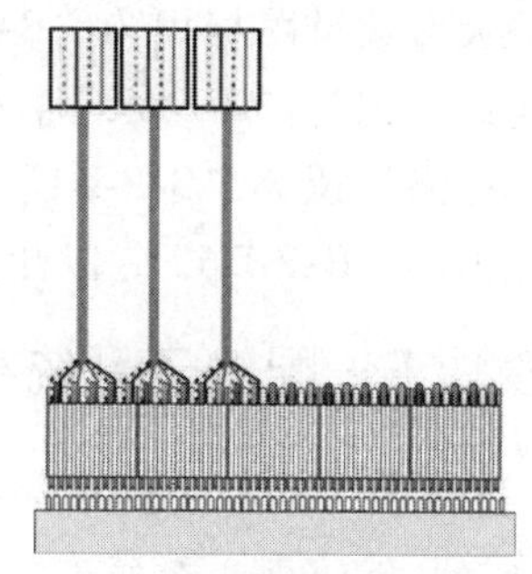

图 10-20　程控交换机跳线接线示意图

6）如图 10-21 所示，完成 BD 机架智能布线管理系统跳线安装。图中，智能配线架 S1 和 S2 之间的红色线条代表智能网络跳线，交换机链接 S1、S2 间的绿色线条代表普通网络跳线。6 根智能网络跳线使用定制成品跳线，一端接入智能配线架 S1 的 1～6 号端口，另一端接入智能配线架 S2 的 1～6 号端口，端口一 一对应。制作 6 根长度适中的普通网络跳线，一端端接在智能配线架 S1 的 1～6 号端/压接模块，另一端接入交换机 1～6 号 LAN 口，端口一 一对应。制作 1 根长度适中的普通网络跳线，一端接入智能管理单元管理端口，另一端接入交换机 7 号 LAN 口。制作 2 根长度适中的普通网络跳线，一端接入智能管理单元 1～2 号端口，另一端分别接入智能配线架 S1、S2 的监控端口，端口一 一对应。S1、S2 为集成式智能配线架。

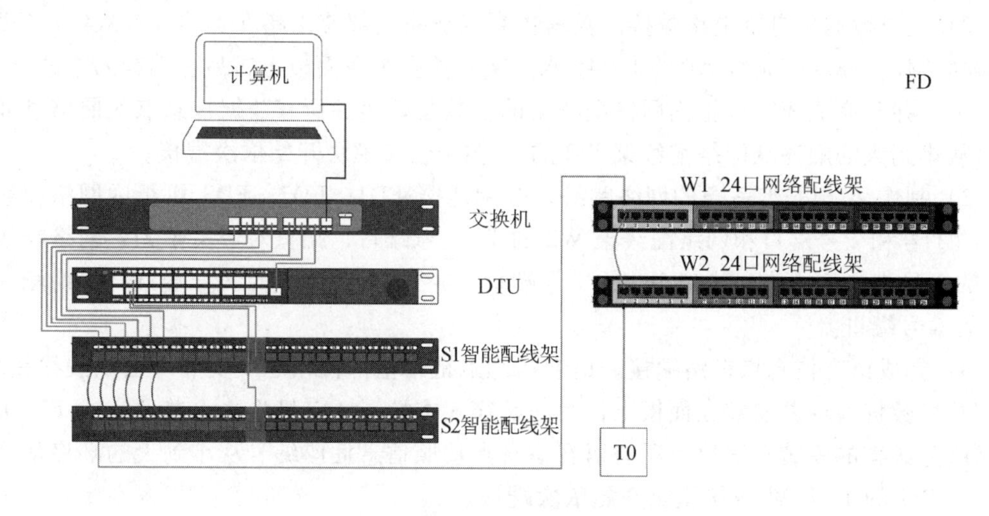

图 10-21　智能布线管理系统拓扑图

7）如图 10-21 所示，6 根超 5 类非屏蔽双绞线线缆的一端分别端接在 BD 机架智能配线架 S2 的 1～6 号端/压接模块，相对应的另一端分别端接在 FD1、FD2、FD3 机柜内网络配线架 W1 的 1～2 号端/压接模块。端口对应关系为：BD 机架智能配线架 S2 的 1 号端/压接模块-FD1 机柜网络配线架 W1 的 1 号端/压接模块；BD 机架智能配线架 S2 的 2 号端/压接模块-FD1 机柜网络配线架 W1 的 2 号端/压接模块；BD 机架智能配线架 S2 的 3 号端/压接模块-FD2 机柜网络配线架 W1 的 1 号端/压接模块；BD 机架智能配线架 S2 的 4 号端/压接模块-FD2 机柜网络配线架 W1 的 2 号端/压接模块；BD 机架智能配线架 S2 的 5 号端/压接模块-FD3 机柜网络配线架 W1 的 1 号端/压接模块；BD 机架智能配线架 S2 的 6 号端/压接模块-FD3 机柜网络配线架 W1 的 2 号端/压接模块。

8）BD—FD 之间所有链路使用扎带式标签进行标识，两端均需设置标识。第 1 根光缆链路标识为“B-F-G1”，第 2 根光缆链路标识为“B-F-G2”……第 6 根光缆链路标识为“B-F-G6”，以此类推，从 BD 机架光纤配线架 B2 的 3 号进线端口依次标识。第 1 根大对数链路标识为“B-F-Y1”，第 2 根大对数链路标识为“B-F-Y2”，第 3 根大对数链路标识为“B-F-Y3”，从 BD 机架 110 配线架 B2 的 26-50 线对依次标识。第 1 根双绞线链路标识为“B-F-D1”，第 2 根双绞线链路标识为“B-F-D2”……第 6 根双绞线链路标识为“B-F-D6”，以此类推，从 BD 机架智能配线架 S2 的 1 号端/压接模块依次标识。

模块 F：配线子系统布线安装（370 分）

按照图 10-11 所示完成底盒、模块、面板、线槽/线管、电话分机、网络摄像机、无线 AP 的安装，缆线布放以及端接，链路标识。要求：安装位置正确、剥线长度适中、线序和端接正确，预留缆线长度适中，剪掉多余牵引线。具体要求如下。

1）完成 FD1、FD2、FD3 配线子系统 PVC 线槽/线管安装及布线。39mm×18mm PVC 线槽和 20mm×10mm PVC 线槽自制直角、阴角安装和布线，39mm×18mm PVC 线槽与 20mm×10mm PVC 线槽连接配件均通过线槽切割拼接完成。ϕ20mm PVC 冷弯管使用管卡、自制弯头安装和布线。

2）完成数据信息点链路端接。数据信息点链路全部使用超 5 类非屏蔽双绞线线缆，一端端接数据模块（无线 AP 为 RJ-45 水晶头）并安装在面板上，另一端穿入本楼层 FD 机柜中，并且完成 FD 机柜内网络配线架的安装与端接。所有数据信息点按照信息插座编号从小到大的顺序从网络配线架 W2 的 1 号端/压接模块开始依次端接。

3）制作 6 根长度适合的网络跳线，分别连接 FD1、FD2、FD3 机柜内网络配线架 W1 的 1 号和 2 号端口和网络配线架 W2 的 1、6 号端口，端口对应关系为：网络配线架 W1 的 1 号端口—网络配线架 W2 的 1 号端口，网络配线架 W1 的 2 号端口—网络配线架 W2 的 6 号端口。

4）完成语音信息点链路端接。语音信息点链路全部使用超 5 类非屏蔽双绞线线缆，一端端接数据模块并安装在面板上，另一端穿入本楼层 FD 机柜中，并且完成 FD 机柜内网络配线架的安装与端接。所有语音信息点按照信息插座编号从小到大的顺序从网络配线架 W2 的 13 号端/压接模块开始依次端接。

5）制作3根长度适合的铜缆跳线。其中：第1根一端端接在FD2机柜内110配线架Y1的1-4线对（110配线架左上位置）5对连接模块上层，另一端制作RJ-45水晶头，接入FD2机柜内网络配线架W2的13号端口；第2根一端端接在FD2机柜内110配线架Y1的5-8线对（110配线架左上位置）5对连接模块上层，另一端制作RJ-45水晶头，接入FD2机柜内网络配线架W2的14号端口；第3根一端端接在FD2机柜内110配线架Y1的9-12线对（110配线架左上位置）5对连接模块上层，另一端制作RJ-45水晶头，接入FD2机柜内网络配线架W2的15号端口。

6）FD—TO之间所有链路两端均需使用标签进行标识。FD端使用扎带式标签标识，TO端使用信息面板标签纸标签标识。链路标签由信息插座编号与信息插口编号组成，D代表数据信息点，Y代表语音信息点，A代表无线AP，如101-D、101-Y、206-A等，标签贴于网络插口上方中央位置，要求标签尺寸裁剪适中、美观。

7）完成电话分机通路安装。将2部电话分机分别安装在202和203信息插座附近合适的位置。制作2根长度适中的语音跳线，一端为RJ-11水晶头，分别连接分机1、分机2；另一端为RJ-45水晶头，分别接入202和203信息插座的语音信息点端口。

8）完成网络摄像机视频采集。将网络摄像机安装在306信息插座附近合适的位置；制作1根长度适合的网络跳线，一端连接网络摄像机，另一端接入306信息插座的数据信息点端口。通过竞赛用计算机桌面的网络摄像机客户端，调出网络摄像机监控画面（网络摄像机在添加客户端时使用的用户名为admin，密码为QX123456），监控画面必须显示网络布线实训装置上安装的FD1机柜。并对监控画面进行截图，保存为JPEG格式，文件名为“网络摄像机监控画面”，并保存到“其余竞赛成果-*n*”文件夹下。

9）完成智能布线管理系统配置。启动智能布线管理软件，打开浏览器，在地址栏输入“http://127.0.0.1:8080”后按回车键，输入“用户名”为admin，“密码”为123456，单击“登录”按钮。登录成功后单击右上角“查看模式”，依次单击大厦1、楼层1、配线间1，分别对楼层信息点分布页面和楼层配线间管理界面进行截图，保存为JPEG格式，分别以“楼层信息点分布图”和“楼层配线间管理界面”命名，并保存到“其余竞赛成果-*n*”文件夹下。

10）完成FD2工作区子系统无线AP（POE供电）安装和调试。打开浏览器，在地址栏输入“http:// 192.168.0.254”（出厂默认IP地址）后按回车键，保持默认用户名和密码，进入无线AP设置界面进行配置。其中无线AP的IP地址、无线网络名称（SSID）按照“无线AP配置参数表”（现场发放）中指定的参数进行配置。拔掉竞赛用计算机的网络跳线，使用无线网卡连接本竞赛赛位无线网络，调出并保持监控画面窗口。

模块G-1：网络布线项目管理（50分）

1）现场设备、材料、工具堆放整齐、有序。

2）安全施工、文明施工，合理使用材料。

参 考 文 献

段标，李忠，殷存举，2010．网络综合布线技术[M]．北京：高等教育出版社．

王公儒，2009．网络综合布线工程技术实训教程[M]．北京：机械工业出版社．

王公儒，2021．网络综合布线系统工程技术实训教程[M]．4版．北京：机械工业出版社．

温晞，2009．网络综合布线技术[M]．北京：电子工业出版社．

余明辉，陈兵，何益新，2008．综合布线技术与工程[M]．北京：高等教育出版社．

余明辉，尹岗，2010．综合布线系统的设计-施工-测试-验收与维护[M]．北京：人民邮电出版社．

钟镭，王培胜，王霞，2008．网络布线施工[M]．北京：人民邮电出版社．